ATLAS DER NATURWUNDER

Reisen zu den einzigartigen Phänomenen unserer Erde

Don Fuchs, Ralf Johnen, Andrea Lammert,
Martina Miethig, Martin H. Petrich, Daniela Schetar

HOLIDAY

INHALT

Verliebt in Europa? Das passierte sogar Göttervater Zeus. Kein Wunder also, wenn Besucher aus aller Welt Europas Schönheit und Vielfalt preisen: Geysire und Fjorde im hohen Norden, rauchende Vulkane, anmutige Buchten und sonnenverwöhnte Inseln im Süden, dunkle Wälder, stolze Gipfel und kristallklare Bergseen mittendrin und dazu die Naturgewalten von Nord- und Ostsee. Dazwischen Irlands grüne Landschaft, der unermessliche Artenreichtum des Donaudeltas in Rumänien, der Zauber jahrtausendealter Höhlenwelten … – all das ist Europa, und noch viel mehr.

»Viel schöner und größer ist alles in Asien; dieses Land ist kultivierter, und die Charakterzüge der Menschen sind liebenswürdiger und umgänglicher.« So beschrieb das medizinische Lehrbuch »Über die Umwelt« bereits vor gut 2500 Jahren jenen Erdteil, der wahrlich voller Superlative ist. Er ist nicht nur flächenmäßig der größte, sondern auch der bevölkerungsreichste Kontinent und besitzt mit dem Himalaya die höchste Gebirgskette der Welt. Die Landschaften reichen von tropisch-grünem Dschungel bis zu endlosen Wüsten und bizarr geformten Inseln. Asien hat viele Gesichter.

Als die Schöpfung sich Australien zuwandte, geschah dies mit grenzenloser Fantasie, Opulenz und Freude an Farben: ein sattes Grün für die Regenwälder Australiens und Ozeaniens, für die sanften Hügel Neuseelands und eine Palette an Blautönen, um den Pazifik und seine paradiesische Inselwelt zum Leuchten zu bringen. Korallen in allen Farbschattierungen am Great Barrier Reef, schillernde Fische, bunt gefiederte Vögel und anderes Getier in unermesslicher Vielfalt – dazu die unendliche Weite des Outback mit seiner tiefroten Erde, die von der Abendsonne zum Glühen gebracht wird.

NORDAMERIKA S. 170–227

Auf einem Kontinent, in dem der Platz so generös verteilt worden ist, ist naturgemäß alles ein wenig größer geraten – die Berge höher, die Canyons tiefer, die Prärien weiter. Im Sonnenstaat Kalifornien im Westen locken Naturwunder wie das gefürchtete Death Valley oder der berühmte Yosemite National Park. Hawaii rühmt sich seiner gigantischen Wellen, das subtropische Florida im Süden seiner Alligatoren und Manatis. Alaska und Kanada im Norden glänzen mit imposanten Gipfeln, Bergseen und einer Fauna, in der Bären und Eisbären ebenso zu Hause sind wie der Weißkopfseeadler.

MITTEL-/SÜDAMERIKA S. 228–285

»Man braucht in Südamerika keine große Erfindungsgabe«, so der kolumbianische Schriftsteller und Nobelpreisträger Gabriel Garcia Márquez. »Man steht eher vor dem Problem, das, was man in der Wirklichkeit vorfindet, glaubhaft zu machen.« Ungläubiges Staunen angesichts der südamerikanischen Naturwunder: von den majestätischen Anden im Westen über die Regenwälder Venezuelas im Norden, das riesige Amazonasbecken Brasiliens im Osten bis zu den Wasserfällen Argentiniens im Süden. Mittelamerika beeindruckt neben einer betörenden Flora und Fauna auch mit dem Erbe der Indio-Hochkultur in Guatemala und Mexiko.

ANTARKTIS S. 286–295

»Wild wie kein anderes Land unserer Erde liegt es da, ungesehen und unbetreten.« (Roald Amundsen, 1911). Der unwirtliche Kontinent setzt sich aus den um den Südpol gelegenen Land- und Meeresgebieten zusammen und wird fast vollständig von riesigen Eisflächen bedeckt. Die Antarktis verfügt über eine hohe Vulkandichte, der Mount Erebus gilt als der südlichste Vulkan der Erde. Die Fauna dieses Ökosystems reicht von Walen, Robben und Pinguinen über Seeigel und Seesterne bis hin zu einer Fülle von Fischen und Meeresvögeln.

AFRIKA S. 296–353

»Afrika hat seine Geheimnisse, und selbst ein weiser Mensch wird diese nie verstehen«, sagte Miriam Makeba, die südafrikanische Sängerin und Menschenrechtsaktivistin. Dieser rätselhafte Kontinent, der als »Wiege der Menschheit« gilt, lässt einen nicht mehr los, sobald man ihn betreten hat. Da faszinieren die Wüstengebiete der Sahara im Norden ebenso wie der Götterberg Kilimanjaro oder die Serengeti im Osten. Nationalparks in Uganda, Gabun, Botswana, Ruanda oder Südafrika locken mit unglaublichem Wildreichtum. Dem Reiz Afrikas zu widerstehen ist fast unmöglich.

»Sei wie der Bambus,
Beuge und biege dich anmutig,
Und du wirst niemals brechen.«
(Japanische Weisheit)

VORWORT

»Es gibt nur zwei Weisen, die Welt zu betrachten:
Entweder man glaubt, dass nichts auf der Welt ein Wunder sei,
oder aber, dass es nichts als Wunder gibt.«
(Albert Einstein)

Wunder ist bekanntlich ein großes Wort, wann also kann man guten Gewissens von einem Naturwunder sprechen? Wenn der Mensch davorsteht und sich dabei ganz klein fühlt? Wenn der Anblick einem den Verstand raubt und dafür das Herz überfließen lässt? Wenn Worte versiegen und einer stillen Ehrfurcht Platz machen? Vielleicht ist es auch von allem ein wenig oder für jeden etwas anderes …
Die Erhabenheit der Bergwelt löst oft solche Gefühlswallungen aus, etwa der schneebedeckte Kilimanjaro in Tansania, der Fuji in Japan oder ein Feuerspeier wie der Stromboli in Süditalien. Manch einer steht wie gebannt vor einem monumentalen Canyon in den USA, einem Wasserfall in Südamerika, der sich aus unglaublicher Höhe in ein Becken ergießt und hinter den man sich wie hinter einen Vorhang stellen kann. Wie märchenhaft fühlt es sich an, in Norwegens oder Kanadas Sternenhimmel zu blicken und dort Polarlichter über das Firmament wallen zu sehen. Etliche der kleinen und großen Naturwunder, die in diesem Buch vorgestellt werden, lassen einen staunen und wieder ein wenig zum Kind werden, das zum ersten Mal einen Regenbogen sieht: etwa der Nakuru-See in Kenia,

Der Anblick mutet fast surreal an, wenn die glühende Lava aus einem Vulkanfelsen schießt und sich in einem Schwall ins Meer ergießt.

dessen rosarote Tupfen sich beim Näherkommen als die Köpfchen von zahllosen Flamingos entpuppen. Oder die kleine Bucht am bayerischen Walchensee, die – von oben gesehen – sich dem Betrachter wie ein grünes Herz entgegenstreckt. Andere Naturwunder hingegen muten regelrecht kurios an, wie die Dracula-Orchidee in Ecuador, aus deren Blütenkelch schelmisch ein Affengesicht herausspitzt. Oder der Joshua Tree in Kalifornien, dessen »Outfit« mehr an ein avantgardistisches Werk als einen Baum erinnert. Schön, skurril oder spektakulär bedeutet keineswegs immer gut und freundlich. Warum sollte in einer Welt der Gegensätze nicht auch ein Naturwunder polarisieren? Wenn alljährlich im November Schwärme von Staren den Himmel über Rom verdunkeln, dann löst das nicht bei allen Menschen Jubel aus. Die Algenblüte in Costa Rica sorgt zwar für das geheimnisvolle Meeresleuchten, doch was da so romantisch glimmt und übers Wasser tänzelt, ist für die Meeresbewohner hochgiftig und lebensbedrohlich. Und wenn die Hallig Langeneß bei einem Herbststurm von der Nordsee überflutet wird, ist das ein Schauspiel, bei dem einem durchaus mulmig werden kann.
Ein Naturwunder verliert auch seine Magie nicht, nur weil selfie-affine Menschenmassen aus aller Welt sich davor drängeln und mit ihm aufs Bild wollen. Doch bestimmt ist der Zauber für den Betrachter größer, wenn er für seinen Besuch einen besonderen Moment wählt. Solche idealen Zeiten haben sich die Holiday-Autorinnen und -Autoren ebenfalls vorgenommen, um Reisenden Orientierung zu geben. Zwangsläufig ist auch an Naturwundern der »Zahn der Zeit« nicht vorbeigegangen. Klimawandel und Umweltzerstörung machen sich überall bemerkbar: Pole und Gletscher schmelzen, der Meeresspiegel steigt, Ozeane vermüllen, Bodenerosion, Tropenwälder werden abgeholzt, Korallenriffe sind bedroht, Tier- und Pflanzenspezies gefährdet …
Als »Atlas der heilen Welt« kann und will sich dieses Buch nicht verstanden wissen. Auch erhebt es keinen Anspruch auf Vollständigkeit (dafür würden die Seiten nicht ausreichen) – und schon gar nicht den Zeigefinger! Belassen wir es daher bei dem Zitat eines weisen Unbekannten, der einmal sagte: »Unsere Welt ist nicht heil, aber es gibt viel Heiles in der Welt.« Erfreuen wir uns an den Wundern der Schöpfung, begegnen wir ihnen respektvoll und sorgen dafür, dass diejenigen, die nach uns kommen, auch noch ihre Freude daran haben.

Kampf der Titanen, ausgetragen vor neugierigem Publikum

01 JANUAR

Faszination der Polarlichter, Tromsø, Norwegen S. 47

Eisiger Zauber, Jägala-Wasserfall, Estland S. 61

Dschungel in der Tiefe, Phong-Nha-Ke Bang National Park, Vietnam S. 79

Gutmütige Gesellen, Wakulla Springs, Florida, USA S. 191

Ewige Wellen, Oahu, Hawaii, USA S. 201

Ein Fluss, zwei Höhlen, 1000 Kaskaden, El Cardonal, Mexiko S. 236

Monarchfalter, Ocampo, Mexiko S. 239

Tropisches Vogelparadies, Nationalpark Laguna Lachuá, Guatemala S. 251

Höchste Palme der Welt, Valle del Cocora, Kolumbien S. 263

02 FEBRUAR

Besuch bei der Eiskönigin, Riisitunturi-Nationalpark, Finnland S. 49

Kaltes, blaues Wunder, Vatnajökull-Gletscher, Island S. 67

Perlen im Meer verstreut, Biyadhoo, Süd-Male-Atoll, Malediven S. 105

Filmreife Inselkulisse, Phang Nga, Thailand S. 109

Felsen wie Kathedralen, El Nido, Palawan, Philippinen S. 109

Canyons der Blauen Berge, Blue Mountains National Park, New South Wales, Australien S. 139

Makellose Schönheit, Freycinet National Park, Tasmanien, Australien S. 159

Pazifisches Temperament, Hawaii Volcanoes National Park, Big Island, Hawaii, USA S. 184

03 MÄRZ

Schatz im Silbersee, Plitvicer Seen, Kroatien S. 62

Filmschöne Wüstenkulisse, Desierto de Tabernas, Spanien S. 64

Wie aus Holz geschnitzt, Mount Fuji, Japan S. 84

Wie eine Tuschezeichnung, Huang Shan, Anhui, China S. 99

Wolkentanz am Weltende, Horton Plains, Sri Lanka S. 103

Eis vom Dach der Welt, Sagarmatha National Park, Nepal S. 123

Wie Säulen einer Kathedrale, Central Highlands, Victoria, Australien S. 152

Fotogene Felswände, Yosemite National Park, Kalifornien, USA S. 179

Geschenk an die Natur, Cumberland Island, Georgia, USA S. 225

Catwalk der Vulkane, Cotopaxi, Ecuador S. 282

Anmutig wie Adèle, Paulet Island, S. 292

Schreie wie ein Esel, Neko Harbour, Andvord Bay S. 293

Götterberg im Paradies, Kilimanjaro, Tansania S. 306

Elefanten in Strandlaune, Parc National de Loango, Gabun S. 314

Ein See ganz in Rosé, Lac Rebta, Senegal S. 341

Küste der Skelette, Namib-Skelettküsten-Nationalpark, Namibia S. 353

Protagonist der Popkultur, Joshua Tree National Park, Kalifornien, USA S. 196

Show ohne Ende, Niagarafälle, New York State, USA und Ontario, Kanada S. 212

Tal des Todes, Death Valley National Park, Kalifornien/Nevada, USA S. 218

Der Himmelsspiegel, Salar de Uyuni, Bolivien S. 279

Wie aus dem Bilderbuch, Lemaire Channel S. 294

Auge der Sahara, Guelb Er-Richat, Mauretanien S. 303

Wo Zugvögel rasten, Lac Ichkeul, Tunesien S. 313

Wasserfall in der Wüste, Augrabies Falls, Südafrika S. 343

Pforten zur Unterwelt, Tulum, Mexiko S. 237

Hinterm Wasserfall, Foz do Iguaçu und Puerto Iguazú, Brasilien/Argentinien S. 271

Trotziger Gletscher, Perito Moreno, El Calafate, Argentinien S. 281

Unter Pflanzenriesen, Mount Kenya, Kenia S. 323

Flusspferde und Seerosen, Okavango-Delta, Botswana S. 344

Die Schönen der Wüste, Namib-Wüste, Namibia S. 347

Durch endlose Sandmeere, Sanddünen des Erg Chebbi, Marokko S. 349

04 APRIL

Eingang zur Unterwelt, Škocjan, Slowenien S. 28

Bunte Blumenberge, Castelluccio di Norcia, Umbrien, Italien S. 41

Rauchender Riese, Kaziranga National Park, Assam, Indien S. 85

Tonnenschwere Riesen, Bromo, Java, Indonesien S. 91

Backofen der Welt, Dasht-E Lut & Dasht-E Kawir, Iran S. 119

Ein verlässlicher Freund, Yellowstone National Park, Montana/Wyoming, USA S. 175

Wilder weiter Westen, Monument Valley, Arizona/Utah, USA S. 180

Blühendes Land der Cowboys, Bluebonnet Fields, Texas, USA S. 198

Fragiles Paradies, Outer Banks, North Carolina, USA S. 207

05 MAI

Am Schlund des Feuerberges, Stromboli, Italien S. 21

Im Reich der Riesenhaie, Hebriden, Schottland S. 32

Pelikane mit Krauskopf, Kerkini-See, Griechenland S. 37

Uralter Überlebenskünstler, Pirin-Gebirge, Bulgarien S. 44

Kostbarer Schneejuwel, Mount Kailash, Tibet, China S. 83

Rosenrot und Schneeweiß, Barsey Rhododendron Sanctuary, Sikkim, Indien S. 93

Maritime Zauberwelt, Great Barrier Reef, Queensland, Australien S. 160

Juwel im Pazifik, Ill des Pins, Neukaledonien, Ozeanien S. 163

Natürliche Baukunst, Arches National Park, Utah, USA S. 178

06 JUNI

Dicke Linde, Emsland, Heede, Deutschland S. 45

Der ewige Tag, Ilulisssat, Grönland S. 48

Zungen aus Eis, Folgefonna, Norwegen S. 68

Kalter Riese, Aletschgletscher, Schweiz S. 70

Gestreifte Großkatzen, Bandhavgar National Park, Madhya Pradesh, Indien S. 91

Einer der »glorreichen Sieben«, Denali, Alaska, USA S. 176

Vulkanische Vielfalt, Mount Rainier, Washington State, USA S. 177

Stolzer Flugkünstler, Resurrection Bay, Alaska, USA S. 188

Fels in der Brandung, Cannon Beach, Oregon, USA S. 205

Gebirge aus Gips, White Sands National Park, New Mexico, USA S. 219

Vergänglicher Glanz, Ryolithe, Nevada, USA S. 226

Licht am Ende des Tunnels, Ciénaga de Zapata, Kuba S. 241

Liebestolle Brauttänzer, Isla Española, Galápagos, Ecuador S. 259

Erbe der Inkas, Camino Inca, Anden, Peru S. 285

Sterne über dem Busch, Khomas Hochland, Namiba S. 330

Der Mond-Regenbogen, Victoriafälle, Zimbabwe S. 339

Wo Osiris' Herz ruht, 1. Nilkatarakt, Assuan, Ägypten S. 340

Palmen aus dem Trichter, Bei El Oued, Algerien S. 348

Ein Gesamtkunstwerk, Grand Canyon, Arizona, USA S. 182

Biblisches Alter, Great Basin National Park, Nevada, USA S. 194

Versunkene Höhle, Lighthouse Reef, Belize S. 248

Schatzkammer der Superlative, Amazónica, Coca, Ecuador S. 274

Treffen sich zwei Flussriesen, Manaus, Brasilien S. 275

Wo die Welt auseinanderbrach, Rift Valley, Kenia S. 305

Tom Bourkes Glück, Bourke's Luck Potholes, Blyde River Canyon, Mpumalanga, Südafrika S. 309

Elefanten-Wellness, Chobe National Park, Botswana S. 317

Rätsel des Sirius, Dogonland, Mali S. 329

Tiefblauer Augenschmaus, Crater Lake, Oregon, USA S. 209

Feuerschlund und Traumlagune, Santa Ana, El Salvador S. 233

Eine Handvoll blauer Sterne, Paquera, Costa Rica S. 249

Wo die Seelen wohnen, Valle de las Ánimas, Bolivien S. 257

Wald der scharfen Messer, Tsingy de Bemarahara National Park, Madagaskar S. 308

See mit rosa Tupfen, Lake Nakuru, Kenia S. 311

Kletterer mit Geschmack, Straße Essaouira–Marrakech, Marokko S. 312

Schöne im Abendlicht, Köcherbaumwald, Keetmanshoop, Namibia S. 324

Trügerisches Wüstenbild, Chott-Ek-Djerid, Tunesien S. 328

07 JULI

Farben des Wassers, Sarek, Schweden S. 60

Heilige Insel, Skellig Michael, Irland S. 73

Heimat von Dschingis Khan, Orkhon Valley Cultural Landscape, Mongolei S. 94

Glühwürmchen am Sternenhimmel, Yeongyang Firefly Eco Park and Dark Sky Park, Südkorea S. 100

Ikone im Outback, Kata Tjuta National Park, Northern Territory S. 137

Fjord wie aus dem Bilderbuch, Milford Sound, Neuseeland S. 143

Gleißend helle Weite, Lake Gairdner, Südaustralien S. 168

Wasserspiel mit viel »Action«, Bay of Fundy, Nova Scotia/New Brunswick, Kanada S. 203

08 AUGUST

Lila Farbzauber, Hoge Veluwe, Heide, Niederlande S. 41

Der weiße Bogen, Dorset, England S. 53

Kraft der Gezeiten, Saltstraumen, Norwegen S. 58

Bayerns grünes Herz, Walchensee, Deutschland S. 61

Smaragdgrüne Gräser, Shunan Bamboo Forest, Sichuan, China S. 96

Champagner-Pool, Wai-O-TapuThermal Area, Neuseeland S. 142

Feurig-dramatisches Schauspiel, Tanna, Vanuatu, Ozeanien S. 145

Scheu und schön, Papua-Guinea S. 149

Unter Fächerpalmen, Daintree National Park, Queensland S. 151

09 SEPTEMBER

Wald der Biber, Klosterheden, Dänemark S. 33

Zwischen Bären und Fichten, Tara-Nationalpark, Serbien S. 43

Formenvielfalt am Strand, Bretagne, Frankreich S. 54

Sichel aus Sand, Kurische Nehrung, Klaipéda, Litauen S. 55

Gleißendes Weiß, Pamukkale, Türkei S. 82

Wasser aus allen Kanälen, Cao-Bang-Provinz, Vietnam S. 111

Wasserlose Weite, Wüste Gobi, Mongolei S. 118

Goblinwald am Taranaki, Mount Egmont National Park, Nordinsel, Neuseeland S. 154

Tiefgründige Blaue Löcher, Espiritu Santo, Vanuatu, Ozeanien S. 169

Liebesballett bei Nacht, Cockpit Country, Jamaica S. 242

Wenn das Eis schmilzt …, Rainbow Mountain, Peru S. 256

Mit Badeanzug in die Wüste, Barreirinhas, Brasilien S. 267

Die höchste aller Dünen, Ica-Wüste, Nazca, Peru S. 278

Der verborgene Canyon, Fish River Canyon, Namibia S. 309

Gorillas im Nebel, Volcanoes National Park, Ruanda S. 316

Wenn das Meer zerstört, Strand von Legzira, Sidi Ifni, Marokko S. 334

Wenn das Meer kocht, Sardine Run, Wild Coast, Südafrika S. 335

Roter Gruß ins Weltall, Lake Natron, Tansania S. 343

Glitzerndes Firmament, Westaustralien S. 157

Wald der Bären, Great Bear Rain Forest, British Columbia, Kanada S. 189

Eisiges Eiland, Baffin Island, Nunavut, Kanada S. 206

Eine breite Stirn, Hubbard Glacier, Alaska, USA S. 222

Engel und Teufel, Canaima Nationalpark, Venezuela S. 272

Siesta auf dem Baum, Queen Elizabeth National Park, Uganda S. 315

Wenn die Wüste blüht, Namaqualand National Park, Südafrika S. 325

Wunderwelt des Ozeans, Sinai-Halbinsel, Ägypten S. 333

Amerikanische Ikone, Black Hills, South Dakota, USA S. 190

Blüten mit Ballast, Mississippi/Alabama, USA S. 199

Gepanzerte Berge, Columbia Icefield, Alberta, Kanada S. 223

Verlassene Felsen, Walnut Canyon National Monument, Arizona, USA S. 227

Cañon für Schwindelfreie, Creel, Mexico S. 234

Mutter aller Gewitter, Lago Maracaibo, Zulia, Venezuela S. 268

Flüssiger Regenbogen, La Macarena, Kolumbien S. 273

Immer den Gnus nach, Masai Mara, Kenia – Serengeti, Tansania S. 315

Wo großer Rauch donnert, Tisissat-Fälle des Blauen Nil, Äthiopien S. 342

10 OKTOBER

Schluchtenwanderung, Samaria-Schlucht, Kreta, Griechenland S. 29

Ein Star mit rosa Beinen, Rio Formasa, Portugal S. 34

Das große Flattern, Donaudelta, Rumänien S. 35

Schönste Träne, Thassos, Griechenland S. 55

Eleganz in der Wüste, Al Wusta Wildlife Reserve, Oman S. 88

Meer in der Wüste, Totes Meer, Israel S. 112

Laotischer Kulissenzauber, Kuang Si Waterfall, Laos S. 115

Bucht der Jungfrauen, Fatu Hiva, Marquesas Inseln, Polynesien S. 164

Großes Kino, Bryce Canyon, Utah, USA S. 179

11 NOVEMBER

Fragezeichenwald, Krzywa Las, Polen S. 39

Grazien des Himalaya, Phobjikha Valley, Bhutan S. 90

Japanische Karibik, Iriomote-Ishigaki National Park & Dark Sky Park, Okiawa, Japan S. 102

Inseln wie Tintenkleckse, Myeik-Archipel, Myanmar S. 106

Treppen zum Himmel, Western Ghats, Maharasthra, Indien S. 129

Würgefeigen und Götterfratzen, Banteay Chhmar, Kambodscha S. 131

Wildes Inselinnere, Tahiti, Französisch-Polynesien S. 145

Blaue Lagune, Yasawa Islands, Fiji S. 162

Regenpeitsche, Tofino, Vancouver Island, British Columbia, Kanada S. 203

12 DEZEMBER

Steile Klippen im Norden, Teufelsmauer, Harz, Deutschland S. 23

Starentanz, Rom, Italien S. 31

Der »Wolkenstecher«, Mount Cook, Neuseeländische Alpen, Südinsel S. 140

Lichtershow im hohen Norden, Yellowknife, Northwest Territories, Kanada S. 202

Glamour am Gletschersee, Lake Louise, Alberta, Kanada S. 210

Gefährdetes Paradies, Everglades, Florida, USA S. 215

Fort auf Korallen, Dry Tortugas National Park, Florida, USA S. 227

Arribada Nights, Nicoya, Costa Rica S. 243

Meteoriten – Besuch aus dem All, Meteor Crater, Arizona, USA S. 183

Warten auf den Winter, Churchill, Manitoba, Kanada S. 187

Träges Tempo, Bayous, Louisiana, USA S. 214

Kind des Windes, Great Sand Dunes National Park, Colorado, USA S. 217

Von Riesen und Zwergen, Baracoa, Kuba S. 240

Königin der Wasserlilien, Pantanal, Brasilien S. 265

Spektakuläre Schlucht, Dadés-Schlucht, Marokko S. 302

Allee der Ents, Avenue of the Baobabs, Magagaskar S. 320

Korb voller Palmen, La Corbeille, Nefta, Tunesien S. 322

»Besame«, Küss mich, Golfito, Costa Rica S. 245

»El Condor Pasa«, Colca Canon, Peru S. 260

Eine Blume zeigt Gesicht, Loja, Ecuador S. 264

Eistreiben im Meer, Weddell Sea, Signy Island S. 290

Palmenflughunde im Anflug, Kasanka National Park, Sambia S. 318

Wald der Sukkulenten, Lake Nakura, Kenia S. 323

Kapstadts Tischtuch, Tafelberg, Kapstadt, Südafrika S. 327

Wale satt, Hermanus, Südafrika S. 336

Rendezvous mit Haien, Jardines de la Reina, Kuba S. 247

Über dem Dschungeldach, Tikal, Guatemala S. 253

»Lost World« über den Wolken, Santa Elena, Dreiländereck Venezuela, Brasilien, Guyana S. 255

Das Eis ist heiß, Mount Erebus, Ross Island S. 291

Eisiger Weltrekord, Lambert Glacier S. 295

Wo einst Flüsse flossen, Oued Amais, Tassili N'Ajjer, Algerien S. 349

Wasseraugen der Wüste, Lacs d'Ounianga, Ennedi, Tschad S. 350

Texte:
Andrea Lammert

EUROPA

Nationalpark Plitvicer Seen in Kroatien: Auf knapp 300 km² umfasst er bewaldete Gebiete, Kalksteinschluchten, 16 Seen, mehrere Wasserfälle und ein großflächiges Netz an Wanderwegen.

EUROPA

GRÖNLAND
26
ISLAND
29
41
10
18
2
NORD-
IRLAND
IRLAND
45
GROSSBRITANNIEN
30
31
FRANKREIC
SPANIEN
PORTUGAL
34
40
12
AZOREN
21
KANARISCHE
INSELN
7

25
35
36
27
SCHWEDEN
FINNLAND
ORWEGEN
42
37
ESTLAND
RUSSLAND
11
DÄNEMARK
32
LITAUEN
28
RUSSL.
24
17
POLEN
DEUTSCHLAND
3
38
ÖSTERREICH
44
14
HWEIZ
4
43
UNGARN
16
SLOWENIEN
6
RUMÄNIEN
ITALIEN
39
13
SERBIEN
KROATIEN
22
BULGARIEN
20
23
9
15
33
1
GRIECHENLAND
8

Der Stromboli: Er grummelt, grollt, schickt Rauchsäulen in den Himmel, und gelegentlich spuckt er auch Feuer: Den Besuchern gefällt's, sie sind »Feuer und Flamme«.

GEOLOGIE

1

AM SCHLUND DES FEUERBERGES

STROMBOLI, ITALIEN

Mai

Besonders eindrucksvoll zeigt sich der Vulkan bei Einbruch der Dämmerung, weil dann das Glühen der Lava so richtig zur Geltung kommt.

Vulkanausbrüche lassen sich normalerweise nicht planen und schon gar nicht vorhersehen. Dennoch gibt es einen Ort, an dem man sich ziemlich sicher sein kann, dieses Naturereignis einmal live zu erleben: Stromboli in Italien ist ein Hotspot für Vulkanliebhaber, und das im wahrsten Sinne des Wortes.
Idyllisch im Ionischen Meer gelegen, ist Stromboli eine der sieben Liparischen Inseln (auch: Äolische Inseln genannt), kleine Sprengsel im Meer, die allesamt vulkanischen Ursprungs sind. Schon bei der Anreise mit der Fähre auf die Insel spuckt der gleichnamige Vulkan in regelmäßigen Abständen Rauchwolken aus, er ist der einzige der Welt, der das derart regelmäßig tut. Manchmal bricht er im Abstand von wenigen Minuten aus, manchmal dauert es eine Stunde. Aber sicher ist: Es rumpelt, rumort, und dann speit der Kegel Feuer. Ein spektakuläres Naturschauspiel!

Der perfekte Ort: ein Hubschrauber

So dekadent es klingen mag, aber Hubschraubertouren über den ausbrechenden Vulkan sind wirklich spektakulär. Die Touren führen direkt über die Caldera, und nirgendwo sonst bietet sich einem die Gelegenheit, einem Vulkan bei der Eruption in den Schlund zu schauen.

2 IN DEN FUSSSTAPFEN DES RIESEN

GIANT'S CAUSEWAY, IRLAND

Als hätte ein Riese Bienenwaben mit Lava ausgegossen, so sieht die Küste der Grafschaft Antrim aus. Sechseckige Säulen reihen sich aneinander. Es ist ein gigantisches Puzzle aus etwa 40 000 Teilen, so viele Säulen stehen dort eng beieinander: Manche sind nur einen halben Meter hoch, andere sogar bis zu 12 m. An der Küste Nordirlands lockt diese geologische Besonderheit täglich viele Menschen an und zählt inzwischen sogar zum UNESCO-Weltnaturerbe mit einem eigenen Besucherzentrum. Dort lernen die Gäste, dass die Iren glauben, nicht ein Vulkan hätte die Landschaft geformt, sondern Riesen. Der Sage nach hatte einst ein solcher Hüne einen Damm errichtet, um seinen schottischen Widersacher zu beeindrucken. Durch eine List konnte er den Konkurrenten täuschen, der aber zerstörte in seiner Wut bei der Flucht den Damm. Tatsächlich gibt es auf der schottischen Isle of Staffa eine ähnliche Gesteinsformation, die in der Höhle Fingal's Cave mündet.

Mai / Juni

Am besten zum Sonnenuntergang. Dann sind die Reisebusse verschwunden und nur noch wenige Menschen vor Ort.

Sechseckig und von der Natur in Wabenform angeordnet

Der perfekte Ort: die Lavafelsen

Auf den Felsen einmal in die Knie gehen und sich die Steinformation ganz aus der Nähe anschauen, dann werden die Muster noch viel deutlicher. Auf jeden Fall das Areal einmal durchqueren, um das Lavafeld von hinten anzuschauen.

Als hätte ein Hüne der Vorzeit seine Spuren unauslöschlich für die Nachwelt hinterlassen

Besonders schön ist der Anblick der bizarr geformten Klippen im Licht der Morgensonne.

STEILE KLIPPEN IM NORDEN

HARZ, DEUTSCHLAND (3)

Ihren Namen trägt die Teufelsmauer nicht zu Unrecht: Tatsächlich ragt sie wie eine hohe Naturmauer aus der Landschaft zwischen dem Harz und Quedlinburg hervor: eine Sandsteinformation mit spektakulär wirkenden Klippen, die schroff und steil wie Wehrtürme aus den Wiesen aufstreben. Manche tragen Namen wie Großvater, Adler- oder Cäsarfelsen. Beeindruckend ist der Abschnitt der mehr als 20 km langen Sandsteinformation zwischen Weddersleben und Timmenrode. An den Sandsteinklippen aus der Kreidezeit hat sich eine eigene Flora aus Sandmagerrasen gebildet, die sogar Thymian und Karthäuser-Nelke hervorbringt. Im 19. Jh. weckte der Sandstein Begehrlichkeiten, deswegen wurde die Felsformation schon 1833 unter Naturschutz gestellt und zählt somit zu den ersten Schutzgebieten Deutschlands. Wer Zeit hat, sollte unbedingt den Wanderweg von Ballenstedt nach Blankenburg nehmen und die Teufelsmauer in ihrer ganzen Pracht bewundern.

Der perfekte Ort: das Hamburger Wappen

Mit seiner großen Höhle ist das Hamburger Wappen ein einzigartiges, das man so in Deutschland kaum vermutet hätte.

Sonnenaufgang im Dezember/Januar

Einer der wenigen Orte im Harz, von denen man einen freien Blick auf den Sonnenaufgang hat. Zudem färben die ersten Sonnenstrahlen des Tages die Sandsteine knallig orange oder gelb.

4 DAS NADELÖHR VOR DER HEILQUELLE

TAMINASCHLUCHT, SCHWEIZ

Nicht nur am Grand Canyon können kleine Flüsse Schluchten in riesige Felsen schneiden, auch in der Schweiz gibt es dieses Phänomen. Der Fluss, um den es geht, trägt zwar den wunderschönen Namen Tamina, der aus der griechischen Götterwelt stammt und so viel wie »Herrscherin« bedeutet, ist aber kaum bekannt. In den vergangenen 15 000 Jahren hat sich das Flüsschen beständig durch die Felsen gearbeitet und dabei eine tiefe Kerbe im Gestein hinterlassen. 750 m tief hat es sich dort hineingefräst.

Während die Schlucht den Menschen schon länger bekannt war und für viele auch das Ende der Welt markierte, brachte eine Entdeckung zweier Jäger im Jahr 1242 die Wende: eine heiße Quelle. Das sprach sich auch bald bei den Mönchen im nahen Kloster Pfäfers herum. Diese bauten die Quelle als Kurort aus und ließen Menschen in Körben hinunter, um ihnen Linderung für ihre Gebrechen zu verschaffen. Die Quelle gilt heute als Europas wasserreichste Thermalquelle und hat 1535 auch den berühmten Arzt Paracelsus inspiriert, der in Bad Pfäfers wirkte. Schon bald wurde sie zur »Königin der Schweizer Heilquellen« gekürt, und Bad Pfäfers sowie das nahe Bad Ragaz avancierten zu berühmten Kurorten.

Heute kann man die Schlucht nur mit dem Postbus oder zu Fuß erreichen. Wer den schmalen Weg gewandert ist, findet ein Kassenhäuschen, um in den Teil der Schlucht zu gelangen, der von natürlichen Felsbrücken teilweise überdacht ist. 450 m führt der Weg vom Eingang der Grotte bis zur Quelle. Was einst glitschig und gefährlich war, ist heute mit einem sicheren Plankenweg samt stabilem Geländer so befestigt, dass die Besucher über dem Fluss zu schweben scheinen. Praktisch, sich dabei nicht auf die eigene Trittsicherheit konzentrieren zu müssen, sondern den Blick voll und ganz der Naturschönheit widmen zu können.

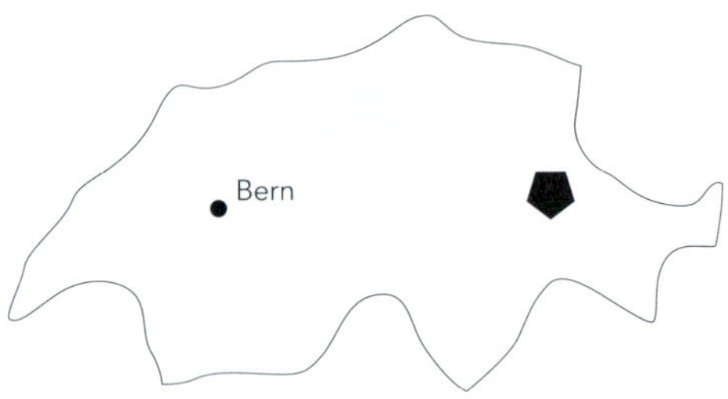

Juni

Die Schlucht ist nur in den Sommermonaten erreichbar, die Höhle ist dann von 10 bis 17.15 Uhr geöffnet. Die Wanderung am besten morgens oder am Spätnachmittag unternehmen.

Die Schlucht, die der Fluss Tamina in den Felsen gegraben hat, ist 750 m lang und 70 m tief.

Der perfekte Ort: am Ende der Schlucht

Ganz hinten, am Ende der Schlucht, sprudelt aus der Thermalquelle Wasser mit 36,5 °C hervor.

Das Wasser der Thermalquelle, die im hinteren Teil der Schlucht entspringt, lindert Rheuma und Kreislauferkrankungen.

5 GROTTIGER ZAUBER UNTER DER ERDE

TRABUC, FRANKREICH

Was ist an einer Höhle schon besonders? Oder sind nicht alle Höhlen irgendwie besonders? Sicherlich mag dem Besuch einer Höhle immer etwas Außergewöhnliches anhaften, tatsächlich aber stellt Trabuc eine der schönsten Höhlen Frankreichs dar.
Es ist immerhin das größte zusammenhängende unterirdische Netz von Höhlen in den Cevennen. Auch wenn vielleicht die Höhlen von Lascaux mit ihren prähistorischen Malereien viel mehr Menschen anlocken, so schlummert dennoch tief unter dem Ort Mialet ein unterirdischer Schatz, der nicht nur Geologen begeistert. Es ist eben dieses Naturbelassene, noch nicht als Touristenhotspot Entdeckte, was die Höhlen von Trabuc ausmacht. Sie sind nicht mit einer ausgeklügelten Lichtershow illuminiert und mit Sound verschönert, dort erlebt der Besucher noch das Ursprüngliche. Natürlich auch ausgeleuchtet, doch gerade so, dass man die Schönheit des Ortes betont und nicht das künstliche Licht zur eigentlichen Sensation wird. Die nämlich hat die Natur dort selbst hergestellt.
Es rauscht und plätschert, wenn der Besucher die Höhle betritt, doch das ist es nicht, was so magisch anmutet. Es sind die feinen, manchmal fast dünn wie Seidenpapier wirkenden Gesteinsschichten, die sich dort zu seltsamen Formationen gebildet haben. Manche wirken filigran wie die Flügel eines Engels, andere erinnern an Wachs, das an Kerzen heruntertropft. Immer wieder hat sich das Wasser der Höhlen in kleinen Seen gesammelt, die mit ihrem klaren Wasser märchenhaft anmuten. Auch wenn die vielen Gänge der Höhle noch lange nicht erforscht sind, so sind sich Wissenschaftler in einem einig: Die ganz am Höhlenende zu findenden Stalagmiten, die in Reih und Glied stehen wie Soldaten und der Grotte den Namen »Saal der 100 000 Soldaten« gegeben haben, sind weltweit einmalig. Auf dem Weg zurück bahnen sich kleine Wasserfälle ihren Weg an den Kalksteinwänden hinab, und schließlich endet die Höhlentour mit einem Highlight: Der Lac du Minuit (»Mitternachtssee«) offenbart noch einmal die ganze Schönheit und den Zauber, mit dem die Natur die Grotte im Laufe der Jahrhunderte ausgestattet hat.

Mai bis September

Am besten gleich nach dem Einlass herkommen. Auch wenn die Höhle nicht von Besuchermassen überrannt wird, hat man dann das Gefühl, man habe sie ganz für sich allein.

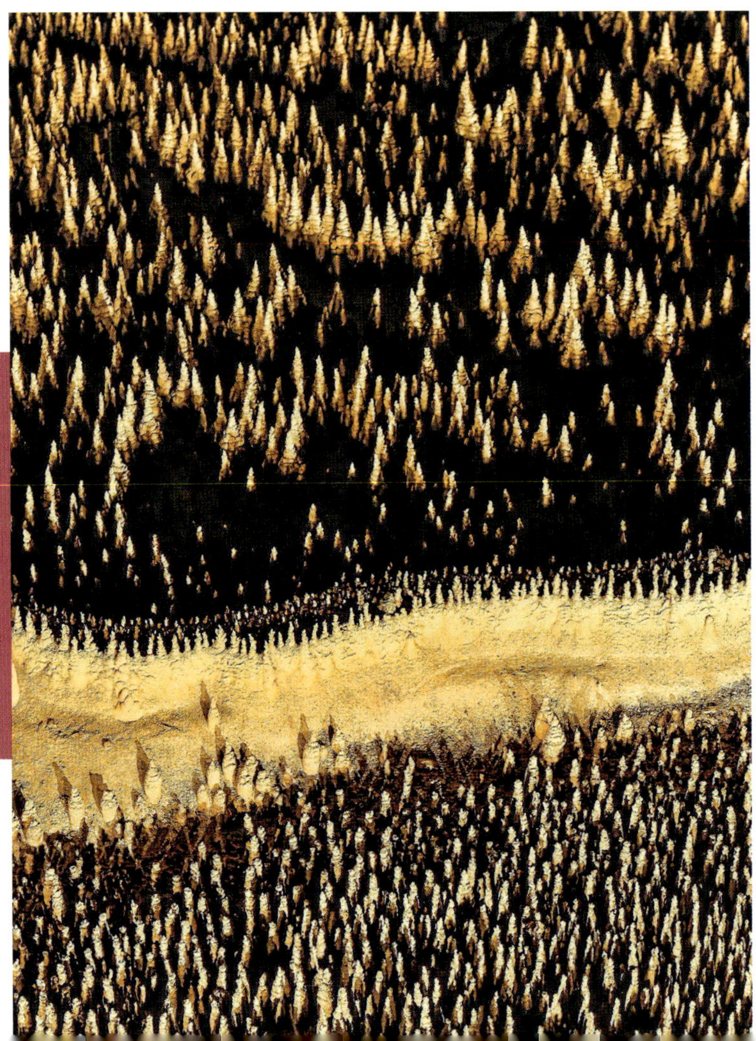

Blick in den »Saal der 100 000 Soldaten« am Ende der Trabuc-Höhle

Der perfekte Ort: der »Mitternachtssee«

Ein Ort zum Staunen, aber auch um zu sich zu kommen und für einen Moment der realen Welt zu entfliehen.

Die Höhlenführung endet am »Mitternachtssee«, wo eine Lichtshow den unterirdischen See für Besucher effektvoll in Szene setzt.

6 EINGANG ZUR UNTERWELT
ŠKOCJAN, SLOWENIEN

Sie gelten als eines der wichtigsten Naturwunder Sloweniens – eines Landes, dem es an Naturwundern ohnehin nicht mangelt. Die Höhlen von Škocjan aber sind eine Besonderheit, nicht wegen der Tropfsteinformationen, sondern weil der Fluss die Landschaft durchlöchert hat wie einen Schweizer Käse. So ist eine einzigartige Landschaft entstanden. Manche der Höhlen sind im Laufe der Jahrtausende eingestürzt und haben Trichter in der Landschaft hinterlassen. In anderen Grotten fanden Archäologen Spuren, die darauf schließen ließen, dass die Höhlen schon in der Steinzeit bewohnt waren. Einst galt dieser Platz auch als Zugang in die Unterwelt. Wer das große Tor durch das System mit den langen Gängen, die in Hallen münden, durchschritten hat, kann die Ehrfurcht der Menschen nachempfinden, die einst glaubten, dort befände sich der Eingang zur Unterwelt.

Bauwerk der Natur: die Große Brücke im Tal Rakov Škocjan

Der perfekte Ort: die Martelhalle
Mit ihren 146 m Höhe und der natürlichen Brücke zeigt sich die ganze Schönheit des Ortes.

März / April, nach den Regenfällen

Dann wird die Reka zum reißenden Fluss und tost dramatisch durch die Höhlen.

Ein Höhenwanderweg erschließt die Naturschönheiten im Biosphärenreservat Caldera de Taburiente.

AB DURCH DEN KRATER 7
CALDERA DE TABURIENTE, LA PALMA

Mit einem grünen Vegetationsteppich überzogen, ragt sie aus der Landschaft der Kanarischen Insel: Mit einem Durchmesser von 8 km und der Tiefe von bis zu 1700 m gehört die Caldera de Taburiente zu den größten Vulkankratern der Welt. Sie ist zwar mit dem Auto auch erreichbar, dennoch empfiehlt es sich, den Höhenwanderweg zu nehmen, denn dort liegen die Naturwunder direkt am Wegesrand. Das sind zum einen ungewöhnliche Lavaformationen, wie etwa Kissenlava, aber auch Basaltgesteinsformationen, die eher an Skulpturen erinnern, wie etwa die berühmten Roque de Los Muchachos oder Roque Idafe. Immer wieder trifft der Wanderer auf Wasserfälle und eine außergewöhnliche Pflanzenwelt wie etwa Teppiche des rosa blühenden Natternkopfs. Ein weiterer Höhepunkt auf dem Weg ist die Cascada de Colores, ein Wasserfall, der die verschiedenen Schichten der Erde in bunten Farben leuchten lässt.

Ein Morgen im Herbst

Wenn sich die Passatwolken um die Gipfelzüge des Kraters sammeln, dann wandelt der Wanderer des Höhenweges buchstäblich auf Wolken.

Der perfekte Ort: die Caldera-Höhenstraße
Sie führt zu den schönsten Plätzen und offenbart an den Aussichtspunkten spektakuläre Blicke in die teilweise senkrecht abfallenden Kraterwände.

SCHWEISSTREIBENDE SCHLUCHTENWANDERUNG

SAMARIA-SCHLUCHT, KRETA/GRIECHENLAND 8

Sie gilt als der Grand Canyon von Kreta und zählt zu den längsten Schluchten Europas: Über eine Länge von 16 km erstreckt sich die Felsspalte von der Mitte der größten griechischen Insel bis ins Meer. Mitten in den Weißen Bergen hat sich eine Furche in die Felsen gegraben, deren Verlauf teilweise an die Canyons in den Nationalparks der USA erinnert. Am Xyloskalo-Pfad beginnt der Wanderweg in die Schlucht, den man nicht untrainiert antreten sollte, denn der Pfad durch die Berge verlangt dem Wanderer einiges an Kondition ab. Unterwegs bieten sich wunderbare Ausblicke auf steile Berghänge, duftende Nadelbäume und »Lichtspiele«, die durch den an den Felsen aufsteigenden Dunst erzeugt werden. Einst war die Schlucht bewohnt, doch das Dorf Samaria ist inzwischen verlassen – ein »Lost Place« und willkommener Fotospot. Vor allem die kleine Kapelle lohnt den Stopp, bevor der Weg weiter Richtung Libysches Meer führt.

Der perfekte Ort: Sideroportes, die »Eiserne Pforte«

Dort stehen die bis zu 500 m senkrecht abfallenden Felswände ganz eng beieinander.

Anfang Oktober

Wenn im Frühjahr die Wassermassen aus den Bergen kommen, sind viele Wege unpassierbar. Bei der Planung der Tour sollten Wanderer die Zeiten der Fähre im Auge behalten, die die Besucher am Ende des Weges zurückbringt.

Die Samaria-Schlucht zählt zu den längsten ihresgleiches in Europa. Ihre engste Stelle ist die nur 3 bis 4 m breite »Eiserne Pforte«.

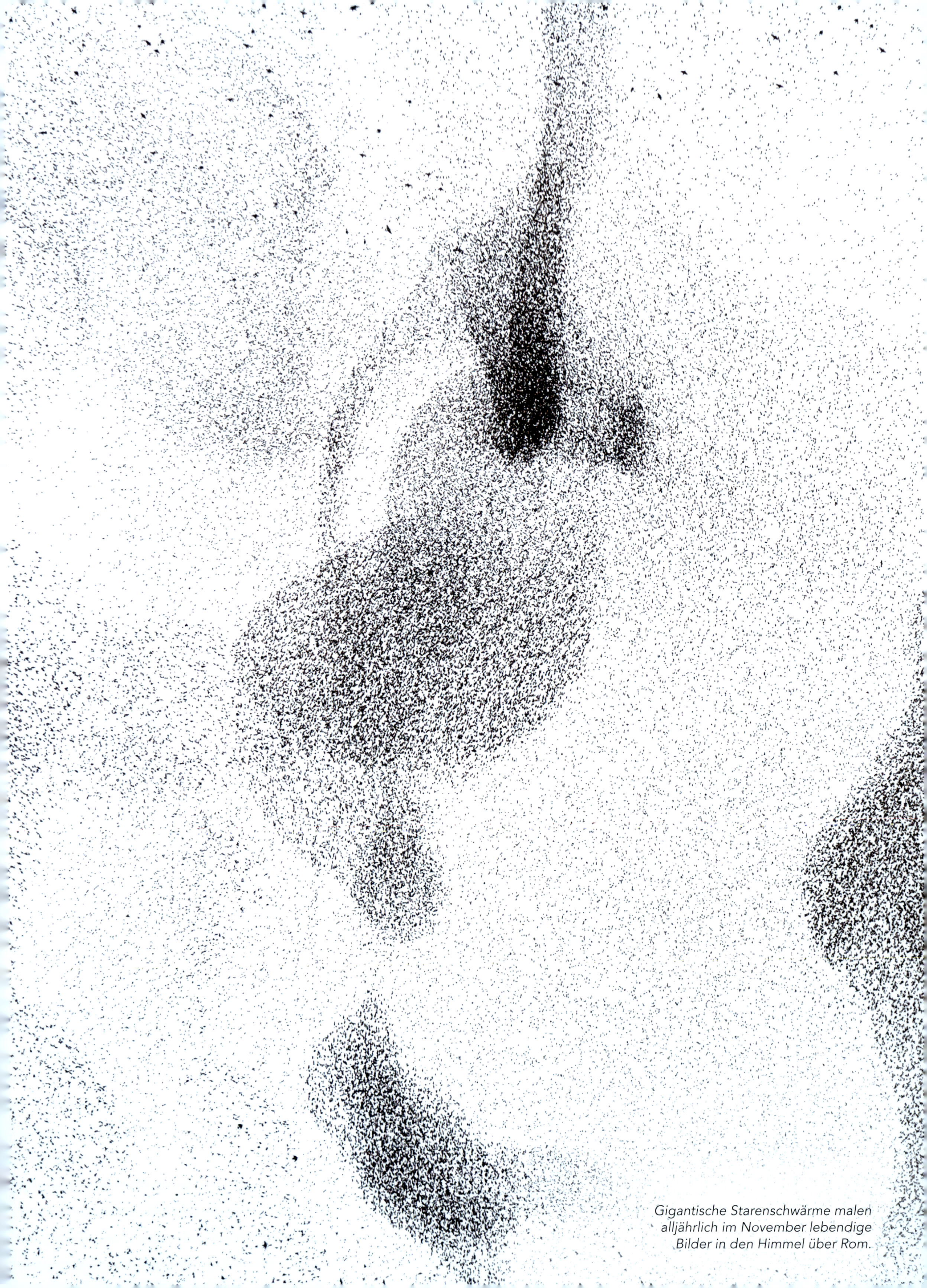

Gigantische Starenschwärme malen alljährlich im November lebendige Bilder in den Himmel über Rom.

FAUNA

9

STARENTANZ ÜBER DER EWIGEN STADT

ROM, ITALIEN

November / Dezember

Sonnenuntergang ist der beste Zeitpunkt, um die riesigen Vogelschwärme zu beobachten.

Riesige Vogelschwärme schwärzen im November den Himmel über Rom. Wohl nirgendwo in Europa sammeln sich dann so viele Stare wie in der Ewigen Stadt. Bis zu 4 Mio. Vögel hat man dort schon gezählt. Sie formieren sich zu riesigen Schwärmen, werden mal zu Herzen, mal zu Wellen, mal zu Ovalen.
Gerade im November, wenn die Oliven erntereif sind, halten sich die Stare gern in der Metropole auf, fliegen tagsüber in die Haine und kehren zum Schlafen in die Bäume der Stadt zurück, wo es wärmer und windgeschützter ist als auf dem Land. Der große Schwarm ist für die kleinen schwarzen Vögel der beste Schutz vor den Greifvögeln. Obwohl gerade Falken einen Star ab und zu herausgreifen, verlieren die Fressfeinde in der schwirrenden Vogelwolke schnell die Orientierung. Nicht alle Menschen in Rom freut jedoch der Starenbesuch, denn ihr Kot verdreckt leider auch Straßen, Plätze und Autos.

Der perfekte Ort: Giardino degli Aranci

Im Orangengarten gibt es eine Aussichtsterrasse, die den Blick auf die Dächer Roms freigibt. Aber auch Aussichtspunkte wie die Terrazza del Pincio eignen sich gut für das Naturschauspiel.

10 IM REICH DER RIESENHAIE

HEBRIDEN, SCHOTTLAND

Riesige Rückenflossen sind es, die Taucher und Naturfreunde aus aller Welt im Sommer auf die Inneren Hebriden vor Schottlands Küste zieht. Wer seinen Sommerurlaub derart hoch im Norden verbringt, anstatt in den warmen Gewässern mit den bunten Fischen des Südens, muss einen guten Grund dafür haben. Es ist der Riesenhai, der bis zu 10 m lang werden kann, der zweitgrößte Fisch der Welt nach dem Walhai. Sogar der berühmte Weiße Hai ist kleiner. Doch im Gegensatz zu seinem gefürchteten Namensvetter (und zum Glück für die Schnorchler) ist der Riesenhai Vegetarier und ernährt sich ausschließlich von Plankton. Das ist auch der Grund, warum er vor Schottlands Küste zu finden ist, denn die Planktonschwärme folgen dem kalten Wasser des Atlantiks, das sich hier mit dem Golfstrom mischt.

Mai/Juni

In diesen Monaten sind die Chancen auf Haisichtung groß, allerdings fahren die Boote bei Sturm nicht raus.

Der perfekte Ort: die Hafenstadt Oban

Der alte Hafen von Oban ist ein guter Ort, um eine Bootstour zu den Haien zu buchen.

Keine Bange: Die Riesenhaie, die im Meer vor der Hebrideninsel Coll leben, ernähren sich ausschließlich von Plankton.

Mit dem Wald von Klosterheden gehört den Bibern ein eigenes Revier, das die Nager nach Herzenslust »umgestalten« dürfen.

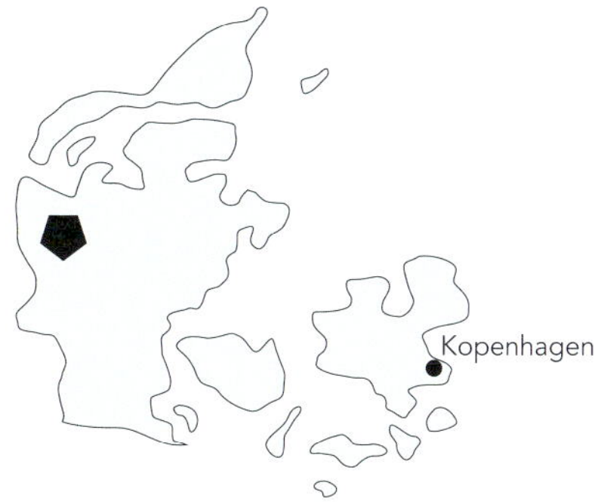

Der perfekte Ort: Beobachtungshäuschen im Wald

Einfach Proviant und Thermosflasche einpacken und warten, bis vielleicht ein Biber auftaucht.

Nur ungern lassen sich die scheuen Biber bei der Arbeit zuschauen.

DER WALD DER BIBER (11)

KLOSTERHEDEN, DÄNEMARK

Wo sie wohnen, bleibt kein Baum neben dem anderen stehen: Wer Biber in seiner Nachbarschaft hat, wird bald umgeleitete Wasserläufe vorfinden. Deswegen sind die fleißigen Nager eher weniger beliebt – in Klosterheden aber dürfen sie nach Herzenslust die Landschaft verändern. Der drittgrößte Wald Dänemarks gehört den Bibern, die nach dem Wasserschwein immerhin zu den zweitgrößten Nagetieren der Erde zählen. Mit ihren Zähnen, die ein Leben lang nachwachsen, zerknabbern sie eifrig Baumstämme, wie und wo es ihnen passt. Rund 200 Biber wohnen heute rund um den Møllesøen und lassen sich dort mit etwas Glück vor allem in den frühen Morgenstunden oder bei Einbruch der Abenddämmerung beobachten. Auf jeden Fall wird man ihre Spuren und Burgen sehen können.

September

Wer jetzt kommt, kann nicht nur die Biber hautnah erleben, sondern hat außerdem eine gute Chance, einen Rothirsch röhren zu hören. Oder sogar zu sehen …

12 EIN STAR MIT ROSA BEINEN

RIO FORMOSA, PORTUGAL

Manche Namen sind irreführend: Wer sich unter dem Purpurhuhn einen eher tollpatschigen, rosafarbenen Hühnervogel vorstellt, wird in Portugal eines Besseren belehrt: Das Purpurhuhn ist ein eleganter Vogel mit langen Beinen und schmalem Körper. Sein Gefieder schimmert nicht rosa, sondern dunkelblau und violett. Namensgebend waren aber die Beine, die ebenso eine rote Farbe haben wie der Schnabel. Nicht nur unter Ornithologen ist das Purpurhuhn der Star der Region, dessen Wahrzeichen er zugleich ist. Im Süden der Algarve befindet sich zwischen Faro und Olhão das einzigartige Vogelschutzgebiet Ria Formosa, dessen weiße Strände und blaue Lagunen nur den Vögeln – wie etwa Störchen oder Flamingos – zugänglich sind. Im Wasser soll sich übrigens die größte Seepferdchenpopulation der Welt befinden.

Oktober / November

Wenn die Touristen abgereist sind, treffen die Zugvögel ein.

Das Purpurhuhn: von der Schöpfung mit vielen Vorzügen ausgestattet

Der perfekte Ort: Die längste Holzbrücke der Algarve

In Richtung Ancão führt ein Wanderweg zur längsten Holzbrücke der Algarve, von der aus man gut die Watttiere beobachten kann.

Blick aus der Vogelperspektive auf den 239 000 km² großen Naturpark Rio Formosa an der Algarve

Das Donaudelta, ein »Szenetreff« für gefiederte Durchreisende: Rosa- und Krauskopfpelikane, Reiher, Löffler, Schwalben, See- und Fischadler, Blauracken, Kormorane, Bienenfresser, Störche, Falken und und ...

DAS GROSSE FLATTERN (13)

DONAUDELTA, RUMÄNIEN

Drehkreuze gibt es nicht nur in der bemannten Luftfahrt in Frankfurt oder Dubai, sondern auch bei den Vögeln. Eines der größten Drehkreuze des Vogelflugs ist das rumänische Donaudelta. Als eines der größten und ursprünglichsten Flussdeltas Europas ist es der ideale Rastplatz für die ziehenden Pelikane, Bienenfresser oder Kappenammern. An manchen Morgen flattert es scheinbar überall, und die Luft ist erfüllt von einem einzigen Krächzen und Piepen. An der Stelle, wo sich die Donau in mehrere Arme verzweigt und ins Schwarze Meer fließt, hat sich ein einzigartiges Marschland gebildet; Sümpfe dominieren das Bild. Mit etwas Glück sieht man auch einen der mehreren Tausend Pelikane, die hier in Europas größter Kolonie leben.

Der perfekte Ort: Tulcea

Tulcea ist das touristische Zentrum der Region, von hier aus lassen sich Bootstouren zum oder Flüge über das Schutzgebiet buchen.

Oktober

In diesem Monat sind die meisten Zugvögel schon eingetroffen.

14 KRANICHE – BOTEN DES GLÜCKS

HORTOBÁGY-NATIONALPARK, UNGARN

Oktober/November

Besonders in den Abendstunden lassen sich die großen Vögel gut beobachten.

Der älteste und größte Nationalpark Ungarns ist bekannt für seine grasbewachsenen Ebenen. Die größte europäische Steppe mit ihren typischen Ziehbrunnen, das sind Bilder, die von dort um die Welt gingen. Was für ein Glück für die Kraniche, die bislang nur mit Brandenburg oder der Müritz in Verbindung gebracht worden sind. Aber mit Ungarn? Das wissen bislang eher die Eingeweihten. Dabei zählt die ungarische Puszta im Hortobágy-Nationalpark zu den europäischen Hotspots des Kranichzuges. Beinahe 100 000 Tiere haben Ornithologen dort schon gezählt, es gibt kaum einen Ort in Europa, wo das Vorkommen an Kranichen größer ist. Sie sind jedoch nicht die einzigen Vögel, die den Nationalpark zu ihrem Habitat auserkoren haben, auch Steinadler, Trappen oder Raufußbussarde lassen sich dort beobachten.

Der perfekte Ort: Besucherzentrum des Nationalparks

Es organisiert Touren zu den streng geschützten Vögeln. Wer auf eigene Faust losstapft, gefährdet die Tiere und sich selbst.

Das Biosphärenreservat Hortobágy in der ungarischen Puszta ist bekannt für seinen spektakulären Kranichzug im Spätherbst.

PELIKANE MIT KRAUSKOPF

KERKINI-SEE, GRIECHENLAND (15)

Mit seinem langen Schnabel sieht er wie aus einer anderen Welt: Der große Krauskopfpelikan, der eine Körperlänge bis zu 1,80 m erreicht, ist einer der größten Vögel in Europa. Wenn er auffliegt – die Spannweite seiner Flügel beträgt 3,40 m! –, kann sich schon einmal der Himmel verdunkeln. Ein beeindruckender Moment, den Reisende am Kerkini-See in Nordgriechenland erleben können. Dieses blaue Juwel befindet sich ganz in der Nähe der Grenze zu Bulgarien. Es handelt sich dabei um ein Gebiet, bei dem der Mensch nachgeholfen hat, denn das Gewässer entstand 1932 als Stausee des Flusses Strymonas. Heute liefert der fischreiche See seinen gefiederten Bewohnern, zu denen auch Störche, Reiher, Flamingos, Möwen und Löffler gehören, reichlich Nahrung. Der seltene Krauskopfpelikan ist nur eine der 300 Vogelarten, die in diesem Revier zu sehen sind, durch das ab und zu sogar der Wolf streift.

Der perfekte Ort: der Steg im See

Der Steg gibt das Gefühl, man steht mitten in der Szenerie.

In der Balzphase färben sich die Schnäbel der Pelikane leuchtend orange; man möchte schließlich beim anderen Geschlecht Eindruck schinden.

Mai / Juni

In der Zeit kurz vor Sonnenuntergang sind die meisten Tiere zu sehen.

Wolliges Fell, leicht gebogene Hörner und eine Nase, die eher – pardon – an einen Rüssel erinnert, das sind die typischen Merkmale der Saiga-Antilope.

Frühjahr und Herbst

In diesen Jahreszeiten sammeln sich bis zu 1000 Tiere zu einer großen Herde, um zu den Futtergebieten zu wandern.

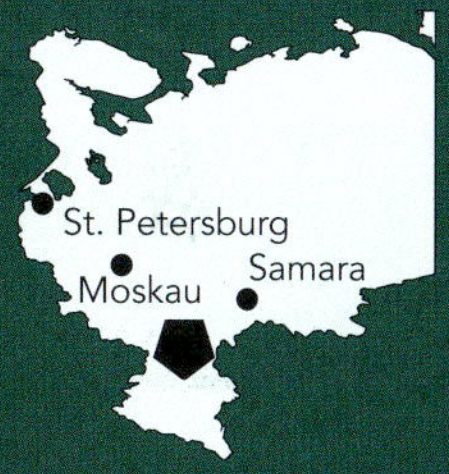

JENSEITS VON AFRIKA (16)

KALMÜCKIEN, RUSSLAND

Antilopen in Europa? Ja, kein Scherz, es gibt sie wirklich. Im äußersten südöstlichen Zipfel des Kontinents befindet sich ein autonomer Staat mit einem sagenhaften Namen: Kalmückien. Es ist die Heimat der Saiga-Antilope, einer Gazellenart, die durch ihre lustige Nase auffällt, denn diese wirkt eher wie ein angeklebter Rüssel. Tatsächlich hilft dieses buckelige, rüsselförmige Organ der Saiga, die extremen Klimaverhältnisse zu überstehen: Die heiße Luft kann sich im Sommer in der Nase abkühlen, bevor sie die Lunge erreicht, und im Winter wärmt sich die Atemluft darin etwas auf. Die Antilopenart ist allerdings bedroht, es gibt nur noch etwa 100 000 Tiere dieser streng geschützten Art, darunter etwa 10 000 in der Kalmückensteppe, die anderen leben in Kasachstan und der Mongolei.

Der perfekte Ort: bei einer Führung

Die Tiere sind streng geschützt, wer sie sehen möchte, sollte sich einer Tour anschließen und keinesfalls auf eigene Faust losgehen, um sie nicht zu stören. Astrachan ist ein guter Ausgangspunkt, um in die Steppe zu kommen.

Rund 400 aus der Form geratene Kiefern haben dem Gebiet bei Neu Zarnow den Namen »Krummer Wald« eingebracht.

LILA FARBZAUBER (19)

HOGE VELUWE, HEIDE, NIEDERLANDE

Wenn sich im August die ersten lilafarbenen Blüten öffnen, dann sind die Holländer nicht mehr zu halten. In Scharen pilgern sie zur wohl schönsten Heidelandschaft des Landes. Hoge Veluwe hat als Nationalpark spektakuläre Blicke zu bieten, denn zwischen dem Heidekraut türmen sich kleine Dünen auf, Zeugen der Sandverwehungen in dieser Region. Vor dem hellen Boden wirken die Heideblüten gleich noch spektakulärer. Sie locken nicht nur Menschen und Bienen an, sondern auch viele Tiere, die sich das Schutzgebiet als Lebensraum erobert haben: Dazu gehören Mufflons, und auch Rotwild lässt sich mit etwas Glück blicken. Mitten im Park liegt übrigens das Kröller-Müller Museum mit Werken von Picasso und der zweitgrößten Van-Gogh-Sammlung weltweit.

Balsam für die Sinne: blühende Heide im holländischen Park Hoge Veluwe

Der perfekte Ort: auf dem Fahrrad

Ein dichtes Netz von Radwegen durchzieht die Landschaft, sodass man den Park mit dem Rad prima erkunden kann. Leihräder gibt es kostenlos.

August

Der Monat August ist die Zeit der Heideblüte, allerdings ist der Park dann auch gut besucht.

DIE BUNTEN BLUMENBERGE

CASTELLUCCIO DI NORCIA, UMBRIEN, ITALIEN (20)

Ein Meer wogender Kornblumen, wie lange hat man das schon nicht mehr gesehen? Was einst zwischen Kornfeldern üblich war, ist heute meistens weggespritzt. In Umbrien haben die Kornblumen ihr Revier behalten und erfreuen jedes Jahr Wanderer und Naturfreunde aufs Neue mit ihrer Blütenpracht. Nicht nur Kornblumen übersäen die baumlosen Berghänge wie blaue Teppiche, auch die Flut an Mohnblumen, Margariten und Kamillenarten lässt den Wanderer verzückt die Kamera herausholen und abdrücken. Und wer nun sagt: Mohnblumen gibt es auch bei uns, der möge nach Umbrien reisen, denn in dieser verschwenderischen Fülle sind sie wohl einzigartig in Europa.

Der perfekte Ort: Hochebene von Castelluccio di Norcia

Ein wunderbarer Ort, um die Blütenpracht zu bewundern.

April bis Juni

In dieser Zeit stehen die Felder in voller Blüte. Doch hängt es ein wenig von der Wetterlage ab, wann sich welche Blüten öffnen.

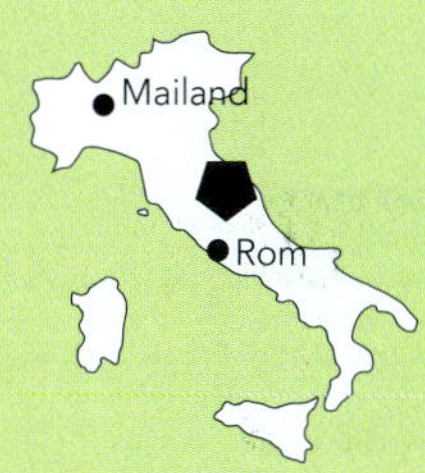

Ein Blütenteppich aus Mohn, Kornblumen und Kamille

GRÜNES LEBEN AUF SCHWARZER LAVA

21

AZOREN, PORTUGAL

Zugegeben, es ist ein wenig geschummelt: Ein reines Naturwunder ist die Weinlandschaft auf den Azoren nicht, denn der Mensch hat dort nachgeholfen. Dennoch kann man sie wohl als einzigartige Landschaft bezeichnen. Hellgrüne Weinblätter und später im Herbst dicke, reife Weintrauben auf einem Grund, der eigentlich lebensfeindlich scheint. Doch die Wurzeln des Weines finden ihren Weg durch die kleinsten Ritzen im Gestein. Damit die rauen Winde der Azoren den zarten Pflanzen nichts anhaben können, haben die Bauern vor 500 Jahren kleine Parzellen angelegt und Mauern aus Steinen aufgeschichtet, um die Reben zu schützen. Heute ist diese Landschaft ein spektakulärer Anblick auf der Insel mit dem höchsten Berg Portugals, dem 2351 m hohen Ponta do Pico, einem Vulkan, dessen Krater einen Durchmesser von 500 m hat.

September/Oktober

Ideal für einen Besuch ist ein schöner Herbsttag, wenn die Trauben geerntet werden.

Der perfekte Ort: die Stadt Madalena

Der Ort eignet sich am besten als Ausgangsort zu den fruchtbaren Lavafeldern, auf denen der Wein gedeiht.

Von der Sonne verwöhnt, von fruchtbarer Lava genährt: Weinfelder auf der Insel Pico auf den Azoren

ZWISCHEN BÄREN UND FICHTEN 22

TARA-NATIONALPARK, SERBIEN

Es sind diese kleinen Ziele, die das Wandern so schön machen. Im Tara-Nationalpark lockt eine kleine Plattform, die mit runden Balken gesichert ist. Doch bis man dort ist, sollte man nicht nur die Nase weit aufsperren und den Duft der berühmten Serbischen Fichten einatmen, sondern auch die Augen offen halten. Es könnte sein, dass sich Bären zeigen oder man ihr Rascheln im Gebüsch hört. Wie man sich dann verhält, darüber geben Infotafeln am Eingang des Nationalparks Auskunft. Der Aussichtspunkt Banjska Steha ist der Höhepunkt des Nationalparks. Der Aufstieg ist alle Mühe wert, denn das Panorama ist atemberaubend. Im Tal breitet sich der See Perucac aus, dahinter steigen Berge mit steilen Hängen malerisch auf. Bosnien-Herzegowina liegt in Blickweite und ist doch so weit weg.

Blick vom Banjska-Felsen in die Tara-Berge, durch die sich die Drina ihren Weg bahnt

September

An einem schönen warmen Tag im Spätsommer duftet der Wald besonders würzig.

Der perfekte Ort: Drina-Flusshaus

Wunderschön gelegen und sehr fotogen ist das Drina-Flusshaus, ein Badehaus mitten im Wasser.

Die Blockhütte auf einer Felseninsel im serbischen Teil der Drina dient seit den 1970er-Jahren Wasserwanderern als Schutzhütte.

23 URALTER ÜBERLEBENSKÜNSTLER

PIRIN-GEBIRGE, BULGARIEN

7 m Umfang misst der Stamm dieses Baumes, dafür braucht es vier Menschen, um ihn zu umarmen: Der »Bajkuschewa Mura«, eine Schlangenhaut-Kiefer, ist 26 m hoch und zählt zu den ältesten Bäumen Südeuropas. Immerhin hat er schon mehr als 13 000 Jahre auf dem Buckel, pardon, seinem Geäst. Dieser Nadelbaum ist ein echter Überlebenskünstler, was vor allem an seiner Pfahlwurzel liegt, die auch die kleinste Lücke findet, um zu den wasserreichen Schichten im Boden vorzudringen. Schlangenhautkiefern gehören zu den endemischen Gewächsen des Pirin-Gebirges, wo der Baumriese auf einer Höhe von 1930 m im dortigen Nationalpark steht. Ihr Name geht darauf zurück, dass die Rinde einer Reptilienhaut ähnelt. Viele Bäume in dem Schutzgebiet, das auch ein Refugium für Bären, Wölfe und Luchse ist, sind älter als 500 Jahre.

Der perfekte Ort: Im Baumschatten

Direkt am Baum gibt es eine Treppe und einen Platz, um im Schatten des Baumgreises zu sitzen.

Mai / Juni

Der Frühsommer, wenn es dort oben noch nicht zu heiß ist, ist die beste Zeit für einen Besuch.

Schlangenhaut-Kiefer: Ihr Name leitet sich von der schuppigen Borke ab, die an die Haut eines Reptils erinnert.

Ein altehrwürdiger Baumriese, dessen ausladendes Geäst zu einer geruhsamen Rast einlädt

DIE DICKE LINDE 24

EMSLAND, HEEDE, DEUTSCHLAND

Dicksein ist meistens keine Auszeichnung. Jedenfalls würden Menschen ganz schön pikiert dreinschauen, wenn sie als dickster Mensch Deutschlands bezeichnet würden. Bei Bäumen hingegen ist dieses Attribut eine große Ehre. Der dickste Baum Deutschlands befindet sich im Nordwesten Deutschlands: Im Emsland steht die größte und vielleicht älteste Linde Europas. Obwohl sie als tausendjährige Linde in die Dorfgeschichte von Heede eingegangen ist, wird sie dieser Übertreibung nicht ganz gerecht, denn sie ist wohl eher um die 800 Jahre alt. Dennoch ist sie mit ihrem Stammumfang von 17 m und ihrer Höhe von 20 m ausgesprochen beeindruckend, denn man bräuchte zehn Menschen, um den Baum einfach nur zu umfassen. Seit 2019 ist die Linde auch der erste Nationalerbe-Baum Deutschlands.

Der perfekte Ort: Unter der Linde

Direkt am Stamm unter dem Baum ist wohl der schönste Platz. Einfach dort sitzen und dem Rauschen der herzförmigen Blätter lauschen.

Juni

Zur Lindenblüte im Juni verströmt der Baum einen einzigartigen Duft.

Zauber des Nordlichts, in nördlichen Breiten auch Aurora borealis genannt. Vorherrschend ist grünes Licht, es gibt aber auch rote, blaue und violette Farbtöne.

WETTER & ASTRONOMIE

25

FASZINATION DER POLARLICHTER

TROMSØ, NORWEGEN

Januar/Februar

Sternenklare Winternächte im Januar oder Februar eignen sich am besten, um Nordlichter zu sehen.

Es zählt zu den beeindruckendsten Naturphänomenen der Welt: Wenn das Nordlicht seinen Farbzauber über den Nachthimmel wabern lässt, dann vergessen die Menschen in Nordeuropa für diesen besonderen Moment auch die vielen sonnen- und lichtlosen Stunden des Winters. Doch wann ist das Nordlicht zu sehen? Wie das bei Naturgewalten nun mal so ist: Sie lassen sich schlecht voraussagen. Deswegen bietet sich der norwegische Ort Tromsø an, wenn man Nordlichter sehen möchte und nicht die Zeit hat, mehrere Wochen darauf zu warten. In Tromsø ist die Wahrscheinlichkeit, die Aurora borealis zu beobachten, besonders hoch, denn die Stadt liegt im Herzen des sogenannten Nordlichtoval – ein kreisförmiges Gebiet, in dem das Magnetfeld der Erde besonders durchlässig ist. Zudem gibt es heute Apps, die einen Alarm schicken, wenn die Sichtungswahrscheinlichkeit hoch ist.

Der perfekte Ort: Jenseits der City

Außerhalb der Stadt, am besten schon tagsüber abchecken, wo man abends hinfahren kann, wenn Nordlichter zu sehen sind, damit die Lichter der Stadt nicht das Naturschauspiel überdecken.

26 DER EWIGE TAG

ILULISSAT, GRÖNLAND

Die Menschen im Norden müssen Extreme aushalten: Während es im Winter nicht hell werden möchte, wird es im Sommer nicht dunkel. Dennoch ist die Mitternachtssonne ein einmaliges Schauspiel, das nicht nur das Fernbleiben der Dunkelheit ausmacht. Am Ilulissat-Fjord in Grönland lässt sich die Mitternachtssonne besonders gut beobachten. Dort schwimmen Eisberge im Wasser und reflektieren das Sonnenlicht, dessen Stärke um Mitternacht tatsächlich derart abnimmt, dass man glauben könnte, es folge gleich ein Sonnenuntergang. Doch der geht nahtlos in den Sonnenaufgang über, und so spiegeln das helle Eis sowie das klare Meereswasser das goldene Licht. Die Temperatur sinkt dann spürbar, und man greift unwillkürlich zur dicken Jacke. Wieder zurück an Land, ist das Schauspiel nicht minder beeindruckend, wenn dort Kinder um Mitternacht noch in den Gärten spielen und es taghell ist.

Juni

Eine Nacht im Juni, denn Mittsommer ist am 21. Juni, danach werden die Tage wieder kürzer, auch am Nordkap.

Der perfekte Ort: mit dem Boot im Eisfjord

Auf dem Schiff mitten im Fjord lässt sich die Mitternachtssonne am schönsten erleben.

Ililussat ist bekannt für seine Diskobucht mit den majestätischen Eisbergen, die sich zu immer neuen wundersamen Gebilden formieren.

ZU BESUCH BEI DER EISKÖNIGIN (27)

RIISITUNTURI-NATIONALPARK, FINNLAND

Manchmal sind es Engel, manchmal riesengroße Zipfelmützen, die aus der weißen Landschaft ragen: Wenn der Schnee Bäume und Boden des Nationalparks Riisitunturi bedeckt, verwandelt sich die Gegend in ein Winterwunderland, mit von der Natur geschaffenen Eisskulpturen, die selbst Walt Disney begeistert hätten. Die Fichten im Schnee verbreiten den Zauber des Unberührten, vielleicht auch, weil die Flocken einfach liegenbleiben, anstatt zu einer grauen Pampe zu schmelzen. Ein dichtes Netz von Wanderhütten durchzieht die Landschaft und sorgt dafür, dass der Besucher nicht fürchten muss, irgendwo stecken zu bleiben. Denn immerhin kann es hier nachts bis zu -42 °C kalt werden. Besonders schön ist es, im Nationalpark eine Tour mit Übernachtung zu buchen, denn die Chancen stehen gut, dort Nordlichter zu sehen.

Orgie in Weiß: Defilee der winterlichen Bäume im Nationalpark Riisitunturi

Von der Natur gepudert und verzuckert

Der perfekte Ort: Schneeschuhtrail

Der Schneeschuhtrail »Riisin rääpäsy« bietet Gelegenheit, sich behutsam durch die wunderschöne Landschaft zu bewegen. Wer sich lieber fahren lassen möchte, wählt den Hundeschlitten.

Januar/Februar

Januar und Februar sind die Monate mit der schönsten Schneedecke.

Wenn die Sturmflut kommt, steht dieses Stück Land komplett unter Wasser, und nur das Haus auf der Warft schaut aus der Nordsee hervor.

MEERE

28

LAND UNTER!

HALLIG LANGENESS, DEUTSCHLAND

Herbst und Sommer

Stürme im Herbst sind etwas für Mutige! Doch auch im Sommer ist der Aufenthalt auf einer Hallig beeindruckend.

Wenn die Nordsee in Wallung kommt, heißt es hier »Land unter«. Das ist nicht nur ein bloßer Spruch, tatsächlich sind die zehn Nordseehalligen dann komplett überflutet. Hätten die Menschen ihre Häuser nicht auf einem künstlichen Hügel, genannt Warft, gebaut, würden diese gleich mit überschwemmt. Deswegen hat man vorgesorgt und diese künstlichen Hügel erschaffen. Denn dass gleich ganze Marschinseln vom Meer überspült sind, ist weltweit einmalig. Nirgendwo sonst erlebt man die Kraft der Nordsee so unmittelbar wie auf den Halligen. Wenn Sturmflut angesagt ist, treiben die Einheimischen ihre Schafe in die Einfahrten, schließen Gatter und Zäune und hoffen, dass die Wellen nicht zu hoch schlagen. Da auch die Nordsee vom Anstieg des Meeresspiegels betroffen ist, klügelt man derzeit ein System aus, wie man das Leben auf den Marschinseln trotz des Klimawandels retten kann.

Der perfekte Ort: Hallig Langeneß

Langeneß, die größte Hallig, ist auch auf Tourismus ausgelegt, nur wenige der kleineren Halligen bieten Übernachtungen an.

29 DIE BLAUE NAHT

SILFRA RIFT, ISLAND

Einmal auf der Nahtstelle zwischen zwei Kontinenten stehen oder vielleicht sogar schwimmen – Island macht das möglich. Mitten durch den Þingvellir-Nationalpark zieht sich der Bruch zwischen der Europäischen und der Nordamerikanischen Kontinentalplatte. Was an manchen Stellen gar nicht auffällt, zeigt sich nur wenige Meter mit Ritzen im Boden deutlich. Ganz besonders hervorgehoben aber wird die Kluft zwischen den Platten mit einem Gewässer. Was aussieht wie ein schmaler Fluss und Menschen auf den Steinen herumturnen lässt, ist das hochaktive Gebiet, das die beiden Kontinente trennt. Diese Spalte wird von Jahr zu Jahr etwas weiter und ist 63 m tief. Wegen der klaren Sicht, der faszinierenden Unterwasserpflanzen (und trotz des kalten Wassers) schätzen Schnorchler und Taucher die Stelle und schwimmen, in Trockeneisanzüge eingemummelt, in dem blau schimmernden Wasser.

Der (kilometer-)lange blaue Riss zeigt, wo die beiden tektonischen Kontinentalplatten auseinanderdriften.

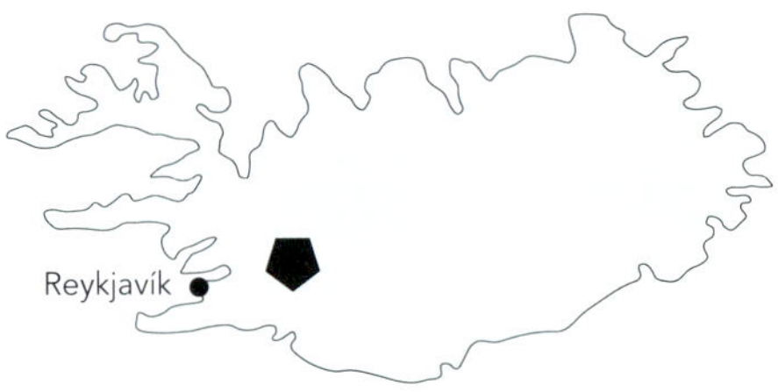

Der perfekte Ort: Mittendrin

Mit dem Schnorchel und Trockeneisanzug im Wasser, wo sonst kann man in einer Kontinentalspalte schnorcheln?

September

An Septembertagen kommen nur wenig Touristen auf die Insel, und dann ist es auch in diesem Nationalpark nicht so voll.

Silfra-Spalte: ein beliebtes Tauchrevier. Mit ein paar Schwimmstößen gelangt man von Europa nach Nordamerika und zurück.

Durdle Door, ein natürliches Felsentor an der Jurassic Coast – besonders stimmungsvoll bei Sonnenuntergang

DER WEISSE BOGEN (30)

DORSET, ENGLAND

Als hätte jemand den Arc de Triomphe nachbauen wollen, so mutet dieses Felsentor an der Küste Südenglands an. Durdle Door ist das Wahrzeichen der Jurassic Coast von Dorset. Der Name des Naturwunders steht für den altenglischen Begriff von »Bohrung« und trifft den Charakter dieser Felsformation sehr gut, die tatsächlich aussieht, als hätte man dort ein künstliches Felsentor errichtet. Die Felsenbrücke besteht ebenso aus Kalkstein wie die angrenzenden Brocken im Meer. Ein rund 4 km langer Weg führt zu den Felsen, die zwar in Privatbesitz sind, aber aufgrund des öffentlichen Interesses längst zugänglich gemacht worden sind. Wer sich mit Geologie auskennt, der kann dem Gestein der Küste 185 Mio. Jahre Erdgeschichte ablesen – bis in die Jura-Zeit.

Der perfekte Ort: auf der Treppe

Zu dem Felsentor führt eine Treppe, von dort oben ergibt sich ein traumhafter Blick auf den Sandstrand mit der Felsformation.

Juli / August

Im Hochsommer sind die Tage schön lang, sodass man möglichem Touristenandrang gut ausweichen kann.

31 FORMENVIELFALT AM STRAND

BRETAGNE, FRANKREICH

Zugegeben, sie sind nicht jedermanns Sache, und so manch einer mag sich gar vor ihnen ekeln: Algen. In der Bretagne sind diese Lebewesen allgegenwärtig und für so manchen sogar der Broterwerb. Man sieht riesige Baggerschiffe im Meer, die den Tang aus den Seefeldern fischen, daraus wird später Medizin oder Dünger, oder die Algen gehen als Spezialität in den Feinkosthandel. Der Naturpark Marin d'Iroise bringt eine unglaubliche Fülle an Algen hervor, wie sie wohl europaweit einmalig ist. Wer am Strand entlangwandert, wird immer wieder von der Formen- und Farbvielfalt dieser Lebewesen begeistert sein. Mal sehen sie aus wie Ballons mit Noppen, mal wie lange Fäden, dann wieder wie rote Korallen. 300 verschiedene Algenarten gedeihen dort und bieten einen idealen Lebensraum für Robben, Delfine und zahlreiche Fische.

September

Bei Ebbe kann man die fragilen Naturkunstwerke am besten bewundern.

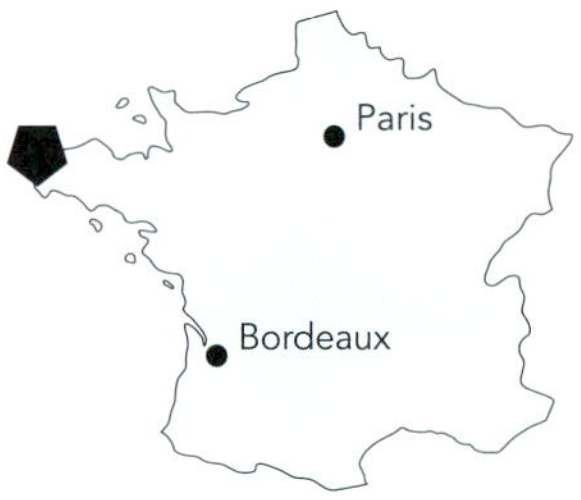

Der perfekte Ort: Lanildut

Der Ort Lanildut gilt als Algenhauptstadt der Bretagne, ein kleines Museum informiert dort über die Verknüpfung zwischen Menschen und Algen.

Vielfältig in Form und Gestalt kommen die Algen in der Bretagne daher. Verwendung finden sie als Nahrungsmittel, in der Kosmetik, als Biokraftstoff oder Dünger.

SICHEL AUS SAND (32)

KURISCHE NEHRUNG, KLAIPĖDA, LITAUEN

Wie ein goldener Bindfaden liegt dieses Stück Land zwischen der hellblauen Lagune und der dunkelblauen Ostsee. Wer über die Kurische Nehrung fliegt, erblickt bereits aus der Luft ein Faszinosum: eine einzigartige Landschaft aus Sand, die mit ihren hohen Dünen an manchen Stellen der Sahara gleicht. Das UNESCO-Weltnaturerbe Kurische Nehrung zählt zu den Naturwundern, die sich vor allem beim Wandern offenbaren, denn dieses Stück Land ist lang. Es ist mit 98 km immerhin die längste Nehrung der Welt, sie trennt eine blaue Süßwasserlagune von der Ostsee. Obwohl sie so schmal ist, vereint die Kurische Nehrung zwei Länder: Der längere Teil (52 km) gehört zu Litauen, der kürzere (46 km) zu Russland. Seltene Vögel haben dort ebenso ein Zuhause gefunden wie der Elch, der vor allem auf russischer Seite durch die Wälder streift.

Der perfekte Ort: die große Düne

Schon Thomas Mann schätzte die Kurische Nehrung, auch er hat die zweitgrößte Sanddüne Europas gesehen. Wer oben steht, hat schon fast alpine Aussichten.

Die Kurische Nehrung: eine der schönsten Landzungen Europas

Zum Herbststurm

Reizvoll ist ein Besuch im September / Oktober. Dann gibt es häufig schon erste Herbststürme, die mitunter abenteuerliches Strandgut anspülen.

Lagune »Giola«: In diesem Meeresbecken planschte die Liebesgöttin Aphrodite.

Oktober

Dann sind die vielen Touristen von der Insel verschwunden, und es ist oft noch warm genug zum Baden.

DIE SCHÖNSTE TRÄNE (33)

THASSOS, GRIECHENLAND

Die schönste Träne der Welt befindet sich in Griechenland. Kein Wunder, dass sie hübsch ist, denn sie soll einst von der Göttin Aphrodite geweint worden sein. Manche Quellen behaupten auch, dass der Gott Zeus selbst dieses Becken gebaut hat, damit Aphrodite darin schwimmen könne. Welche Version auch immer stimmen mag, fest steht, dass diesem Ort ein ganz besonderer Zauber innewohnt. Das Wasser schimmert oft türkisgrün und ist hier friedlich, während das offene Meer dahinter tost. Nur an einer kleinen Stelle küsst das Meer den Felsenpool und spült mit seinen Wellen frisches Wasser ins Becken. Es prickelt, manchmal züngeln die Wellen nach den Schwimmern, mitunter sind sie brav und still. »Giola«, wie die Griechen dieses Naturschauspiel nennen, befindet sich auf der Insel Thassos im Norden Griechenlands.

Der perfekte Ort: aus der Adlerperspektive

Auf dem Felsen über dem Becken, von dort aus sieht man die perfekte Tränenform des Beckens.

Keine Fata Morgana, sondern eine Mikroalge namens Dunaliella Salina ist dafür verantwortlich, dass die Salzseen in Torrevieja eine rosa Farbe angenommen haben.

FLÜSSE, SEEN, WASSERFÄLLE

34

SEEN IN PINK

TORREVIEJA, SPANIEN

Sonnenuntergang im Spätsommer

Zur »Goldenen Stunde« Ende August oder im September ergeben sich dort perfekte Spiegelungen des Himmels in den klaren Seen.

Riesige weiße Berge türmen sich an der Straße nach Alicante auf und fallen mit ihrem gleißenden Licht sofort ins Auge. Vor diesen weißen Bergen aus Salz wirken die knallrosa Lagunen noch viel unwirklicher: Die Salinas de Torrevieja spiegeln dem Betrachter ein Szenario, in dem die Farben vertauscht zu sein scheinen. Ein pinkfarbener See? Direkt an der Costa Brava befindet sich dieses Schauspiel der Natur, das dank der Alge Dunaliella Salina, die dem Wasser seine Farbe gibt, mehr und mehr Menschen in seinen Bann zieht. Wer dort zu Gast ist, sollte wissen, dass die Seen Naturschutzgebiet sind: Baden ist hier weder erlaubt noch verboten, Besucher sollten sich unauffällig und möglichst respektvoll der Umgebung gegenüber verhalten. Es gibt auch Führungen durch die Salinen.

Der perfekte Ort: kleine Wege am See

Man muss sie suchen, die kleinen Wege zu den Gewässern, sie sind extra nicht ausgeschildert, um den Besucherandrang klein zu halten.

35

DIE KRAFT DER GEZEITEN

SALTSTRAUMEN, NORWEGEN

Es sieht schon beeindruckend aus, wenn der Mahlstrom in vollem Gange ist: Dann türmen sich in dem zuvor so still erscheinenden Wasser plötzlich Strudel und Wellen auf, so als ob gleich ein unterseeischer Vulkan ausbrechen wolle. Doch keine Sorge, in Nordnorwegen ist das normal, denn dort befindet sich der größte Gezeitenstrom der Welt. Er entsteht durch den Wechsel von Ebbe zu Flut, wenn das Wasser also die Richtung ändert. In diesem Falle donnern bis zu 400 Mio. Kubikmeter Wasser durch die 150 m breite Meeresenge. Klar, dass sich bei diesem Druck irgendwo Strudel bilden müssen.
Aus dem langen Saltfjord werden die riesigen Wassermassen in einen kurzen, schmalen Sund gepresst. Dies geschieht in einer Geschwindigkeit, sodass das Wasser teilweise bis zu 40 km/h erreicht. Dabei entstehen enorme Kräfte, die sich als riesige Strudel oder Ströme zeigen können. Manche der Strudel erreichen dabei einen Durchmesser von bis zu 10 m, andere gehen bis an den Grund des Sundes. Insgesamt können die Strudel sogar eine Tiefe von bis zu 4 m erreichen. Am stärksten ist die Tide bei Voll- oder Neumond, an diesen Tagen ist der Gezeitenstrom besonders aktiv.
Der Gezeitenstrom ist nicht nur beliebt bei Touristen, sondern auch Angler schätzen diesen Platz. Durch den ständigen Wechsel des Wassers ist das Meer dort sehr nährstoffreich und lockt viele Fische an. Sie können oftmals ihre Richtung aber nicht mehr selbst bestimmen; wenn der Gezeitenstrom so richtig in Fahrt ist und die Flut abnimmt, werden die Fische dem Angler buchstäblich vor die Rute geschwemmt.
Wer mutig ist, kann sich vor Ort einer Schlauchbootsafari anschließen. Hochseetüchtige Boote fahren dann, soweit es eben geht, in den Strom, es ist ein Gefühl wie beim Wildwasser-Rafting. Doch man muss sich gar nicht mitten ins Geschehen begeben, am Rande gibt es viele Plätze, sogar Bänke, auf denen Besucher einen schönen Blick auf die Naturgewalt haben.

Juli/August

Es lohnt sich, den Tidekalender zu studieren, es gibt extra Saltstraumen-Tabellen, in denen sich ablesen lässt, wann der Tidenhub am stärksten ist.

Eine Schlauchbootfahrt im Gezeitenstrom lässt einen die Naturgewalten hautnah spüren.

Wo die Wellen des Gezeitenstroms und des Meers aufeinandertreffen, bilden sich gigantische Wasserstrudel, von denen manche bis zum Grund des Sunds reichen.

Der perfekte Ort: die Saltstraum-Brua

Von der Brücke auf der Küstenstraße, der Saltstraum-Brua, bietet sich aus ca. 41 m Höhe der perfekte Blick auf den Strudel.

36 DIE FARBEN DES WASSERS

SAREK, SCHWEDEN

Neuseeland? Nein, Schweden! Die nordischen Länder zeigen dem Weltreisenden, dass es manchmal gar nicht nötig ist, so weit in die Ferne zu schweifen. Entlang des Flusses Rapaälven im Nationalpark Sarek in Schwedisch-Lappland hat sich eine einzigartige Landschaft gebildet, die zu den letzten Wildnissen des Kontinents zählt. Besonders das Delta des Flusses ist sehenswert, denn dort fließen Ströme mit unterschiedlichen Wasserfarben ineinander. Das liegt am Gletscherschutt, den die Gewässer mit sich tragen, denn sie entwässern 30 umliegende Gletscher. Gesäumt werden sie von kleinen Tümpeln, Seen und 2000 m hohen Bergen, die umgebende Landschaft wirkt unwirklich grün, und bis auf Ziegen oder Rentiere ist zumeist kein anderes Lebewesen und schon gar kein Tourist in Sichtweite.

Im Juli, nach der Schneeschmelze

Bei Schnee ist es schwierig, durch die Landschaft zu wandern, deswegen ist es ratsam, bis nach der Schneeschmelze zu warten. Der Monat Juli ist dafür ideal.

Der perfekte Ort: Saltoluokta

Der Ort Saltoluokta bietet einen guten Ausgangspunkt, um die Wanderung in diese Wildnis zu starten. Dort kann man ein letztes Mal seine Vorräte auffüllen, bevor es menschenleer wird.

Wildnis in Blau und Braun: Durch das 35 km lange unberührte Tal Rapadalen mäandert der Fluss Rapaälven.

Der perfekte Ort: Kaluđerovac-See (Silbersee)

Der Kaluđerovac-See ist einer der Höhepunkte der Tour, dort wurde die Filmszene gedreht, in der Old Shatterhand und Winnetou übers Wasser rudern.

Die Seenplatte im Nationalpark teilt sich in die vier Unteren Seen, zu denen auch der »Silbersee« zählt, und die zwölf Oberen Seen mit dem Gradinsko-See samt Wasserfall (im Bild).

Europas einzige Wüste diente schon oft als Kulisse für Kinofilme, darunter die Westernkomödie »Der Schuh des Manitu« (2001).

40

FILMSCHÖNE WÜSTENKULISSE

DESIERTO DE TABERNAS, SPANIEN

März/April

Im Sommer kann es in der Wüste fast bis zu 50 °C heiß werden, im Frühjahr hat die Sonne noch nicht ganz so viel Kraft, deswegen heißt es die milden Strahlen nutzen.

Wüsten in Europa? Ja, die gibt es. In Andalusien, nördlich von Almería, erstreckt sich mit 280 km^2 die trockenste Region Europas. Die Tabernas-Wüste ist eine einzigartige Landschaft, die stark an die Wüstengebiete in den USA oder Afrika erinnert. Die ockerfarbenen Berge, die aus der Landschaft aufragen, lagen übrigens einmal auf dem Meeresboden, doch vor 7 Mio. Jahren begannen sich plötzlich Berge aus dem Ozean zu erheben. Dabei sank der Meeresspiegel so weit ab, dass eine Lagune entstand, die später vollständig austrocknete. Heute wachsen dort Pflanzen, die es nirgendwo sonst in Europa gibt, darunter Schmarotzerpflanzen wie Cistanchen (ein Sommerwurzgewächs) oder viele Schwämme. Die Wüste, die genau genommen nur eine Halbwüste ist, lebt. Neben Füchsen, Kaninchen, Bienenfressern und Mardern bietet sie vielen anderen Tieren Nahrung und Unterschlupf.

Der perfekte Ort: das verlassene Dorf

Die Wüste von Tabernas war schon Kulisse für viele Filme, darunter den Western »Spiel mir das Lied vom Tod« oder den Historienfilm »Lawrence von Arabien«. Das einstige Filmdorf »Fort Bravo« ist als Kulissenstadt noch erhalten.

Wie winzig der Mensch doch ist, wenn er auf einen wahren Giganten wie den Vatjakökull-Gletscher in Island trifft.

EIS, GLETSCHER

41

EIN KALTES BLAUES WUNDER

VATNAJÖKULL-GLETSCHER, ISLAND

Januar/Februar

Zu dieser Zeit ist es hier am kältesten, und die Eishöhlen sind am stabilsten. Island im Winter ist immer eine gute Idee.

Kristallblaues Eis rundum bricht das Tageslicht. Es ist, als stünde man in einem Meer aus Eis – und ein wenig stimmt das, wenn man die Eishöhle des Vatnajökull-Gletschers sieht. Mit seinen 900 m Dicke ist er der größte isländische Gletscher und der drittgrößte der Welt. In seinem Inneren arbeitet es, da schmelzen Schichten und gefrieren wieder. Aus dieser Dynamik heraus entstehen die Eishöhlen und ihr zauberhaftes Farbenspiel, das nicht von dieser Welt scheint mit seinen abstrakten Formen und den klaren Farben. Dass sie so intensiv blau sind, liegt an dem Druck, den das viele Eis erzeugt, so verdichtet sich die Masse und nimmt diese Farbe an. Immerhin lastet eine sehr dicke Eisschicht auf ihnen. Die Höhlen sind nur im Winter zu besuchen. Wer glaubt, sich die Stelle zu merken und im kommenden Winter wiederzukommen, ist schlecht beraten, denn die Eishöhlen erscheinen jedes Jahr an anderer Stelle.

Der perfekte Ort: an der Seite eines Guides

Allein die Höhlen zu erkunden ist viel zu gefährlich, denn viele Konstellationen ändern sich fast täglich. Deswegen ist es ratsam, sich einem ausgebildeten Guide anzuvertrauen.

42 ZUNGEN AUS EIS

FOLGEFONNA, NORWEGEN

Seine Schneeluft riecht man schon von Weitem: Bei der Anreise mit der Fähre kann man den Folgefonna-Gletscher bereits in der Luft erschnuppern. Mit seiner Fläche von 214 km² ist er der drittgrößte Gletscher auf Norwegens Festland. Im mittleren Norwegen gilt er als Naturwunder, das nicht nur hübsch anzusehen ist, sondern auch enormen Einfluss auf das lokale Klima hat. Immerhin ist das ewige Eis dort bis zu 400 m dick. Er stammt nicht etwa aus der Eiszeit, sondern ist ein junger Gletscher von etwa 2000 Jahren. Eine Schlüsselrolle bei seiner Entstehung spielte der Nordatlantikstrom, eine Verlängerung des Golfstroms, der warmes Wasser nach Europa bringt. Er schwächelte damals wohl ein wenig, was eine deutliche Abkühlung der Region ebenso zur Folge hatte wie deutlich mehr Regen. Eine Kombination, die den Folgefonna wachsen ließ. Heute zählt er zu den beliebtesten Gletschern Norwegens mit Gipfeln, die bis zu 1662 m aufragen.

Dort oben ist natürlich auch das ewige Eis zu finden, dessen Gletscherzungen bis zu einer Höhe von 400 m herunterreichen.

Folgefonna ist ein Plateaugletscher, bestehend aus den Zungen Nordfonna, Midtfonna und Sørfonna. Langsam, aber sicher fließen sie die Bergrücken hinab. Rund um den Gletscher gibt es viele Möglichkeiten, einen Einstieg ins ewige Eis zu finden.

In Jondal lädt sogar eine Skipiste zum Wintersport ein. Doch einen Gletscher sollte man sich erobern, oder? Deswegen bietet es sich an, auf den Gletscher zu wandern. Etwa von Buerbreen aus folgt der Weg der vom ewigen Eis dominierten Landschaft. Im Tal rauscht das Schmelzwasser die Flüsse und Bäche hinab, dann zeigen sich die ersten Geröllfelder und später Schneefelder, die wie vergessen zwischen den Hügeln liegen. Der Weg ist zwar mühsam und führt über Hängebrücken und steile, glatte Felsen, doch spätestens wenn die Gletscherzunge vor einem liegt, weiß man, dass sich die 2 Std. und die Mühe gelohnt haben. Achtung: Bei einigen Passagen ist Klettererfahrung erforderlich. Am Ende der Gletscherzunge schimmert das ewige Eis mitunter hellblau, dahinter beginnt die unwirtliche Geröllandschaft des Gletschers.

Juni

Wer zum Gletscher will, muss früh aus den Federn, vor allem, wenn er die Wanderung zu Fuß unternehmen will. Je früher, desto besser. Beeindruckend sind Wanderungen im Juni, wenn es warm ist und man die Klimaregulation des Gletschers spürt und riecht.

Mit seinen »nur« 2500 Jahren ist der Folgefonna, verglichen mit Artgenossen aus der Eiszeit, ein rechter Jungspund.

Eine Tour zum Gletscher Buarbreen im Nationalpark Folgefonna ist nur mit einem versierten Führer ratsam.

Der perfekte Ort: Buarbreen

Vom Ort Buarbreen starten Touren, die sehr anspruchsvoll und eher etwas für geübte Hiker sind. Das Eiserlebnis ist aber die Mühe wert.

43 DER KALTE RIESE

ALETSCHGLETSCHER, SCHWEIZ

Wie ein breites weißes Band verläuft er zwischen den Bergspitzen der Berner Alpen im Schweizer Kanton Wallis. Er ist ein echtes Erbe der Eiszeit und führt heute noch Wasser und eingeschlossene Luftbläschen von vor Millionen von Jahren mit sich: der Aletschgletscher, für viele der Inbegriff eines Alpengletschers. Tatsächlich ist er der größte und längste Gletscher der Region und hat viele Gesichter. Mal mündet der majestätische Eisriese in einen knallgrünen See, mal führt er an seinen Zungen graues Geröll mit sich, und ein anderes Mal schmiegt er sich wie ein Bogen um die Berge. 11 Mrd. Tonnen Eis soll er mit sich führen, eine kaum vorstellbare Masse. Unterhalb des Eises hat sich eine einzigartige Naturlandschaft angesiedelt, zu der auch der von jahrhundertealten Lärchen und Arven (Zirbelkiefer) geprägte Aletschwald zählt.

Juni

Der Sommeranfang ist perfekt, dann sind die Tage lang für Wanderungen rund um den Gletscher, und es ist oben noch nicht so kalt, dass man Erfrierungen befürchten muss.

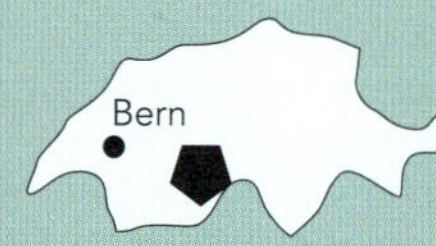

Der perfekte Ort: Märjelensee

Am Märjelensee, Auge in Auge mit dem ewigen Eis, kann der Wanderer sowohl den See bewundern als auch den Gletscher, der sich im Wasser spiegelt. Die Wanderung dorthin lohnt sich.

Seine Form, die an ein breites weißes Band erinnert, macht den Aletschgletscher in den Berner Alpen unverkennbar.

UNTERIRDISCHES ZAPFENWUNDER 44

TENNECK, ÖSTERREICH

Die größte Eishöhle der Welt würde man eher in Grönland oder Finnland vermuten, aber bei Salzburg? Tatsächlich liegt im Tennengebirge eine faszinierende Unterwelt, die man eher in Disney-Filmen oder Fantasy-Romanen vermutet hätte. Ganze 42 km lang führt die »Eisriesenwelt« in den Berg hinein, das ist die Länge einer Marathonstrecke. Warum aber bilden sich in dieser Höhle Eiszapfen, die teilweise von unten nach oben wachsen wie Stalagmiten? Grund dafür ist der Kamineffekt, der die warme Luft zwar nach oben steigen lässt, aber im Gegenzug auch immer kalte, feuchte Luftmassen nach unten bringt. Von den insgesamt 42 km des Höhlensystems ist jedoch nur ein Bruchteil zu sehen, beeindruckend ist aber vor allem das riesige Höhlenportal mit seiner 18 m hohen Decke.

September

Der Spätsommer ist die perfekte Jahreszeit, um die Höhle zu besuchen, dann sind die großen Besucherströme verschwunden.

Der perfekte Ort: die Seilbahn

Zur »Eisriesenwelt« können Besucher mit der steilsten Seilbahn Österreichs gelangen, dann sparen sie sich den Aufstieg. Die Höhle darf nur im Rahmen einer Führung (75 Min.) betreten werden.

oben: Die größte Eishöhle der Welt beeindruckt auch mit riesigen Eiszapfen.
unten: Imposant, das 18 m hohe Portal der Höhle

Mit Sicherheit eines der am schwersten zugänglichen Klöster Irlands, wenn nicht gar der Welt: Skellig Michael vor der Küste der Grafschaft Kerry

LOST PLACES

45

DIE HEILIGE INSEL

SKELLIG MICHAEL, IRLAND

Mai bis Juli

Schönes Wetter ist angeraten, denn bei Sturm kann die schwankende Überfahrt leicht zur Tortur für Magen und Gleichgewichtssinn werden.

Schon von Weitem wirkt er mit seiner Pyramidenform Ehrfurcht gebietend. Skelling Michael ist Irlands Antwort auf Frankreichs Mont-Saint-Michel. Während der berühmte französische Klosterberg mitten im normannischen Wattenmeer Postkarten ziert, dümpelt das irische Gegenstück eher im Geheimschlaf vor sich hin. Auch dort existierte einst ein Kloster. Irische Asketen haben hier bis ins 11. Jh. unter einfachsten Bedingungen gelebt, Gärten und Steinhütten angelegt, die großen Bienenkörben ähneln, und Wasser in Zisternen gesammelt. Auf ihren Spuren kann man wandeln, denn die Ruinen der Anlage lassen sich besichtigen. Galt die Insel stets als abgelegen, erlebte sie als Kulisse für die jüngsten »Star Wars«-Filme einen Besucherhype. Die kleine Nachbarinsel Little Skellig hingegen ist den Seevögeln vorbehalten, sie beherbergt eine der weltweit größten Basstölpel-Kolonien und ist ein Refugium für Atlantiksturm- und Papageientaucher.

Der perfekte Ort: Portmagee

Vom Hafen Portmagee starten Bootstouren, die abenteuerlustige Wanderer zu dem Berg bringen, der nur zu Fuß erklommen werden darf.

Beliebt ist ein Spaziergang durch den Bambuswald von Arashiyama bei Kyoto. Bambus trägt bei der Gestaltung eines Gartens oder Parks wesentlich zur fernöstlichen Harmonie bei.

Texte:
Martin H. Petrich

ASIEN

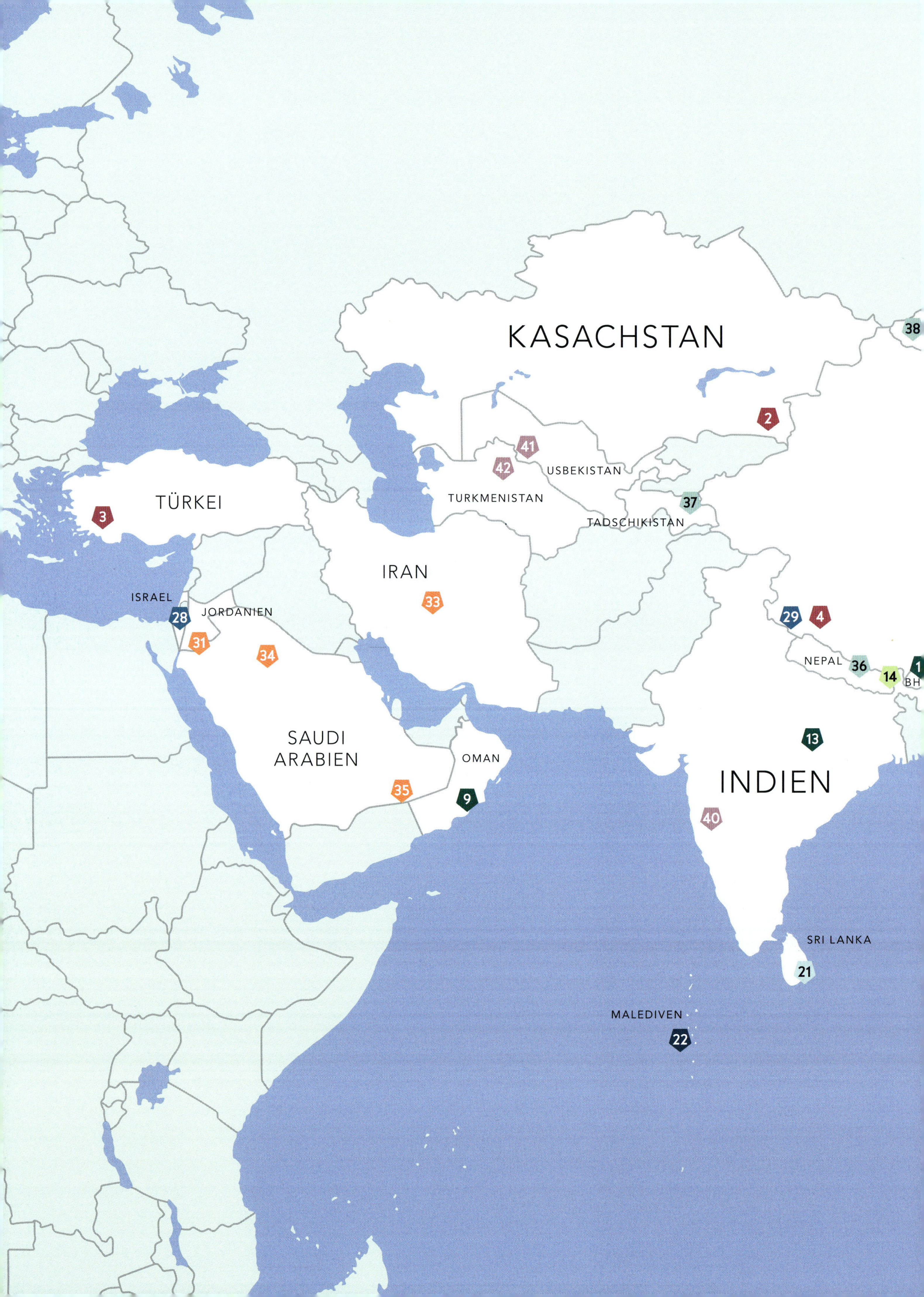
KASACHSTAN
38
2
41
42
USBEKISTAN
TURKMENISTAN
37
TADSCHIKISTAN
TÜRKEI
3
IRAN
33
ISRAEL
28
JORDANIEN
31
34
29
4
NEPAL
36
14
1
BH
SAUDI
ARABIEN
OMAN
35
9
13
INDIEN
40
SRI LANKA
21
MALEDIVEN
22

ASIEN
MONGOLEI
15
32
CHINA
10
39
16
18
19
SÜDKOREA
24
JAPAN
5
20
6
TAIWAN
YANMAR
27
LAOS
30
VIETNAM
1
THAILAND
43
KAMBODSCHA
23
25
PHILIPPINEN
26
17
MALAYSIA
INDONESIEN
7
JAVA
8
PULAU
KOMODO

Ein gewaltiges Portal führt in die erst 1991 entdeckte »Bergflusshöhle« (Son Doong). Das größte Höhlensystem der Welt beeindruckt mit nicht minder großen Tropfsteinen.

GEOLOGIE

1

DSCHUNGEL IN DER TIEFE

PHONG NHA-KE BANG NATIONAL PARK, VIETNAM

Januar bis August

An sonnigen Tagen fallen rund um die Mittagszeit die Sonnenstrahlen in die beiden Öffnungen zur Höhle.

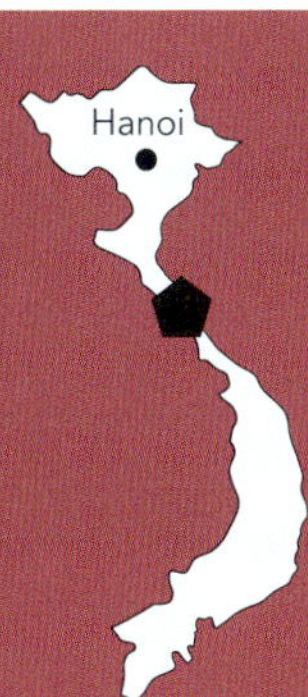

Dschungel, Flüsse, Strand – das vermutet man nicht gerade in den Tiefen der Erde. Doch in der Son-Doong-Höhle im Phon-Nha-Ke-Bang-Nationalpark kann man all das sehen. Was Licht, Wasser und Karst in Millionen von Jahren geschaffen haben, zählt zu den spektakulärsten Naturschauspielen Asiens. 1991 wurde das Höhlensystem von einem Einheimischen entdeckt und 2009 erstmalig erforscht. Stellenweise ist die »Bergflusshöhle« 200 m hoch und besteht aus 150 Nebenhöhlen. Die Stalagmiten und Stalaktiten gleichen teilweise mächtigen Kathedralen, zwischen denen die Menschen wie Winzlinge wirken. Dort, wo Licht in die Tiefe bricht, hat sich eine ganz eigene Dschungelwelt mit bis zu 30 m hohen Bäumen entwickelt. Und immer wieder schimmert das türkisfarbene Wasser, aus denen Felsenspitzen wie Pilze ragen.

Der perfekte Ort: die Höhlenöffnungen

Atemberaubend schön sind zwei kratergroße Öffnungen der Höhle, die vor Jahrmillionen durch den Einsturz der Felsendecke entstanden sind. Wenn durch sie die Strahlen der Sonne brechen, hüllen sich die moosbewachsenen Felsen mit Bäumen und Büschen in ein gleißendes Licht. Der Einstieg ist allerdings beschwerlich, da bis zum Grund über 80 m zu überwinden sind.

2 KLEINER BRUDER DES GRAND CANYON

CHARYN CANYON, KASACHSTAN

Als hätten Riesen ein Stück Grand Canyon in den Südosten von Kasachstan geschleppt. So sieht die Charyn-Schlucht im gleichnamigen Nationalpark aus. Steile Klippen und turmhohe Felswände, die wie ein aufgeschnittener Baumkuchen in die Landschaft ragen. Und tief unten windet sich der Charyn-Fluss, der sich seit Jahrmillionen durch die rotbraune Landschaft frisst. Wie ein klimatisches Kontrastprogramm hingegen wirken im Hintergrund die schneebedeckten Ausläufer des Tien-Shan-Gebirges.
In dieser Ecke Kasachstans, wo die Grenzen zu China und Kirgisistan nicht weit entfernt liegen, zeigt sich das zentralasiatische Land von seiner vielseitigsten Seite: Halbwüsten weichen dunkelgrünen Wäldern und diese wiederum winterweißen Bergriesen, deren Gletscher tiefblaue Flüsse speisen. Zu ihnen zählt der Charyn (auch: Sharyn), der von den Ausläufern des Tien-Shan-Gebirges Richtung Norden fließt, um nach insgesamt 427 km in den Ili zu münden. Am dramatischsten zeigt er sich in einem Abschnitt von etwa 80 km, wo er sich wie ein losgelassener Wollknäuel teils bis zu 300 m in die karge Erde gegraben hat. Wind und Wasser haben die Geröll- und Sandsteinschichten in orange bis rostbraune Schattierungen gefärbt, wie sie ein Maler nicht besser hätte auf die Leinwand bannen können. Je nach Farben und Formen tragen die Schluchtenabschnitte verschiedene Namen. Mal heißen sie »Valley of Castles«, mal »Yellow«- oder »Red Canyon«. Wohl am schönsten ist das »Tal der Burgen«, wo die ausgewaschenen Felstürme und angenagten Kliffe die Fantasie mächtig anregen. Von herumschwirrenden Geistern ist die Rede, aber auch von Wölfen und Hexen, die nach Menschen jagen, um sie dann vom Felsenrand zu stürzen. Aber auch nüchterne Outdoor-Enthusiasten fühlen sich in eine andere Welt versetzt, wenn sie beispielsweise das Lichterspiel zum Sonnenuntergang erleben oder am Rand der Schlucht ihr Zelt aufschlagen, um unterm Sternenhimmel zu übernachten – der kalte Mond und die funkelnde Milchstraße erscheinen dann erschreckend nah.

September

Die Farben in der Morgen- oder Abendsonne sind ein Wechselspiel aus dunklem Orange und Rot bis Rostbraun. Aber auch der Sternenhimmel zeigt sich hier glitzernd und funkelnd. Allerdings wird es nachts ziemlich kalt.

Wer denkt in einer solchen Sternennacht im Charyn-Canyon schon an Schlaf?

Dem Charyn-Canyon wird eine Ähnlichkeit mit dem Grand Canyon in Arizona nachgesagt. Auch hier hat sich der Fluss seinen Weg durch das Gestein gebahnt.

Der perfekte Ort: Valley of Castles

Am schönsten ist das »Valley of Castles« (Tal der Burgen, kasachisch: Dolina Zamkov), denn vom Kliff aus zeigt sich die tief eingeschnittene Schlucht am dramatischsten. Am besten wandert man dort am Rand entlang, wo sich von ausgewiesenen Aussichtspunkten immer wieder neue Perspektiven ergeben.

③ GLEISSENDES WEISS

PAMUKKALE, TÜRKEI

Sie wirken wie ein weißer Fleck auf der Landkarte: die schneeweißen Kalksinter-Terrassen von Pamukkale im Westen der Türkei. Im Laufe von Jahrtausenden geformt, erinnern sie die einen an gefrorene Wasserbecken, andere an mit Zuckerguss überzogene Treppen. Der türkische Name Pamukkale bedeutet »Baumwollburg«.

Auf jeden Fall ist es eine Märchenlandschaft in Weiß, die seit 1988 zum UNESCO-Welterbe zählt und ein Magnet für Touristen ist. Die physikalische Erklärung ist eher profan: Kalkhaltige Thermalquellen sprudeln Wasser an die Oberfläche, das beim Abkühlen Kalk absondert. »Sinter« (Schlacke) werden diese Ablagerungen genannt und zeigen sich in wunderschönen Beckenformen, die das Sonnenlicht in all ihren Farbnuancen reflektieren.

April bis Juni und September bis Oktober

Am Spätnachmittag fängt bei gutem Wetter die Spitze des Kailash an zu »glühen«.

Der perfekte Ort: oberhalb und seitlich der Kalkterrassen

Wenn die Tagestouristen abgezogen sind, herrscht eine ruhige und entspannte Atmosphäre. Dann kann man oberhalb oder seitlich der Kalkterrassen die schönsten Fotoimpressionen einfangen. Vor allem dann, wenn sich das Abendlicht in allerlei Rotvarianten im Wasser der Terrassen reflektiert.

Pamukkale: Die Kalksinterterrassen zeigen je nach Lichtverhältnis ein unterschiedliches Farbenspiel.

Für Buddhisten, Hindus und Anhänger der Bön-Religion ist der Kailash viel mehr als ein Berg: Er ist ein Heiligtum der Natur und ein Ort der Spiritualität.

KOSTBARER SCHNEEJUWEL

MOUNT KAILASH, TIBET, CHINA (4)

Noch nie stand jemand auf der Spitze des 6638 m hohen Kailash. Und das wird vermutlich auch so bleiben, denn der Gang Rinpoche (»Kostbarer Schneejuwel«), so sein tibetischer Name, gilt als heilig. Als Teil des Gangdise-Gebirges erhebt sich der Kailash im Westen Tibets nicht weit von der Grenze zu Indien und Nepal. Seine erstaunlich symmetrische Form gleicht einem Kristall oder einer Pyramide. Diesen markanten Berg zu umrunden gilt als spirituelles Lebensziel vieler tibetischer Buddhisten, denn in ihren Augen symbolisiert er den kosmischen Berg Meru im Zentrum des Universums. Für Hindus wiederum ist er der Sitz ihres Gottes Shiva. Sie teilen wohl die Meinung des Legenden umrankten Yogi Milarepa aus dem 11. Jh.: »Kein Ort ist wundervoller als dieser.«

Der perfekte Ort: Dirapuk-Kloster

Ausgangspunkt für die 52 km lange Kailash-Umrundung ist der Pilgerort Darchen. Von dort losgewandert, gelangt man nach 6 Std. zum 4900 m hoch gelegenen buddhistischen Dirapuk-Kloster. Von dort eröffnet sich einer der schönsten Blicke auf die Nordseite des Kailash.

Mai bis Oktober

Beste Lichtverhältnisse herrschen zum und nach dem Sonnenuntergang.

5 WIE AUS HOLZ GESCHNITZT

MOUNT FUJI, JAPAN

Er ist nicht nur der höchste, sondern auch der schönste Berg Japans. Vielleicht sogar der ganzen Welt. Denn der 3776 m hohe, ruhende Vulkan gilt geometrisch als perfekt gelungen. Kein Wunder, dass er auch Kunst und Literatur inspirierte. Etwa den Dichter Yamabe no Akahito aus dem 8. Jh., für den sich »der hohe Gipfel des Fuji« gottgleich erhebt. Oder den berühmten Holzschnitzmeister Hokusai aus dem 19. Jh. für seine Serie »36 Ansichten des Berges Fuji«. Shintoisten und Buddhisten gilt er als heilig, weshalb ihn die UNESCO als »heiligen Ort und Quelle künstlerischer Inspiration« 2013 in die Welterbeliste aufnahm. Kaum ein Japaner lässt es sich heute nehmen, über eine seiner vier Routen zur Spitze zu wandern. Oder zumindest einen der vielen Aussichtspunkte aufzusuchen, um ein Selfie zu schießen.

März/April

Im Morgenlicht zur Kirschblütenzeit Ende März und Anfang April.

Der perfekte Ort: Chureito-Kloster

Selbst von Tokio kann man den Berg Fuji an klaren Tagen sehen. Doch den wohl schönsten Blick auf ihn hat man vom buddhistischen Chureito-Kloster aus mit Pagodenturm und blühenden Kirschbäumen im Vordergrund. Sehr fotogen zeigt er sich auch vom Ufer des Shoji-Sees aus.

Heiliger Ort und Inspiration für Künstler: Wegen seiner makellosen Erscheinung wird der Fuji als schönster Berg Japans gepriesen.

TÜRKIS BIS TIEFGRÜN 6

TAROKO GORGE, TAIWAN

Im Osten Taiwans, wo bis zu 3000 m hohe Granit- und Marmorberge sich hinter tiefgrünem Dschungel verstecken, hat sich der Liwu-Fluss tief in die Erde gegraben und eine der faszinierendsten Landschaften geformt: die Taroko-Schlucht mit donnernden Wasserfällen, dicht bewachsenen Steilhängen und einem türkis schimmernden Bergfluss, über den gespannte Hängebrücken fantastische Ausblicke eröffnen. Doch lohnt sich auch der Blick aufs Detail, denn die Wassermassen haben die Marmorfelsen zu fantasiereichen Skulpturen in Weiß und Grautönen geformt.

Abenteuerliche Hängebrücken spannen sich über die Taroko-Schlucht.

Der perfekte Ort: Zhuilu Cliff Section

Von ihrer dramatischen Seite zeigen sich die bewachsenen Steilhänge in der sogenannten Zhuilu Cliff Section, die über den 10 km langen Zhuilu Old Trail zu erreichen ist.

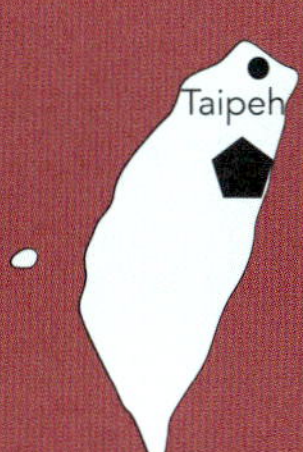

April bis Juni und September bis November

Am besten kommt man wochentags, dann ist der Besucherandrang weniger groß.

RAUCHENDER RIESE 7

BROMO, JAVA, INDONESIEN

Man hat beinahe den Eindruck, die Vulkane befinden sich in einem Schönheitswettbewerb. Wie in einem Bilderbuch sind sie nebeneinander aufgereiht: Javas höchster Vulkan, der 3676 m hohe Semeru, daneben der 2329 m hohe Bromo samt der dazugehörigen Krater der Tengger-Caldera-Gruppe. Einer schöner als der andere, zuweilen um die Wette rauchend – wie steingewordene Darsteller eines javanischen Naturschauspiels. Und wenn dann auch noch Nebelschwaden sie umgarnen, dann gleicht die Szenerie einem hinduistischen Epos mit drohenden Göttern und anmutigen Himmelswesen.

April bis Oktober

Zum Sonnenaufgang hüllt sich die nebelumspielte Vulkangruppe in braunrote Töne.

Der perfekte Ort: Seruni View Point

Vom nördlich gelegenen Seruni View Point (auch Penanjakan 2) eröffnet sich ein panoramareicher Blick auf den Bromo, die anderen Vulkane der Tengger-Caldera-Gruppe und den Semeru im Hintergrund.

Defilee der Vulkane: Der jüngste und aktivste ist der 2329 m hohe Bromo (im Vordergrund).

*Der Komodowaran, eine Urzeitechse,
die sich bevorzugt im Dschungel aufhält.*

FAUNA

8

ECHSE IM DRACHENGEWAND

PULAU KOMODO, INDONESIEN

April bis Juni und September bis November

Am besten sind die Echsen in den frühen Morgenstunden oder beim Sonnenbad spätnachmittags zu beobachten.

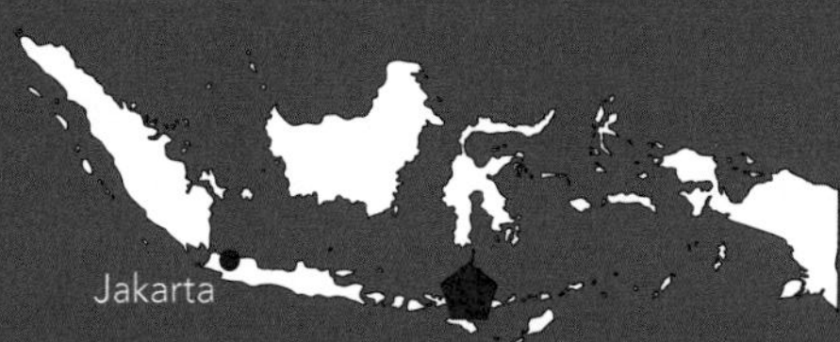

Zehntausende Touristen pilgern alljährlich nach Pulau Komodo, das sich als Teil der Kleinen Sundainseln am Rand der indonesischen Floressee versteckt. Einziger Grund sind die dort heimischen Komodowarane, die mit bis zu 3 m Länge und 80 kg Gewicht Spitzenreiter unter den Echsenarten sind. Zu ihrem Schutz wurde im Jahr 1980 der Komodo-Nationalpark eingerichtet. Es ist schon sehr Furcht einflößend, wenn die grau gepanzerten Tiere breitbeinig über den Strand stapfen und züngelnd ihre Umgebung beäugen. So schwerfällig sie wirken, so schnell können sie auf ihrer Jagd nach Beute sein. Menschen stehen glücklicherweise nicht auf dem umfangreichen Speiseplan der grauen Drachen – dazu gehören vor allem Schlangen, kleine Nagetiere, aber auch Mähnenhirsche und Wildschweine.

Der perfekte Ort: nahe der Loh Liang Ranger Station auf Komodo

Die meisten Komodowarane gibt es auf den Sundainseln Komodo und Rinca, wo sie sich bevorzugt in den Dschungeln aufhalten. Am einfachsten und sichersten sind sie in der Nähe der Loh Liang Ranger Station in einer Bucht im Osten von Pulau Komodo zu beobachten, denn dort spazieren sie auch gerne am Strand entlang. Allerdings darf man sich nur in Begleitung eines Parkführers auf Pirsch begeben.

9 ELEGANZ IN DER WÜSTE

AL WUSTA WILDLIFE RESERVE, OMAN

Vielleicht stand die Arabische Oryx Pate für die uralte Einhornlegende – auch wenn sie definitiv zwei Hörner hat. In ihrer Anmut sucht sie in der arabischen Wüstenwelt jedenfalls ihresgleichen: das weiße Fell, die zartbraunen Streifen in ihrem Gesicht, ihre dunklen grazilen Beine und vor allem die beiden langen, gerade in die Höhe ragenden Hörner. Das macht die Arabische Oryx wohl zu den elegantesten unter den Antilopenarten. Und leider zu einer der gefährdetsten. Denn ihr Bestand ist infolge von Wilderei dermaßen bedroht, dass in mehreren Staaten der Arabischen Halbinsel Schutzgebiete eingerichtet wurden, darunter das Al Wusta Wildlife Reserve im Oman. Das gibt Zuversicht, dass die grazilen Tiere noch lange durch die Wüstenlandschaften streifen.

Oktober bis April

Spätnachmittags, wenn die Wüste sich in der Abendsonne rötlich verfärbt, herrscht die schönste Stimmung.

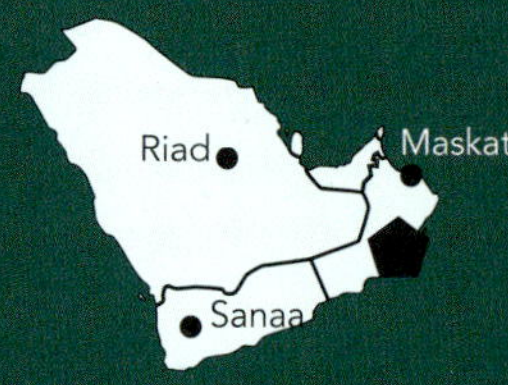

Der perfekte Ort: Rangerstation von Jaalun

Im Herzen Omans gibt es seit 1980 in der Niederung von Al Huqf das Al Wusta Wildlife Reserve mit einer Fläche von 2824 km², das ist etwas größer als das Saarland. Nahe der Rangerstation von Jaalun hat man die größte Chance, die Oryxe zu Gesicht zu bekommen.

Grazile Wesen: die Arabische Oryx, eine gefährdete Antilopenart

Der Riesenpanda ernährt sich täglich von bis zu 18 kg Bambus.

Der perfekte Ort: Aufzuchtstationen

Die einfachste Art, Pandabären zu sehen, sind Aufzuchtstationen wie die Chengdu Research Base of Giant Panda in Sichuans Hauptstadt. In freier Wildbahn ist dies ziemlich schwierig. Mit Glück wird man etwa in der Dengsheng-Schlucht im gut 2000 km² großen Wolong National Nature Reserve fündig.

Panda Aufzuchtstation Chengdu: Besucher können der Fütterung der Pandabären am Morgen beiwohnen.

WEISSSCHWARZES MASKOTTCHEN (10)

WOLONG NATIONAL NATURE RESERVE, SICHUAN, CHINA

Knopfaugen, schwarze Plüschohren, wolliges Fell und Stummelschwanz – unter den Bären heimst der Panda bei den Menschen mit Abstand die meisten Sympathiewerte ein. Trotzdem ist eben dieser Mensch sein größter Feind, denn die Vorliebe der Pandas für saftigen Bambus, wie er in den nebelfeuchten Bergnebelwäldern Südwestchinas zu finden ist, macht ihn zu einer der am bedrohtesten Tierarten Asiens. Denn diese Nebelwälder sind durch Abholzung immer stärker am Schwinden. Nur etwa 1800 Pandas soll es in der freien Wildbahn noch geben. Bei der Fortpflanzung muss das Timing stimmen, denn ein Pandaweibchen ist nur einmal im Jahr zwischen März und Mai für etwa drei Tage empfängnisbereit. Da muss dann aber auch das passende Pandamännchen um die Ecke sein.

März bis Mai und September bis November

Morgens und nachmittags ist die Chance, einen wilden Pandabär zu sichten, etwas höher.

11 GRAZIEN DES HIMALAYA

PHOBJIKHA VALLEY, BHUTAN

Wenn die Schwarzhalskraniche alljährlich ab Ende Oktober ins Phobjikha-Tal einschweben, feiern die Menschen in Bhutan ein Fest. Kinder hüllen sich in schwarz-weißes Gefieder, und Mönche murmeln Segensgebete. Denn das 3000 m hoch gelegene Tal in der Mitte des buddhistischen Königreiches ist für die schwarzköpfigen Kraniche ein bevorzugtes Überwinterungsgebiet. Etwa 450 Exemplare halten sich dort alljährlich auf. Zwar ist es dann schon ziemlich frisch, aber warm genug, um auf den Feldern genügend Nahrung zu finden. Von den Bhutanern werden sie bestaunt, beobachtet und sogar als Glücksbringer verehrt. Fliegt nämlich ein Vogel übers Feld, erwartet der Bauer eine reiche Ernte. Bis Anfang März bleiben die anmutigen Kraniche dort. Dann kehren sie zurück aufs tibetische Hochland.

Ende Oktober bis Februar

Am Nachmittag herrschen die besten Lichtverhältnisse, um die Kraniche zu sehen.

Der perfekte Ort: Black-Necked Crane Visitor Center

Das Black-Necked Crane Visitor Center liegt am Hang des Phobjikha-Tales, knapp 6 km südlich des bekannten buddhistischen Gangtey-Klosters. Dort gibt es nicht nur allerlei Infos über die Schwarzhalskraniche, sondern auch einen Ausguck mit Ferngläsern, um die Vögel in freier Wildbahn zu beobachten.

Schwarzhalskraniche im Flug. Typisches Merkmal: ihr pechschwarzer Kopf und Hals

TONNENSCHWERE RIESEN

KAZIRANGA NATIONAL PARK, ASSAM, INDIEN (12)

So schwer wie ein SUV und bis zu 50 km/h schnell: Die Indischen Panzernashörner lassen so manche modernen Vierräder alt aussehen. Vor allem sind sie geländetauglich und bewegen sich im Sumpf genauso mühelos wie im dichten Dschungel oder reißenden Fluss. Stets auf der Suche nach Blättern und Früchten, sind die vegetarischen Einzelgänger heute nur noch in einigen Schutzgebieten Indiens anzutreffen. Wilderer lieben ihr Horn und Künstler ihre einzigartige Form. Selbst Albrecht Dürer hat ein Indisches Nashorn als Holzdruck verewigt.

Panzerwagen auf vier Beinen: Das Indische Panzernashorn bringt bis zu zwei Tonnen auf die Waage.

Der perfekte Ort: Kaziranga-Nationalpark

Dieser Nationalpark im indischen Bundesland Assam zählt zu den besten Adressen, um die Schwergewichte zu beobachten. Dort pirschen sie vor allem durch die Sumpfgebiete von Kohora.

März/April

Am Ende der Trockenzeit lassen sie sich morgens oder nachmittags beim Äsen beobachten.

GESTREIFTE GROSSKATZEN

BANDHAVGARH NATIONAL PARK, MADHYA PRADESH, INDIEN (13)

Wer es zum Reittier der Hindugöttin Durga und zum Sitzkissen des Hindugottes Shiva gebracht hat, zählt in der indischen Tierwelt definitiv zu den Größten. Als »König der Tiere« ist der Bengalentiger das asiatische Pendant zum afrikanischen Löwen. Dazu trägt sicherlich sein rostbraun schimmerndes Fell mit den markanten schwarzen Streifen ebenso bei wie der selbstsichere Blick und elegante Gang. In den Dschungeln zwischen Pakistan und Myanmar zu Hause, ist sein Überleben extrem bedroht. In freier Laufbahn wird sein Bestand noch auf gut 3000 Exemplare geschätzt.

April bis Juni

In den frühen Morgenstunden des indischen Sommers ist die Wahrscheinlichkeit, den Tiger zu Gesicht zu bekommen, am höchsten.

Der perfekte Ort: Bandhavgarh-Nationalpark

Die Chance, einen Bengalentiger zu sichten, ist im nordindischen Bandhavgarh-Nationalpark wohl am größten. In der dortigen Tala-Zone halten sich die Raubkatzen gerne an Wasserstellen auf.

Gefährdete Spezies: Vom Bengalen- oder Königstiger gibt es weltweit nur noch 2500 Tiere.

Wenn im Frühjahr die Rhododendron-Blüten die Landschaft flammendrot überziehen, dann stellen sie kurzzeitig sogar das Himalaya-Massiv in den Schatten.

FLORA

14

ROSENROT UND SCHNEEWEISS

BARSEY RHODODENDRON SANCTUARY, SIKKIM, INDIEN

April/Mai

Die Blütensaison des Rhododendrons reicht von Ende März bis Anfang Mai. Morgens ist die Chance auf freie Sicht am größten.

Es wäre die passende Filmkulisse für eine Bollywood-Schnulze: die rot flammenden Büsche des Rhododendrons mit dem schneebedeckten Gipfel des Kanchenjunga am Horizont. Fehlte nur noch ein singendes Liebespaar in wehendem Sari und glitzerndem Kurta davor. Denn hier, im Barsey Rhododendron Sanctuary im indischen Bundesstaat Sikkim, zeigen sich die bis zu 4000 m hohen Ausläufer des Himalaya von ihrer Bilderbuchseite. Die nassen Monsunmonate zwischen Juni und Oktober haben eine enorme Artenvielfalt zur Folge, weshalb ein 104 km² großer Teil der sogenannten Singalila Range unweit der Grenze zu Nepal zum Schutzgebiet erklärt wurde. Berühmt wegen der Rhododendronbüsche, streifen durch die Nebelwälder auch Leoparden, Nepalesische Hanuman-Languren und Rote Pandas, die in ihrer Anmut wohl nur vom Blutfasan übertroffen werden.

Der perfekte Ort: Barsey Camp

Das Barsey Rhododendron Sanctuary unweit der nepalesischen Grenze ist ein Eldorado für Outdoor-Enthusiasten. Zahlreiche Wanderwege durchkreuzen das Schutzgebiet. Einer der Übernachtungsstopps ist das Barsey Camp, von dem sich bei gutem Wetter hinter den blühenden Rhododendronbüschen der schneebedeckte Kanchenjunga erhebt – so unwirklich wie eine Fotomontage.

15 HEIMAT VON DSCHINGIS KHAN

ORKHON VALLEY CULTURAL LANDSCAPE, MONGOLEI

Es braucht nicht viel Fantasie, um sich in dieser Endlosigkeit von Steppen und Grasland die Reiterhorden des berühmten Dschingis Khan vorzustellen. Und tatsächlich hat der große Eroberer im Jahr 1220 dort Kharakhorum zum Zentrum seines Riesenreiches zwischen Schwarzem Meer und Korea gemacht. Die Stadt liegt am Ufer des 1124 km langen Orkhom-Flusses, der sich von Süden in Richtung Norden windet und als Lebensader für die weiten Ebenen gilt. Sein Wasser speist das Grasland, auf dem seit Urzeiten mongolische Pferde weiden. Von den Nomadenstämmen schon seit Menschengedenken domestiziert, sollen noch heute über 3 Mio. »Mori«, wie sie auf Mongolisch heißen, unterwegs sein. Damit kommt auf jeden Einwohner ein Pferd. Das passt zu der uralten Verbindung zwischen Mensch und seinem geliebten Tier, auch wenn sie nicht so extrem ist, wie die Amerikanerin Elizabeth Kendall nach ihrer Mongolei-Reise 1911 in ihrem Buch »A Wayfarer in China« vermerkte: »Ein Mongole ohne sein Pony ist nur ein halber Mongole, aber mit seinem Pony ist er so gut wie zwei.« Aber ohne Pferde und Steppen sind die gewaltigen Reiche der eroberungsfreudigen Mongolenherrscher nicht vorstellbar.

Wegen dieser engen Verzahnung von Nomadenkultur und Landschaft wurde eine 1220 km² große Fläche unter dem Namen Orkhon Valley Cultural Landscape von der UNESCO zum Welterbe erklärt. Eine Landschaft, die jeden Besucher in ihren Bann zieht: »Welle um Welle rollte es wie ein großer Ozean bis zu den Befestigungsmauern Chinas. So weit das Auge reichte, gab es nichts als frisches Grün, das von Pflug und Spaten unberührt blieb.« So schreibt die große Forscherin Kendall weiter in ihrem Buch über das saftige Grasland. Und das könnte man auch heute noch so notieren. Diese Mischung aus Sümpfen, Steppengräsern und Taiga-Wäldern, welche harschen Wintern mit bis zu -35 °C ebenso standhalten muss wie heißen Sommern, lehrt wohl jeden ein Stück Ehrfurcht. Und nährt möglicherweise den Wunsch, einfach mal loszureiten – ohne Zweck und Ziel.

Juli / August

Die Morgen- und Abendsonne in den mongolischen Sommermonaten hüllt die grüne Graslandschaft mit dem sich wie ein Lindwurm durchschlängelnden Orkhon-Fluss in ein herrliches Licht.

Im buddhistischen Erdene-Dsuu-Kloster leben und arbeiten mehr als tausend Mönche.

Der perfekte Ort: nördlich von Kharkhorin

Die Stadt Kharkhorin (auch Charchorin) gilt mit den Resten der einstigen Dschingis-Khan-Kapitale Kharakhorum und dem buddhistischen Erdene-Dsuu-Kloster als Ausgangspunkt für Erkundungen in der Region. Äußerst schön zeigt sich die Graslandschaft nördlich der Stadt mit Blick auf den Orkhon-Fluss.

Das fruchtbare Orkhon-Tal ist ein wichtiger Lebensraum für Mensch und Tier. Gespeist wird es vom Orkhon, dem längsten Fluss der Mongolei.

16 SMARAGDGRÜNE GRÄSER

SHUNAN BAMBOO FOREST, SICHUAN, CHINA

Im preisgekrönten Actionfilm »Crouching Tiger, Hidden Dragon« des taiwanesischen Regisseurs Ang Lee aus dem Jahr 2000 gibt es eine berühmte Kampfszene zwischen dem Meister und seiner Gegnerin in den Wipfeln eines Bambushaines. Sie wurde in Shunan im Süden der chinesischen Provinz Sichuan gedreht. Und dies nicht von ungefähr, denn die jadegrünen Bambushaine von Shunan zählen zu den eindrucksvollsten Landschaften Südwestchinas. Auf 46 km² bedecken sie Hügel und Täler und neigen ihre Wedel über Wege, Seen und Ströme. Perfekter könnte eine chinesische Landschaft nicht sein. Zudem erinnert sie die Chinesen an uralte Tugenden: Die Geradheit des Bambusstrauches steht für Aufrichtigkeit, seine gleichbleibende Farbe für Standhaftigkeit und die smaragdgrüne Farbe der Blätter für Lauterkeit.

Mai bis August

Am späten Vormittag und frühen Nachmittag sind die Lichtverhältnisse besonders gut.

In zarte Schleier gehüllt: der Bambushain im ersten Morgenlicht

Der perfekte Ort: der »Emerald Corridor«

Der Shunan Bamboo Forest erstreckt sich 320 km südlich von Chengdu unweit der Stadt Yibin. Es führen zwei Wege in das ausgedehnte Waldgebiet. So ziemlich mittig ist der Abschnitt »Emerald Corridor« (auch Emerald Gallery), wo sich über einer Straße die Bambuswipfel neigen.

Bambusriesen, die bis zu 30 m aufragen, sind im Shunan Bamboo Forest keine Seltenheit.

Keine andere Blume im Pflanzenreich kann sich von Größe und Geruch mit der Riesenrafflesie messen.

STINKENDE SCHÖNHEIT (17)

SABAH, BORNEO, MALAYSIA

»Stinkblume«. Kein schmeichelhafter Name für eine Pflanze, deren Blüte als größte der Welt gilt. Aber so ist es nun mal, wenn man Käfer, Schweißfliegen und andere Krabbeltiere mit Aasgeruch anlocken will, um seinen Blütenstand bestäuben zu lassen. Hingegen stimmt das optische Outfit, denn die auf Lianen und Wurzeln wachsende Riesenrafflesie bringt dafür eine rot leuchtende Blüte mit bis zu 1 m Durchmesser hervor. Mit fünf riesigen Blütenblättern und einem gewaltigen Kelch würde sie als Kopfbedeckung beim Pferderennen von Ascot sicherlich viele »Ahs« und »Ohs« erzeugen. Doch die Blütenpracht ist kurzlebig: Nach wenigen Tagen ist nur noch klebriger dunkelbrauner Schleim übrig. Zu finden ist sie indes recht selten, denn sie wächst nur in den Wäldern von Borneo und Sumatra.

Der perfekte Ort: Tambunan Rafflesia Reserve

Im malaysischen Bundesstaat Sabah ist der Riesenrafflesie mit dem Tambunan Rafflesia Reserve ein eigenes Schutzgebiet gewidmet. Dort wachsen Exemplare in der Nähe des Tambunan Rafflesia Information Centre. Auch im Kitabalu-Nationalpark kann man sie finden.

April/Mai und September/Oktober

Die Blütezeit ist kurz, vor allem in den Monaten vor und nach dem Monsun.

Wie aus einem Märchenbuch: verzauberte Felsriesen, die langsam aus dem Nebelschleier auftauchen

WETTER & ASTRONOMIE

18

ANMUTIG WIE EINE TUSCHEZEICHNUNG

HUANG SHAN, ANHUI, CHINA

Ende März bis Mai

Von Ende März bis Mai herrschen die besten Lichtverhältnisse zum Sonnenauf- und -untergang.

Eine größere Ehre gibt es nicht: Huang Shan bedeutet »Gelbe Berge« und ist ein Titel, den der Herrscher Xuanzong im Jahr 747 den waldreichen Granitgipfeln verlieh. Wobei sich das Gelb auf die symbolische Farbe des Herrschers bezieht. Diese Auszeichnung trägt die bizarre Berglandschaft in der ostchinesischen Provinz An Hui nicht von ungefähr, denn sie zählt zu den eindrücklichsten Chinas.
Wer Huang Shan gesehen hat, will kein anderes Gebirge mehr sehen, meinte der weitgereiste Geograf Xu Xiake im 17. Jh. Und das liegt bestimmt an der perfekten Mischung aus verwunschenen Kiefern und bizarren Felsenformationen, eingetaucht in ein Nebelmeer, das die Szenerie so mystisch-entrückt wirken lässt. 1990 wurde ein 154 km² großes Teilgebiet zum UNESCO-Welterbe erklärt.

Der perfekte Ort: Blick aufs Nebelmeer

Der Gebirgszug Huang Shan befindet sich in der ostchinesischen Provinz Anhui, etwa 300 km westlich von Hangzhou und 500 km südwestlich von Shanghai. Touristisch ist das Gebiet durch Straßen, Wanderwege und Klettersteige gut erschlossen. Einen der schönsten Blicke auf das Wolkenmeer hat man vom 1860 m hohen Gipfel »Bright Top«.

19 GLÜHWÜRMCHEN AM STERNENHIMMEL

YEONGYANG FIREFLY ECO PARK AND DARK SKY PARK, SÜDKOREA

»Die Sterne, die begehrt man nicht / Man freut sich ihrer Pracht / Und mit Entzücken blickt man auf / In jeder heitern Nacht«, heißt es in dem von Franz Schubert vertonten Goethe-Gedicht »Trost in Tränen«. Das mag auch manchem poetischen Besucher des Yeongyang Firefly Eco Park über die Lippen kommen, wenn er des Nachts in den koreanischen Sternenhimmel blickt. Kein Streulicht weit und breit stört die Stimmung am Firmament, die Milchstraße wirkt zum Greifen nah. Und die überbelichtete Millionenmetropole Seoul ein gefühltes Lichtjahr entfernt.
In manchen lauen Sommernächten scheinen die Sterne mit den Glühwürmchen um die Wette zu leuchten, zu deren Schutz der knapp 4 km^2 große Ökopark 2005 eingerichtet wurde. Schließlich lieben die funkelnden Käferchen feuchte dunkle Wälder wie in Yeongyang, die Teil eines waldreichen Mittelgebirges rund um den Wangpi-Fluss sind. Die typische Zersiedlung wie in anderen Teilen Südkoreas fehlt daher. 2015 kam noch der Titel »Dark Sky Park« (als Erster in Asien) hinzu. Sternenparks sind gewissermaßen Schutzgebiete für den Sternenhimmel, um eine Region so weit wie möglich von menschlich erzeugtem Streulicht zu verschonen. Organisationen wie die 1988 gegründete International Dark-Sky Association (IDA) wollen damit die Nacht vor Lichtverschmutzung beschützen. Und die Menschen vor optischer Überreizung, der sie in den Metropolen überall ausgesetzt sind. Mittlerweile gibt es über 130 solcher Sternenparks weltweit. Und dies wird nicht nur von Hobbyastronomen dankbar angenommen, die in Yeongyang auch eine Sternwarte mit regelmäßigen Vorführungen vorfinden; auch wandernde Naturromantiker genießen die frische Luft in den Wäldern. Und werden beim Anblick des funkelnden Firmaments vermutlich mit dem Dichter Richard Dehmel übereinstimmen, der 1896 in seinem Gedicht »Manche Nacht« schrieb: »Und du merkst es nicht im Schreiten / wie das Licht verhundertfältigt / sich entringt den Dunkelheiten / plötzlich stehst du überwältigt.«

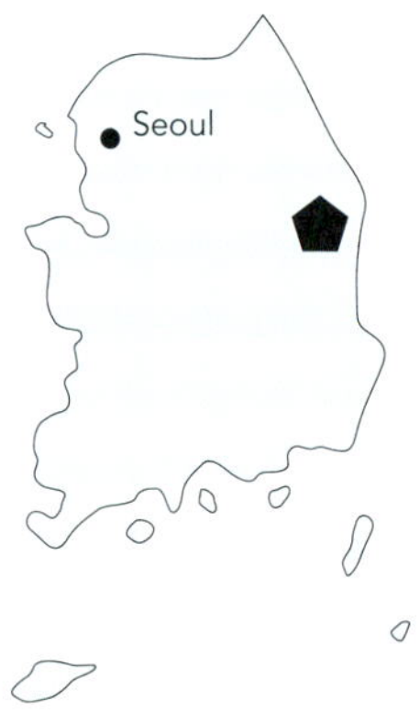

Juni / Juli

Der Sternenhimmel zeigt sich in klaren Nächten stets beeindruckend (außer rund um Vollmond). In den Sommermonaten Juni und Juli tanzen dazu auch noch die Glühwürmchen.

Die Blinksignale der Glühwürmchen dienen vor allem dazu, Partner anzulocken.

Der perfekte Ort: Beim Observatorium

Das Yeongyang Firefly Astronomical Observatory liegt in der östlichen Provinz Gyeongsangbuk-do und ist von Seoul aus über die Stadt Yeongyang erreichbar. Der Park ist ein idealer Standort, um mit Stativ und guter Kamera ausgerüstet, Langzeitaufnahmen vom Sternenhimmel zu machen.

Passionierte Sterngucker erwartet in Asiens erstem Dark Sky Park ein Observatorium, das Himmelskörper und Milchstraße ganz nahe rücken lässt.

(20) JAPANISCHE KARIBIK

IRIOMOTE-ISHIGAKI NATIONAL PARK & DARK SKY PARK, OKINAWA, JAPAN

Südlicher geht es nicht. Die beiden Inseln Iriomote und Ishigaki liegen am untersten Zipfel Japans und gehören zur Yaeyama-Gruppe in der Präfektur Okinawa. Nach Taiwan sind es gerade einmal 270 km. Auch optisch haben sie mit dem »Land der aufgehenden Sonne« nicht viel zu tun: Strände wie in der Karibik, Wälder wie aus dem »Dschungelbuch«. Mangroven säumen die Flussmündungen, unter Wasser schillern Korallen. Und durchs Gebüsch pirscht die kleine Iriomote-Katze, die fellmäßig eher einem Leoparden gleicht. Die Zahl der Bewohner ist mit weniger als 50 000 auf beiden Inseln recht überschaubar. Und das zeigt sich auch in der Nacht, wenn der Sternenhimmel ungestört funkeln kann und die Stille nur vom Sound des Dschungels übertönt wird.

März bis November

Von seiner schönsten Seite zeigt sich der Sternenhimmel in der Frühlings- und Sommerzeit rund um Neumond.

Der perfekte Ort: Plattform mit Meerblick

Das Tamatorizaki Observatory, ein schlichter überdachter Ausguck, liegt im Norden der Insel Ishigaki und eröffnet einen weiten Blick auf die Bucht. Das Panorama ist schon tagsüber schön, aber noch mehr in der Nacht mit funkelnden Sternen, die sich im Meerwasser spiegeln.

Strand im Iriomote-Ishigaki-Nationalpark: Wer hier Ferien macht, wähnt sich eher in der Karibik als in Japan.

Eine Wanderung durch die Horton-Ebene verspricht Flora und Fauna in Reinform.

So schön und friedlich fühlt es sich am »Ende der Welt« an.

WOLKENTANZ AM WELTENDE (21)

HORTON PLAINS, SRI LANKA

Es ist noch frisch, wenn die Wanderer durch die Horton Plains stapfen, einem auf 2000 m gelegenen Hochplateau im Bergland Sri Lankas. Von Sambarhirschen beäugt, geht es vorbei an bärtigen Kinabäumen, in deren Flechten sich Tautropfen wie Tränen spiegeln, und an Rhododendrenbüschen, die im Juni/Juli feuerrot blühen. Ein Rauschen kündet die Baker Falls an, deren Gischt dem Gesicht dankbare Abkühlung verschafft. Dann steht man staunend am »World's End«, einer Klippe, die fast 900 m in die Tiefe abbricht. Von dort schweift der Blick in den Süden der Tropeninsel. Im Dunst der Vorberge sind die Büsche des berühmten Ceylon-Tees zu erahnen, in der Ferne das Meer. Und man lässt sich von den Wolken bezirzen, die wie gewaltige Wattebäusche entlang der Felswände tänzeln.

Der perfekte Ort: World's End

Die fast 900 m tiefe Klippe gehört zu den Horton Plains, zwei Fahrstunden von der Hochlandstadt Nuwara Eliya entfernt. Im Rahmen einer 9 km langen Rundwanderung gelangt man auch ans »Weltende« mit sagenhaftem Blick – entweder auf eine dichte Wolkenwand oder weit in die Ebene.

März bis Oktober

Man sollte frühmorgens starten, denn ab Mittag ziehen häufig dichte Wolken auf.

Inselchen, ins unendliche Blau des Indischen Ozeans getupft: die Malediven

MEERE

22

WIE PERLEN IM MEER VERSTREUT

BIYADHOO, SÜD-MALE-ATOLL, MALEDIVEN

November bis Februar

Je nach Strandseite herrscht zur Morgen- und Abenddämmerung während der Trockenzeit die schönste Stimmung.

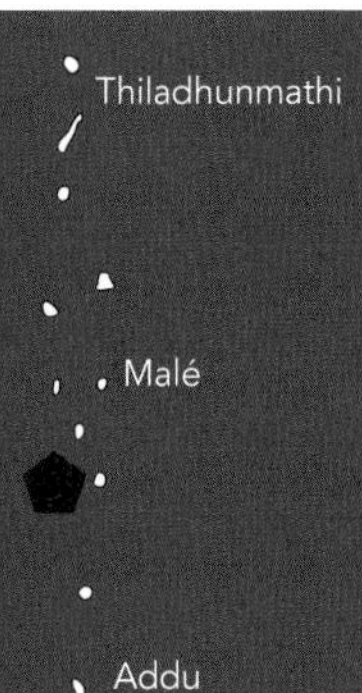

Als hätte ein Hindugott seine Gebetsschnur ins Meer geschleudert, so liegen die Malediven im Indischen Ozean. Fast 1200 Inseln verteilen sich auf 26 Atollen, die sich auf 871 km von Nord nach Süd bis kurz vor dem Äquator erstrecken. Und überirdisch scheinen auch die Freuden der Besucher, für die ein tropischer Sehnsuchtsort wohl nicht perfekter aussehen könnte: palmenbewachsene Eilande, mit weißen feinsandigen Stränden, die ins türkisfarbene Wasser übergehen, in dem die Korallenriffe schimmern. Der Blick durch die Taucherbrille: kunterbunt; der Blick aufs Meer: tiefblau. Eine Insel schöner als die andere, wie etwa Biyadhoo Island im Süd-Male-Atoll. Gerade einmal 10 ha groß. So sieht ein Inseltraum aus, von dem man sich wünscht, man würde nie aus ihm aufwachen.

Der perfekte Ort: Biyadhoo Island

Unter den maledivischen Inseln zählt Biyadhoo vielleicht zu den malerischsten: Palmen ragen aus dem Tropengrün, an den feinsandigen Stränden verlieren sich die Spuren der Krebse. Die Farbe des Meeres wechselt zwischen Gischtweiß und Tiefblau. Und zur Dämmerung das warme Rot der Morgen- und Abendsonne. Je nachdem, auf welcher Strandseite man steht. Biyadhoo ist nur 300 m breit.

23 INSELN WIE TINTENKLECKSE

MYEIK-ARCHIPEL, MYANMAR

Tief im Süden, wo das 2050 km lange Myanmar auf der malaysischen Halbinsel endet, sieht die Küste ziemlich ausgefranst aus. Flüsse zerlaufen wie lose Fäden, Buchten und Landzungen wechseln in schneller Folge. Und in der Andamanensee verteilen sich Inseln, als hätte dort jemand blaugrüne Tintenklekse verteilt. Die meisten gehören zum Myeik-Archipel, der auf einer Nord-Süd-Ausdehnung von gut 350 km mehr als 800 Eilande umfasst. Das größte, Kadan Kyun, bringt es auf 450 km² und ist von bis zu 750 m hohen, dicht bewaldeten Bergen bedeckt. Doch die meisten beschränken sich auf wenige Quadratkilometer. Nur eine Handvoll ist permanent besiedelt, zum Teil von Seenomaden, Moken genannt, die früher von Insel zu Insel zogen, um nach Perlen zu tauchen und Meeresgetier zu fischen. Heute sind die meisten Moken sesshaft geworden, und so mancher arbeitet im Tourismus. Der entwächst so langsam den Kinderschuhen, denn über Jahrzehnte hinweg war die Inselwelt ausländischen Besuchern verschlossen. Erst seit 1997 werden sie willkommen geheißen, und mittlerweile schauen auch geschäftstüchtige Investoren vorbei. Resorts machen sich zunehmend auf Traumstränden breit, während schicke Jachten und knatternde Taucherboote von Insel zu Insel hüpfen.

Viele der Boote kommen aus dem nahen Thailand und bringen vor allem Unterwasserenthusiasten in den Archipel. Darunter sind aber auch Liebhaber unberührter Tropennatur, die so ziemlich der westlichen Vorstellung des Paradieses entspricht: Wasser, das in Aquamarinblau und unterschiedlichen Türkistönen schimmert, schneeweißer Sand, der wie feines Mehl an den Füßen klebt, und dahinter dichter grüner Dschungel, wo sich allerlei seltenes Getier versteckt. Manche der Inseln tragen kuriose Namen: etwa »Lord Loughborough Island«, das nach einer schottischen Adelsfamilie klingt, oder »Great Western Torres Islands«, wo man eher spanische Sonnenanbeter vermutet. Andere heißen nach ihrer Form, beispielsweise »Horse Shoe Island«. Sie liegt da, als hätte dort ein himmlischer Hengst bei einem Ritt über das Meer seine Hufe verloren.

November bis Februar

Schöne Lichtverhältnisse herrschen beim morgendlichen Yoga zum Sonnenaufgang, ebenso beim späteren Bad oder abends beim Sundowner zum Sonnenuntergang.

Unterwasserhöhlen mit einer Fülle bunter Fische laden zum Erkunden ein.

Aus der Luft wird deutlich, warum das Inselchen im Myeik-Archipel den Namen Horse Shoe Eiland – Hufeiseninsel – trägt.

Der perfekte Ort: Hufeisenförmige Tropenidylle

Das kleine, unbewohnte Horse Shoe Island (Myanmar: Myin Khwar Kyun) liegt am südlichsten Zipfel des Myeik-Archipels und ist Teil einer Inselgruppe. Es gibt ein einfaches Resort mit Blick auf den Bilderbuchstrand inmitten der hufeisenförmig geschwungenen Bucht.

24 PLATTGEDRÜCKTE SPITZE

SEONGSAN ILCHULBONG, JEJU ISLAND, SÜDKOREA

April bis Juni

Im Frühling zur Rapsblüte und im Frühsommer zum Sonnenaufgang.

Vor langer, langer Zeit spukte es auf Jeju-do, einer Insel 85 km vom südkoreanischen Festland entfernt. Dafür verantwortlich war der 1950 m hohe Hallasan-Vulkan, der zuletzt vor 5000 Jahren ausbrach. Und über die Jahrtausende eine Landschaft formte, die zu den eindrucksvollsten der Region zählt. Dazu gehören ein 400 m breiter Trichter, in dem sich heute ein See ausbreitet, Hügel, die sich warzengleich über die 1849 km² große Insel verteilen, oder Sandstrände, wo Jungverheiratete ihre Flitterwochen verbringen. Faszinierend sind vor allem die labyrinthartigen, von Lavaströmen geformten Höhlen in Geomunoreum. Und da gibt es an der Ostseite auf einer Halbinsel noch den kuriosen Seongsan Ilchulbong: ein Tuffkegel, der wie eine giftgrüne Käsetorte aussieht und filmreif aus den Fluten steigt. Das macht diesen 90 m über dem Meeresspiegel liegenden Berg zur Topkulisse für die Selfie-affinen Südkoreaner.

Der perfekte Ort: Sunrise Peak

Als »Sonnenaufgangsberg« ist der Seongsan Ilchulbong auch bekannt, da er frühmorgens im Gegenlicht der aufgehenden Sonne am fotogensten wirkt. Bester Standort dafür ist der Gwangchigi Beach, der sich südlich des Berges erstreckt.

Der Sonnenaufgang taucht die Küste und den Felsen Seongsan Ilchulbong in Pastellfarben.

FILMREIFE INSELKULISSE

PHANG NGA, THAILAND (25)

James Bond hat die Phang-Nga-Bucht 1974 berühmt gemacht, als hier Szenen für »Der Mann mit dem goldenen Colt« gedreht wurden. Seitdem gehört die Inselwelt zum Thailand-Image wie der Chili zu seinen Speisen. Die Karstinseln, die sich zwischen Phuket und dem Festland verteilen, zaubern eine Landschaft hervor, die auch der fantasiereichste Regisseur sich als Filmkulisse nicht hätte besser ausmalen können. Manche Inseln gleichen einem hohlen Backenzahn, andere einem Zuckerhut – gestaltet durch das Zusammenspiel von Tropenhitze, Gezeiten und Monsunregen.

Vor dieser Felsnadel fand ein spektakulärer Dreh mit »007«-Roger Moore statt – nun darf sie sich James-Bond-Felsen nennen.

Der perfekte Ort: Samet Nangshe Viewpoint

Einen der schönsten Ausblicke auf die Bucht bietet der Samet Nangshe Viewpoint auf einem Hügel bei Ban Hinrom, 30 km nordöstlich der Sarasin-Brücke nach Phuket.

November bis Februar

Zauberhaft ist die Stimmung zum Sonnenaufgang und nachts im Mondschein.

FELSEN WIE KATHEDRALEN

EL NIDO, PALAWAN, PHILIPPINEN (26)

Überwucherten Kathedralen gleich ragen die Felsen aus dem Meer. In ihr verwittertes Tropenkarst krallen sich tiefgrüne Bäume und Büsche, als würden sie an einem Wettbewerb für Freestyle-Climbing teilnehmen. Weit unten das glasklare Wasser, in dem sich Fischschwärme wie dunkle Schatten bewegen. El Nido am Norden von Palawan zählt zu den berühmtesten Ecken der Philippinen. Taucher schätzen die fischreiche Unterwasserwelt und Chinesen die Vogelnester der Salanganen, welche die Segler im Schutz von dunklen Grotten bauen und die dann für sündhaft teures Geld in der Suppe landen.

November bis Februar

Im späten Morgenlicht schillert das Wasser in allerlei Blautönen.

Der perfekte Ort: türkisfarbene Lagune

In der Small Lagoon im Nordosten von Miniloc Island, die zur inselumschlossenen Bacuit Bay gehört, zeigt sich El Nido von seiner Schokoladenseite.

Türkis-blaue Impressionen von El Nido aus der Vogelperspektive

Imposanter Grenzgänger: Den atemberaubenden Ban-Gioc-Detian-Wasserfall teilen sich China und Vietnam.

FLÜSSE, SEEN, WASSERFÄLLE

27

WASSER AUS ALLEN KANÄLEN

CAO-BANG-PROVINZ, VIETNAM

September / Oktober

Zu Beginn der Trockenzeit ist der Wasserstand noch recht hoch und erstrahlt vormittags im Morgenlicht.

Was haben Iguazu, Victoria und Niagara mit dem Ban-Gioc-Wasserfall gemeinsam? Durch sie führt eine Landesgrenze. Den Thac Ban Gioc bzw. Detian-Banyue Pubu teilen sich Vietnam und China. Und füllen mit der kitschverdächtigen Szenerie ihre Werbeprospekte: bizarre Karstberge in allen Größen und Formen, in der Nachbarschaft fruchtbare Reisfelder. Davor ein Wasserfall wie aus dem Bilderbuch, bei dem das tosende Nass auf einer Breite von 300 m aus allen Kanälen über mehrere Stufen in grünlich schimmernde Becken stürzt. Eine bessere Reklame für diese Ecke im hohen Norden Vietnams gibt es nicht, zumal sie unter internationalen Touristen noch recht wenig bekannt ist. Und die mit Tropfsteinhöhlen, ethnischen Minderheiten und bergumrahmten Seen die Herzen von Entdeckerseelen höher schlagen lässt.

Der perfekte Ort: Südseite der Fälle

Der Ban-Gioc-Wasserfall liegt 300 km nördlich von Hanoi in der Provinz Cao Bang und ist touristisch gut erschlossen. Von vietnamesischer Seite aus präsentiert er sich sehr schön beim Spaziergang am Südufer entlang des Quay-Son-Flusses. Hier zeigen sich die Fälle teils mit Reisfeldern oder Büschen im Vordergrund. Man kann auch mit Flößen ganz nah heranfahren.

28 MEER IN DER WÜSTE

TOTES MEER, ISRAEL

»Es gibt einen See in Palästina, bei dem ein Mensch oder Tier, von dir gefesselt und ins Wasser geworfen, nicht untergeht und von dem man sagt, dass dieser See so bitter und salzig sei, dass kein Fisch darin leben könne.« So beschreibt der große Philosoph Aristoteles in seinem Buch »Meteorologie« (Buch 2, Kap. 3) bereits im 4. Jh. v. Chr. das Tote Meer. Der große alttestamentliche Prophet Ezechiel aus dem 6. Jh. v. Chr. wiederum erzählt von einer Vision, wie ein aus einem Tempel strömendes Wasser ins Tote Meer fließe und dieses so »gesund« mache, dass »von En-Gedi bis En-Eglajim« Fischer an ihm stehen und ihre Netze zum Trocknen ausbreiten würden: »Alle Arten von Fischen wird es geben, so zahlreich wie die Fische im großen Meer« (vgl. Ez 47, 10). Schon seit alters her hat dieses lebensfeindliche Gewässer ganz offensichtlich die Menschen beschäftigt. Als Symbol des Bösen betrachteten ihn gar die mittelalterlichen Kreuzfahrer und sprachen vom »fluvium diaboli« (Teufelsfluss).
Jetzt ist das Tote Meer ein wichtiges Touristen- und Wellnessziel. Mit einer Fläche von gut 600 km² erstreckt es sich auf einer Länge von 70 km von Nord nach Süd und einer Breite von etwa 18 km. Mitten hindurch verläuft die Landesgrenze zwischen Israel und Jordanien. Die Wasseroberfläche liegt heute bei 430 m unter dem Meeresspiegel – zur Zeit der Gründung des Staates Israel im Jahr 1948 lag sie 40 m höher. Ursache dafür ist die intensive Nutzung des Hauptzuflusses Jordan für die Bewässerung. Dadurch steigt der Salzgehalt stetig und liegt heute bei gut 30 % (im Mittelmeer beträgt er 3,8 %, im Atlantik 3,5 %). Zeitungsleser wird dies freuen, denn das können sie auch im Wasser liegend tun, ohne unterzugehen. Die mineralhaltigen Salze wiederum haben eine heilende Wirkung und werden vor allem gegen Hautkrankheiten eingesetzt. Dieses »weiße Gold« wusste bereits die ägyptische Königin Kleopatra zu schätzen. Für die Israelis ist daher das Meer alles andere als tot. Sie nennen es »Jam Hamelach« – Meer des Salzes.

Oktober bis März

Mit der Sonne im Rücken hat man spätnachmittags den besten Blick bis zur jordanischen Seite. Das Ein Gedi Nature Reserve ist auch ein schöner Standort für den Sonnenaufgang.

Wer immer oben schwimmen will, ist im Toten Meer goldrichtig.

Etwa 30 % macht der Salzgehalt des Toten Meers aus. Nur zum Vergleich: Das Wasser des Mittelmeers ist mit 3,8 % nur schwach salzig.

Der perfekte Ort: Mineral Beach und Ein Gedi

Auf der Westseite erstreckt sich auf einer Anhöhe das Ein Gedi Nature Reserve, durch das diverse Wanderwege mit immer wieder schönem Panoramablick führen. Attraktive Salzkrusten am Ufer findet man 12 km nördlich von Ein Gedi am Mineral Beach.

29 HEILIGES GEWÄSSER

MANASAROVAR-SEE, TIBET, CHINA

Klare Luft, tiefblaues Nass, umgeben von der Kargheit des Tibet-Plateaus, am Horizont die schneebedeckten Himalaya-Gipfel – der auf 4583 m höchstgelegene Süßwassersee der Welt ist schon einzigartig. Kein Wunder, dass er auch als heilig gilt. »Manas Sarovar« (Geistvolles Gewässer) heißt sein Sanskritname, soll er doch dem Glauben der Hindus zufolge vom Geist ihres höchsten Gottes Brahma erdacht worden sein. Die Tibeter nennen ihn »Mapham Yum Tso« (Unbesiegter türkisfarbener See) und schreiben ihm heilende Kräfte zu. Mit 412 km² etwa drei viertel so groß wie der Bodensee, landet so mancher Wassertropfen in den großen Flüssen Südasiens, darunter im Indus und Brahmaputra. Wer dann am Horizont auch noch den heiligen Berg Kailash erblickt, für den ist das Glück perfekt.

Mai bis Oktober

Zum Sonnenaufgang herrscht an klaren Tagen eine einzigartige Stimmung.

Der perfekte Ort: Ji-Wu-Si-Tempel

Am Nordwestufer des Sees liegt auf einer Anhöhe der buddhistische Ji-Wu-Si-Tempel. Von ihm hat man einen der schönsten Ausblicke über das heilige Gewässer. Bei guten Lichtverhältnissen kann man auch den nördlich gelegenen Berg Kailash sehen.

In 4590 m Höhe breitet sich der saphirblaue Mansasarovar-See aus. Das heilige Wasser dient Pilgern zur Reinigung ihrer Sünden.

Großes Kino: ein Wasserfall, der erst einige Kunststückchen vollbringt, bevor er sich kapriziös in den Pool stürzt

LAOTISCHER KULISSENZAUBER (30)

KUANG SI WATERFALL, LAOS

Wasser, das über moosüberwucherte Felsen stürzt, davor türkisblaue Tümpel, die wie Lagunen in Kleinformat wirken. Drumherum dichter Dschungel, aus dem das Zirpen der Zikaden dröhnt. Ein Motiv wie das einer kitschigen Theaterkulisse. Der Tad Kuang Si, wie ihn die Einheimischen nennen, zählt zu den eindrucksvollsten Naturschauspielen im wasserverwöhnten Laos. Über drei Ebenen überwindet das Nass einen Höhenunterschied von gut 60 m, um über Kaskaden in verschiedene Wasserbecken zu strömen. Dadurch entsteht ein Dschungelpool, um den so manches Hotelresort neidisch ist. Die Einheimischen lieben ein kühlendes Bad darin, selbst fromme buddhistische Mönche haben ihren Spaß. Und was gibt es Besseres als anschließend ein Mahl mit Klebereis und Papayasalat?

Der perfekte Ort: Wasserbecken und Kaskaden

Gut 30 km von Luang Prabang entfernt, zeigt sich der Wasserfall mit seinen diversen Becken und Katarakten am schönsten von der Ostseite aus. Die touristische Infrastruktur ist mit diversen Gehwegen, Holzbrücken und Terrassen sehr gut.

Mönche aus dem nahen Tempel Wat Nong Sikhounmuang am Kuang Si-Wasserfall

Oktober bis Januar

Am besten schon vor 8 Uhr hier sein, um die morgendliche Stimmung ohne Besuchermassen zu erleben.

Nicht nur »Lawrence von Arabien« war von der Schönheit des Wadi Rum hingerissen. Auch andere Besucher können sich der Magie dieser Landschaft nicht entziehen.

WÜSTE

31

KLIPPEN SO ROT WIE DAS ABENDLICHT

WADI RUM, JORDANIEN

März bis Mai und September bis November

Noch rötlicher als sonst zeigt sich die Landschaft zum Sonnenauf- und -untergang.

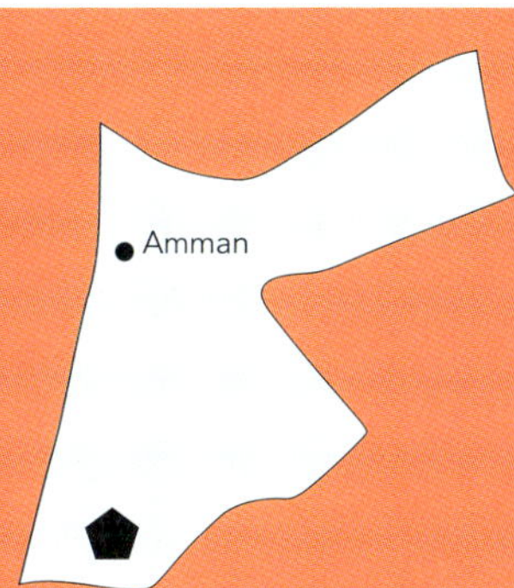

»Wir fuhren in den Weg von Rum hinein, noch immer wunderschön in den Farben der untergehenden Sonne, die Klippen so rot wie die Wolken im Westen«, notierte T. E. Lawrence in seinen Erinnerungen während des arabischen Aufstandes im Ersten Weltkrieg. Der Wadi Rum, so »weitläufig, widerhallend und gottgleich«, wie »Lawrence von Arabien« weiter schrieb, zieht auch heute noch Besucher in seinen Bann: zerklüftete Schluchten mit ausgetrocknetem Flussbett, sonnengebleichte Felsformationen in allen Farben und Formen, endlose Weiten mit rötlichem Sand, der nackte Hügel wie ein Meer umspielt. Dieses Labyrinth aus Stein und Sand ist ein Traum für Kletterer und Wanderer. Und wenn über diesem Traum die Sonne versinkt, breitet sich schon bald die sternenfunkelnde Wüstennacht aus.

Der perfekte Ort: Umm-Fruth-Felsbrücke

Der schönste Teil von Wadi Rum, ein 742 km² großes Gebiet, wurde 2011 zum UNESCO-Welterbe erklärt. Wegen seiner bizarren Felsformationen und dem rotgefärbten Wüstensand auch »Tal des Mondes« genannt, zählt der Bereich rund um die 15 m über dem Boden aufragende Umm-Fruth-Felsbrücke zu den fotogensten Plätzen. Vielerorts gibt es zudem prähistorische Felszeichnungen.

32 WASSERLOSE WEITE

WÜSTE GOBI, MONGOLEI

Mehr als 1600 x 800 km nichts als Sand und Felsen – die Wüste Gobi beeindruckt allein doch ihre Ausmaße. Ungefähr fünfmal so groß wie Deutschland soll sie sein – so genau weiß es niemand, denn an manchen Rändern geht sie in raue Gebirge und karge Steppen über. Und trotzdem war die lebensfeindliche Region zu keiner Zeit menschenleer. An ihrer Südflanke führte die berühmte Seidenstraße entlang, weite Teile gehörten zum Reich der Mongolen, die dem trockenen Gebiet den Namen Govi, »Wasserloser Ort«, gaben. Und damit die Mongolenreiter nicht noch weiter gen Süden vordrangen, bauten die Chinesen einen Teil der Großen Mauer in die Wüste. Ihre endlose Weite fasziniert auch heutige Besucher, wenn sie den langen Schatten folgen, welche die Abendsonne über die Sanddünen legt.

September/Oktober

Spektakuläre Schattenspiele zaubert die Sonne zu ihrem Auf- und -untergang.

Der perfekte Ort: Sanddünen von Khongor Els

»Singende Dünen« werden die gigantischen Hügel von Khongor Els auch genannt, denn durch den Wind geben sie einen eindrücklichen Sound von sich. In der südmongolischen Umnu-Gobi-Provinz gelegen, zählt das 100 x 20 km große Gebiet zum schönsten Teil der Wüste.

Wenn der Wind durch die gewaltigen Sanddünen von Khongor streift, entstehen Töne, die für die Einwohner wie der Gesang von Sirenen anmutet.

Nicht einmal Fossilien deuten in dieser lebensfeindlichen Wüste auf Zeugnisse vergangenen Lebens hin.

IM BACKOFEN DER WELT (33)

DASHT-E LUT & DASHT-E KAWIR, IRAN

Sie gilt als heißeste Gegend der Welt: die Wüste Lut im Südosten des Iran. Zu Spitzenzeiten werden dort über 70 °C gemessen. Dasht-e Lut, was auf Persisch so viel wie »Leere Einöde« bedeutet, macht ihrem Namen alle Ehre, denn in weiten Teilen ist sie derart lebensfeindlich, dass selbst hartgesottene Pflanzen und Tiere keine Chance haben. Das gilt auch für die sich nördlich anschließende Nachbarwüste Dasht-e Kawir mit ihren versalzten Böden. Heiße Winde wiederum, die vor allem zwischen Juni und Oktober über die Wüste fegen, führen zu extremen Verwehungen und Erosionen. So sind in manchen Gebieten die Sanddünen bis zu 500 m hoch. Andernorts ragen Sandsteinberge in die Höhe, als hätte ein verspielter Riese hier kolossale Sandburgen gebaut.

Der perfekte Ort: Kalut und Yardang

Die Karawanenstadt Shahdad in der Provinz Kerman liegt am Rand der Lut-Wüste und ist Ausgangspunkt für Touren zu den Sandsteinbergen – je nach Form Kalut und Yardang genannt. Sie verteilen sich auf einem gut 120 x 80 km großen Gebiet, das zum UNESCO-Welterbe zählt.

April / Mai und September bis November

Die besten Lichtverhältnisse herrschen im Morgen- und Abendlicht. Tipp: der nächtliche Sternenhimmel.

34 WO EINST HOMO SAPIENS BADETE

NEFUD AL-KEBIR, SAUDI-ARABIEN

Ein 85 000 Jahre alter versteinerter Fingerknochen machte die Al-Nefud-Wüste im Norden Saudi-Arabiens 2018 in der Gelehrtenwelt berühmt. Denn dabei handelte es sich um das älteste Fossil eines Homo sapiens, das Forscher außerhalb von Afrika und dem östlichen Mittelmeerraum fanden. Als der Finger jedoch noch an einem lebendigen Menschen hing, badete der zusammen mit Flusspferden in einem von saftigem Grasland gesäumten Süßwassersee. Heute erstreckt sich dort die Große Sanddünenwüste, Nefud al-Kabir, die mit 103 600 km² die Ausmaße von Island erreicht. Sanddünen, wohin man blickt, unterbrochen von turmhohen Felsen, ausgemergelten Bäumen und windzerzausten Hügeln, die je nach Sonnenstand in allen Facetten zwischen Backsteinrot und Goldgelb leuchten.

April/Mai und September bis November

Die Wüstenfarben leuchten am schönsten in den frühen Morgenstunden und spätnachmittags.

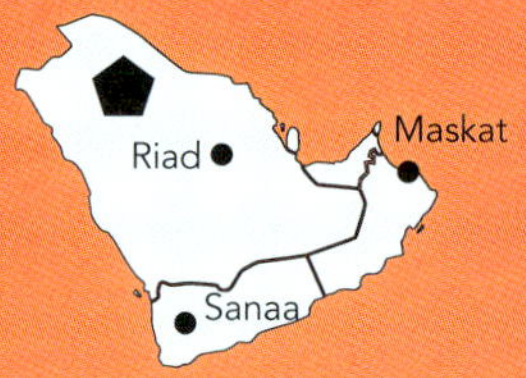

Der perfekte Ort: von der Oase in die Wüste

Die Al-Nefud-Wüste erstreckt sich über 320 km zwischen der alten Oasenstadt Dumat Al-Jandal im Norden und Hail im Süden, und von dort bis zur 300 km entfernten Oasenstadt Tayma im Westen. Beide antiken Oasenstädte sind attraktive Ausgangspunkte für Wüstentrips.

Cineasten und Historiker werden sich erinnern, dass »Lawrence von Arabien« die Wüste Nefud 1917 in einem Gewaltmarsch durchquerte, um die Hafenstadt Akaba einzunehmen.

MEER AUS SAND (35)

RUB-AL-KHALI-WÜSTE, SAUDI-ARABIEN, OMAN, JEMEN UND VAE

Selbst die hitzeerprobten Weihrauchhändler machten einen weiten Bogen um sie: Rub al-Khali, »Leeres Viertel«, ist die größte zusammenhängende Sandwüste der Erde und bedeckt mit einer Fläche von 680 000 km² etwa ein Viertel der Arabischen Halbinsel. Der Süden und Südosten Saudi-Arabiens zählen dazu, Teile des Jemen, Oman und der Vereinigten Arabischen Emirate (VAE) ebenso. Leere und Einsamkeit, wohin man blickt. Und gewaltige Sanddünen, die sich Meereswellen gleich bis zum Horizont erstrecken. Eine höher als die andere, mit leichten Strukturen wie die Schale einer Orange. Stets in Veränderung, geformt von den heißen Winden. Und wenn dann noch Kamele des Weges kommen oder Dattelpalmen in einer Oase aus dem Sand ragen, dann ist das 1001-Nacht-Feeling perfekt.

Der perfekte Ort: Moreeb-Düne

Viele Wege führen in die Wüste. Beliebt ist der Zugang von Dhofar im Oman zu einem Wüstencamp. Richtig luxuriös ist die Anfahrt zur bekannten Moreeb-Düne im Emirat Abu Dhabi, die von Mezairaa, dem Zentrum der Liwa-Oase, aus über eine asphaltierte Straße erreichbar ist.

April / Mai und September bis November

Es empfehlen sich frühe Morgenwanderungen zum Sonnenaufgang und frühe Abendwanderungen mit Sonnenuntergang.

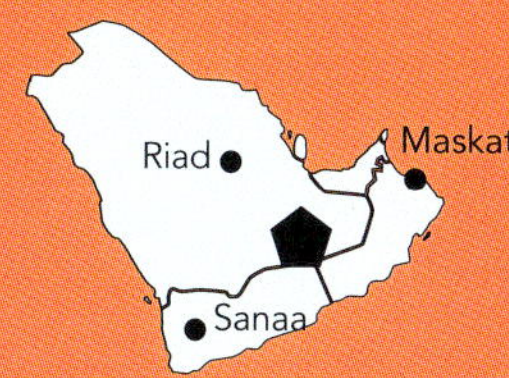

Rub al Khali: In der größten Sandwüste der Welt, die überdies ständig in Bewegung ist, wirkt ein menschliches Wesen wie ein Fremdkörper.

Mount Everest: Sagarmatha – »Stirn des Himmels« – wird der höchste Berg der Welt auf Nepali genannt. Seine Stirn hat der Gigant seit der Erstbesteigung 1953 schon vielen Bergsteigern geboten.

EIS, GLETSCHER

36

EIS VOM DACH DER WELT

SAGARMATHA NATIONAL PARK, NEPAL

März bis Mai

Nur im nepalesischen Sommer kann man das Gebiet relativ gut erwandern.

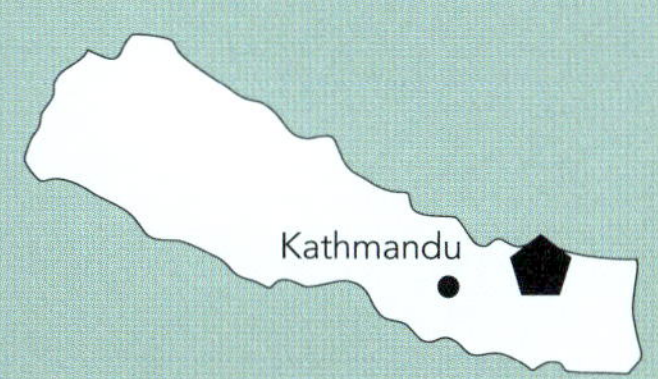

Als Sagarmatha, »Stirn des Himmels«, besingen ihn die Nepalesen, und als Jo-mo Glang-ma, »Mutter des Universums«, verehren ihn die Tibeter. Der Rest der Welt nennt ihn seit 1856 nach einem britischen Landvermesser namens Sir George Everest. Die Rede ist vom höchsten Berg der Welt. Und von ihm stammt – wie könnte es anders sein – der welthöchste Khumbu-Gletscher, der sich zwischen Everest und den Nachbargipfeln Nubtse (7861 m) und Lohtse (8516 m) in S-Form gen Süden schiebt. Unter Everest-Bezwingern sind im oberen Teil seine unkalkulierbaren Eisbrüche berüchtigt. Regelmäßig gehen Schneelawinen ab. Wer den Gletscher begehen möchte, muss ziemlich höhenfest sein: Er beginnt auf 7600 m im sogenannten Tal des Schweigens und verläuft sich auf 4900 m in einem Geröllfeld.

Der perfekte Ort: Ausblicke in Cho La

Unter trittfesten Himalaya-Fans zählt eine Wanderung über den Cho La, einen 5368 m hoch gelegenen Pass, zum Everest Base Camp in Khumjung (5364 m) zu den Highlights eines Nepal-Besuches. Denn man hat von dort nicht nur atemberaubende Ausblicke auf die Achttausender-Gipfel, sondern auch auf den Khumbu-Gletscher, der sich östlich des Passes nach unten schiebt.

37 BOBBAHN FÜR RIESEN

PAMIR, TADSCHIKISTAN

Der Name klingt wie eine Wodkasorte, doch ist damit ein Gletscher in Tadschikistan gemeint. Benannt wurde er nach dem russischen Naturwissenschaftler Alexei Fedtschenko (1844–1873), der mit seinen zentralasiatischen Expeditionen Pionierarbeit leistete, aber bereits 29-jährig tödlich verunglückte. Der Fedtschenko-Gletscher verläuft im westlichen Teil des Pamir-Gebirges, das sich auf einer Fläche von 120 000 km² bis nach Kirgisistan, China und Afghanistan erstreckt. Und dessen höchste Gipfel gerne nach kommunistischen Größen benannt wurden. So gibt es den 6726 m hohen Pik Karl Marx und den 7134 m hohen Pik Lenin. Selbst ein 5725 m hoher Pik Leipzig ist dabei, weil er kurz vor der Wende von einer DDR-Bergsteigergruppe aus Sachsen erstmals bestiegen wurde.

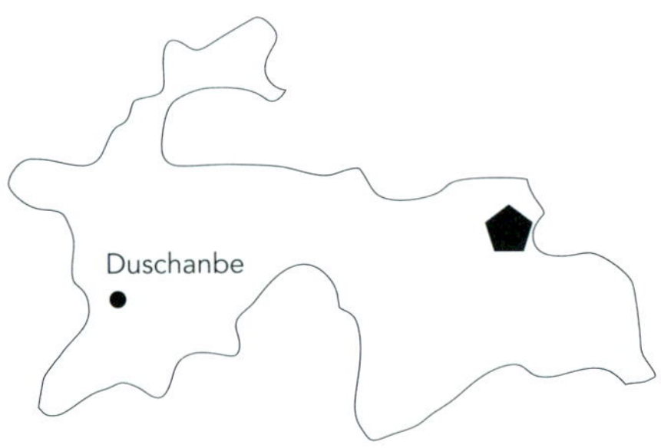

Berühmt wurde der Fedtschenko-Gletscher durch die deutsch-sowjetische Alai-Pamir-Expedition, bei der im Jahr 1928 eine Truppe von 22 Forschern samt 60 Kamelen, über 100 Packpferden und Dutzenden Trägern fünf Monate lang die Gebirgsregion durchforstete. Das Ziel: »die Entwirrung eines Irrgartens von Berggipfeln und Gletschern«, wie es der Expeditionsleiter Willi Rickmer Rickmers beschrieb. Und bei der mit dem Erklimmen des Pik Lenin sogar ein neuer Gipfelrekord aufgestellt wurde.

Dem Kartografen Richard Finsterwalder kam bei der Expedition die Aufgabe zu, den gewaltigen Fedtschenko-Gletscher zu vermessen. Dabei stellte er fest, dass er mit 77 km Länge und einer Breite von bis zu 3 km der weltweit längste Gletscher außerhalb der Polargebiete ist. Finsterwalder fand auch heraus, dass das Eis stellenweise bis zu 1 km dick ist und ein Gebiet von 700 km² umfasst. Der Eisstrom beginnt an der Ostseite des 6595 m hohen Pik Garmo auf einer Höhe von 6200 m und endet bei 2900 m über dem Meeresspiegel, um mit seinem Schmelzwasser die Flüsse Amudarya, Surkhob, Vakhsh und Muksu zu speisen. Von oben betrachtet, sieht der Gletscher wie eine gigantische Bobbahn aus und ist noch immer ein geheimnisvolles Ziel für expeditionsfreudige Abenteurer.

September/Oktober

In den Monaten September und Oktober werden von Trekkingspezialisten mehrtägige Pamir-Expeditionen inklusive Besuch des Fedtschenko-Gletschers angeboten.

Fedtschenko-Gletscher: mit 77 km der längste Gletscher außerhalb der Pole

Die abgeschiedene Bergwelt lässt sich am besten bei einer geführten Trekkingtour erkunden.

Der perfekte Ort: Tanymas-Pass

Über den 4498 m hohen Tanymas-Pass gelangt man zum Fedtschenko-Gletscher, wo eine meteorologische Station wie ein Denkmal menschlicher Zivilisation liegt. Und von der man wunderbare Ausflüge in die Eiswelt unternehmen kann.

38 EINSAME BERGWELTEN

ALTAI-TAVAN-BOGD-NATIONALPARK, MONGOLEI

Dort, wo die Mongolei, China und Russland aufeinanderstoßen, erhebt sich das Gebirgsmassiv der »Fünf Heiligen«, Tawan Bogd. Es ist die östliche Verlängerung des gewaltigen Altaigebirges. Die Zahl bezieht sich auf die fünf Viertausender, deren Gipfel sich wie weiße Himmelswesen aneinanderreihen. Ihr Schnee speist diverse Gletscher, unter denen der Potanin-Gletscher mit gut 14 km der längste ist. Benannt wurde er nach dem russischen Forscher Grigori Nikolajewitsch Potanin (1835–1920), der sich u. a. mit Expeditionen in die Mongolei einen Namen machte. Und wo der Gletscher endet, breitet sich eine bildschöne Berglandschaft aus mit hohen Tannen, saftigen Weidegräsern und tiefblauen Seen – über die sich eine Stille legt, die Wanderer so fasziniert.

Juni bis August

In den Sommermonaten herrschen die besten Lichtverhältnisse und angenehmere Temperaturen.

Der perfekte Ort: Berg Malchin

Die übliche Anreise erfolgt durch das Tsagaan-Gol-Tal bis zum Eingang des Tavan-Bogd-Nationalparks. Von dort wandert man bis zum Potanin-Gletscher-Basislager. Wer von dort aus dann den 4050 m hohen Gipfel des Malchin erklimmt, hat einen perfekten Blick auf die Gletscherlandschaft.

Kontrastprogramm: friedliche grasende Kamele im Angesicht von Schneefeldern und Gletscherriesen

Die Berglandschaft, in welcher der Midui-Gletscher als ungekrönter Star gilt, ist ein Besuchermagnet.

Pferde vor dem Dorf Midui, dem Ausgangspunkt zum Gletscher

TIBETISCHE ANMUT (39)

MIDUI-GLETSCHER, TIBET, CHINA

Eine Schönheit aus Shanghai lehnt sich an das Geländer. Ihr Blick ist zur Sonne gewandt, ihr offenes Haar weht im Wind. Hinter ihr erheben sich die Himalaya-Berge mit einer Schnee- und Eislandschaft, die sich im Wasser spiegelt. Ringsherum verteilen sich Bäume im Nadel- und Blätterkleid. Der fotogene Midui-Gletscher im Osten von Tibet rangiert beim Gletscher-Casting ganz weit oben. Das mag daran liegen, dass er für tibetische Verhältnisse nicht so hoch liegt. Während die Gipfel um ihn zwar weit über 6000 m erreichen, erstreckt sich der Hauptteil auf einer Höhe von »nur« 2400 m. An seinem Fuße gibt es grüne Wälder, fruchtbare Felder und stille Seen, zu dem auch Nichtalpinisten wandern können – um die aufs Smartphone gebannte Bergszenerie dann in alle Welt zu senden.

Der perfekte Ort: Dorf Mi Dui

Ausgangspunkt für den Gletscherbesuch ist das Dorf Mi Dui im Kreis Bomi, das zur osttibetischen Präfektur Nyingchi gehört. Nicht weit entfernt verläuft die 5476 km lange Nationalstraße 318 (Shanghai–Tibet). Von dem Dorf wandert man etwa 7 km in ein Tal bis zu einem Bergsee.

Juni bis Oktober

Im Herbst kann man die Blätterfärbung der Bäume erleben. Besonders schön ist es nachmittags.

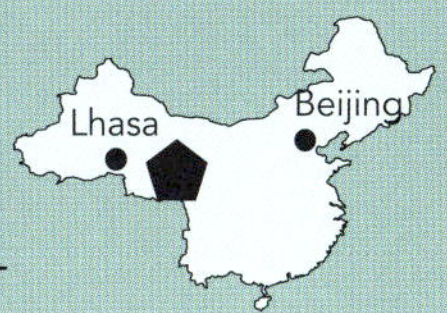

»Stairway to Heaven«: Trotz der in den Felsen gehauenen Stufen wird es Besuchern bei einer Steigung von 60 Grad nicht gerade leicht gemacht, die 701 m hohe »Festung« zu erklimmen.

40

TREPPEN ZUM HIMMEL

WESTERN GHATS, MAHARASTHRA, INDIEN

November bis März

Es ist ratsam, die Felsnadel wegen des Klimas so früh wie möglich und nur in der Trockenzeit zu besteigen.

Als »gefährlichste Burg der Welt« gilt Kalavantin Durg, eine Ruine auf einem extrem steilen Gneisfelsen in den Western Ghats, gut 60 km von Mumbai entfernt. 3 bis 4 Std. benötigen gut trainierte Bergsteiger, um die 701 m wie ein moosbewachsener Fingerhut aus der zerklüfteten Umgebung ragenden Spitze zu erklimmen. Wenn sie denn schwindelfrei sind, ihr Adrenalinausstoß nicht zu Panikanfällen führt und sie nicht von dem schmalen Pfad abkommen. Denn schneller, als man denkt, kann Kalavantin Durg zur »Stairway to Heaven« werden. Durg heißt in der Marathi-Sprache »Festung« und soll im 15. Jh. von einer Herrscherin namens Kalavantin errichtet worden sein. Möglicherweise diente sie als Wachposten in unsicheren Zeiten. Der Ausblick ist jedenfalls überirdisch.

Der perfekte Ort: Festung von Prabalgad

Etwa 60 km östlich der indischen Metropole Mumbai liegt am Rand der Western Ghats das Dorf Prabalmachi. Es ist Ausgangspunkt für Wanderungen in die Umgebung, darunter zur Kalavantin Durg (3–4 Std.) und dem Nachbarhügel mit dem Prabalgad Fort (1,5 Std.). Und von diesem Nachbarhügel eröffnet sich ein wunderschöner Blick auf Kalavantin Durg.

41 RUINEN IM SAND

SÜD-KARAKALPAKSTAN, USBEKISTAN

Von heißen Sommern und kalten Wintern über die Jahrhunderte gegerbt, ragen im Südwesten von Usbekistan und dem benachbarten Turkmenistan Dutzende Festungsruinen aus dem Wüstensand. Meist auf einem Hügel thronend, sind sie Zeugnisse einer untergegangenen Zivilisation. Als Teil des mächtigen Choresmien, einem Reich zwischen Kaspischem Meer und dem Aralsee, dienten sie teils weit über tausend Jahre zur Kontrolle der alten Seidenstraße. In den Tempeln zelebrierten die zoroastrischen Priester Feuerkulte, und in den Niederungen des Amudarya-Flusses pflanzten Bauern Gemüse. Bis muslimische Eroberer und mongolische Reiterhorden die Burgen plünderten und ihrem Schicksal überließen. Von Menschen gemacht, sind die Festungen heute zu naturgeformten Monumenten geworden.

April / Mai und September / Oktober

Die Ruinenfelder zeigen sich am schönsten im Morgen- und Abendlicht.

Der perfekte Ort: Ellik-Kala

Ellik-Kala (»Fünfzig Festungen«) heißt ein Gebiet im Süden der Provinz Karakalpakstan mit Dutzenden von Burgruinen auf einem Gebiet von knapp 1500 km². Zu den eindrücklichsten zählt Ayaz-Kala 2, das man von einem südlich gelegenen Berg aus schön im Blickfeld hat.

Noch im Verfall zeigen die Ruinen der antiken Ayaz-Kala-Festung in der Kyzylkum-Wüste Stolz und Würde.

EINGANG ZUR HÖLLE (42)

KARAKUM-WÜSTE, TURKMENISTAN

Als hätte sich ein feuriger Vulkankrater in den turkmenischen Wüstensand verirrt, so liegt der menschengemachte Krater von Darvaza da, in einer weiten baumlosen Ebene im Osten von Turkmenistan. Da in den Tiefen Erdgas und Öl schlummert, begannen sowjetische Geologen 1971 ein Loch in die Erde zu bohren und das heraustretende Methangas abzufackeln. Das ging gründlich schief: Das Loch brach ein, und es breitete sich ein Feuerschlund mit 30 m Tiefe und 69 m Durchmesser aus. Das Feuer brennt bis zum heutigen Tag und ist als »Eingang zur Hölle« nun eine Touristenattraktion.

Höllenschlund von Davaza: ein Feuer, das ewig lodert, weil es von Gas und Öl genährt wird

Der perfekte Ort: Kraterrand

Der Krater von Darvaza liegt 280 km nördlich der Hauptstadt Aschgabat in der Karakum-Wüste. Zu erreichen ist er über eine Straße gen Norden. Von ihr geht es beim Dorf Darvaza Richtung Osten zum Kraterrand.

April/Mai und September/Oktober

Am eindrucksvollsten ist der Krater in der Dämmerung und nachts.

Steinblöcke unterschiedlicher Größen bilden ein mystisches Puzzle der Natur.

WÜRGEFEIGEN UND GÖTTERFRATZEN (43)

BANTEAY CHHMAR, KAMBODSCHA

Wuchtige Sandsteinblöcke liegen herum wie unaufgeräumte Legosteine. Oder sind zu Türmen, Mauern und Terrassen geschichtet. Manche wurden zu Menschenfratzen geformt, andere zu Schlangenhäuptern oder vielarmigen Götterfiguren. Thitpokbäume und Würgefeigen haben ihre Wurzeln wie Krakenarme ins Gemäuer geschoben, als wären sie die wahren Tempelherren. Das buddhistische Heiligtum Banteay Chhmar im Nordwesten Kambodschas ist heute ein naturgeformtes Gesamtkunstwerk. Im 13. Jh. errichtet und Teil des riesigen Angkor-Reiches, verströmt es eine geheimnisvolle Faszination.

November bis Februar

Sehr stimmungsvoll ist Banteay Chhmar im Morgenlicht während der Trockenzeit.

Der perfekte Ort: Ostzugang zum Tempel

Der Tempel von Banteay Chhmar liegt im gleichnamigen Ort im Nordwesten Kambodschas, nur 20 km von der Grenze zu Thailand entfernt. Das schönste Tempel-Dschungel-Flair hat man vom Ostzugang aus.

Noch vor Sonnenaufgang kommen Wallabys an den Strand am Cape Hillsborough in Queensland und sind zu einer Instagram-Sensation geworden.

Texte:
Don Fuchs

AUSTRALIEN & OZEANIEN

PAPUA-
NEUGUINEA
7
13
11
19
14
10
2
NEUKALEDONI
1
AUSTRALIEN
17
24
3
15
TASMANIEN
18

AUSTRALIEN/ OZEANIEN

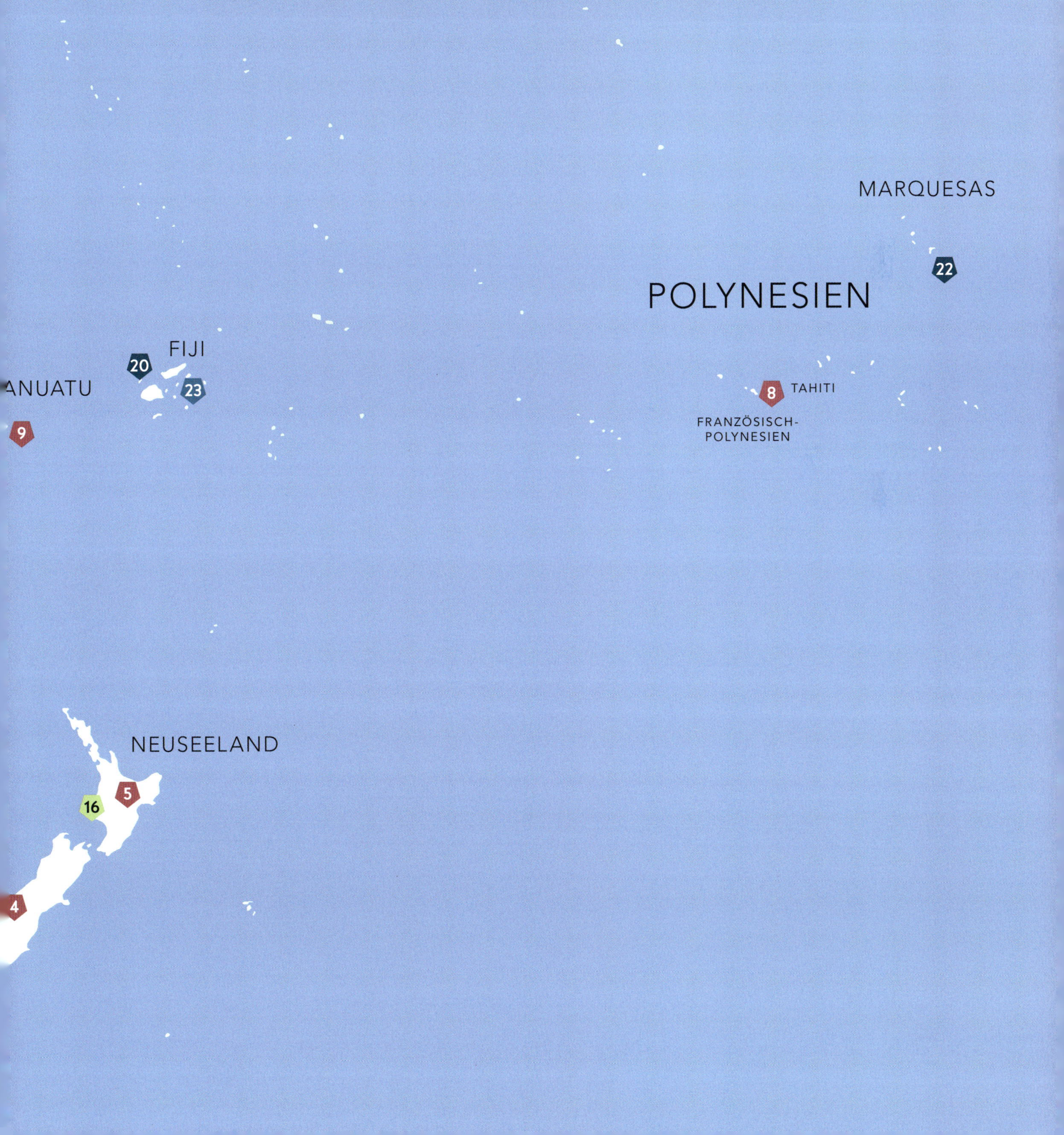

Der Ayers Rock oder Uluru, wie er von den Aborigines genannt wird, zeigt sich von seiner schönsten Seite, wenn er von der Abendsonne in glutrotes Licht getaucht wird.

GEOLOGIE

1

IKONE IM OUTBACK

KATA TJUTA NATIONAL PARK, NORTHERN TERRITORY, AUSTRALIEN

Juli bis September

Wegen der großen Hitze im Zentrum des Kontinents eignet sich der australische Winter für einen Besuch am besten. Dann sind Tagestouren erträglich, die Nachttemperaturen können aber unter Null sinken.

Wenn nach der langen Anfahrt von Alice Springs die abgerundete Felskuppe des Uluru aus der monotonen Ebene auftaucht, mutet dieser Anblick fast unwirklich an. Dürfte man aus allen Sehenswürdigkeiten Australiens eine als repräsentativ für das Land auswählen, dann wäre es ganz sicher der Uluru. Die geologische Erklärung für diesen freistehenden Felskoloss in den Weiten des Outbacks – er besteht aus grobkörnigem Sandstein mit hohem Feldspatanteil, und wie bei einem Eisberg ist nur ein kleiner Teil des Ganzen sichtbar– liefert nur die halbe Geschichte: Für die Aborigines hat dieser rote Monolith eine tiefe spirituelle Bedeutung. Deshalb wurde seine Besteigung nach jahrzehntelanger Diskussion endlich untersagt. Im Uluru Kata Tjuta National Park lohnen auch die zahlreichen Felskuppeln der Kata Tjuta unweit des Ulura den Besuch.

Der perfekte Ort: Talinguru Nyakunytjaku

Um die Dramatik des wechselnden Farbenspiels des Uluru während des Sonnenauf- und -untergangs zu erleben, hat die Parkverwaltung im Süden des Bergs die Talinguru Nyakunytjaku Viewing Area angelegt. Sie ist weniger überlaufen als jene im Westen.

2 GIGANTISCHE LAVARÖHREN

UNDARA VOLCANIC NATIONAL PARK, QUEENSLAND, AUSTRALIEN

Glutrote Lavafontänen schossen vor etwa 190 000 Jahren aus einem Vulkan in den Himmel. Der Feuerberg stieß bei den Eruptionen Unmengen an dünnflüssigem, geschmolzenem Gestein aus. Dieses floss in einem ausgetrockneten Flussbett ab, erstarrte an der Oberfläche und bildete eine Kruste. Darunter aber strömte die Lava wie in einer gigantischen Röhre weiter. Als die Eruptionen endeten und die Lava abgeflossen war, blieb mit 90 km eines der längsten Lavahöhlensysteme der Welt zurück. Ein Teil der riesigen Lavaröhren ist im Undara Volcanic National Park unter Schutz gestellt. Der auch für das an Naturwundern überreiche Australien ungewöhnliche Nationalpark, der ein Areal von 658 km² umfasst, befindet sich in der weitläufigen tropischen Baumsavanne südwestlich des Atherton Tablelands. Geografisch wird diese Region zu der Cape York-Halbinsel gezählt.

Juni bis September

Die Lavahöhlen sind nur in den Trockenzeitmonaten zugänglich.

Detail der Decke einer Lavahöhle, deren Struktur sich aus Eisen-, Mangan- und Schwefelablagerungen zusammensetzt

Der 12 m hohe Ewamian-Bogen im Eingangsbereich des Undara Volcanic-Nationalparks

Der perfekte Ort: Wind Tunnel

Der Wind Tunnel, ein besonders eindrucksvoller Abschnitt des Lavahöhlensystems, kann vom Touristenresort Undara Experience aus begangen werden. Wegen zahlreicher Gefahren ist ein Besuch nur im Rahmen geführter Touren möglich.

Regenwald, Schluchten, Wasserfall: Auf dem Grand Canyon Walking Track in den Blue Mountains zeigt sich die Natur von ihrer ursprünglichen Seite.

DIE CANYONS DER BLAUEN BERGE (3)

BLUE MOUNTAINS NATIONAL PARK, NEW SOUTH WALES, AUSTRALIEN

Nur wenn die Sonne im Zenit steht, gelangt Licht in das ewige Halbdunkel am Grunde der engen Klammen. An den von Wasser polierten Felswänden gedeihen üppig-grüne Farngärten. In den Bächen leben orangefarbene Flusskrebse. Hier ist es selbst im Hochsommer erfrischend kühl. In der von Eukalyptuswäldern bedeckten Wildnis des Blue Mountains National Parks, einer der bekanntesten Attraktionen des Bundesstaates New South Wales, versteckt sich eine geheimnisvolle Unterwelt: tiefe Klammen, die über die Jahrmillionen Bäche in das Sandsteingebirge gefräst haben und damit einen unvergleichlichen Spielplatz für Anhänger des Canyoning schufen. Die »Schluchtenwanderer« folgen Bachläufen in die Eingeweide des Sandsteingebirges, seilen sich über Wasserfälle ab und springen in tiefe Gumpen.

Der perfekte Ort: der Grand Canyon

Diese Paradeklamm nahe der Ortschaft Blackheath ist nicht nur ideal für Canyoning. Die grandiose Schlucht und ihre einzigartige Atmosphäre kann auch auf einer etwa dreistündigen Wanderung trockenen Fußes und ohne wilde Abseilaktionen erlebt werden.

Januar/Februar

In der Hitze des australischen Sommers sind die kühlen, schattigen Klammen ein beliebtes Ziel.

4 DER »WOLKENSTECHER«

MOUNT COOK, NEUSEELÄNDISCHE ALPEN, SÜDINSEL

Der stark vergletscherte Mount Cook über dem blauen Lake Pukaki an einem Schönwettertag ist ein Anblick, den man nicht so schnell vergisst. Von den Maoris wird der Berg Aoraki genannt, was so viel wie »Wolkenstecher« bedeutet. Auf den Besucher hat er eine einschüchternde Wucht und strahlt Unnahbarkeit aus. Der Paradeblick auf den mit 3753 m höchsten Gipfel Neuseelands ziert zahllose Postkarten und Bildbände. Der majestätische Berg ist die Krönung des fast 700 km² großen Aoraki/Mount Cook National Parks. Für die meisten Besucher des Nationalparks bleibt der Gipfel des Mount Cook unerreichbar und wird daher ehrfürchtig aus der Ferne bestaunt und fotografiert. Wer ganz oben auf dem Berg stehen will, dessen Besteigung als schwierig und gefährlich gilt, muss ein erfahrener und bestens ausgerüsteter Bergsteiger sein. Vor allem die Unberechenbarkeit des lokalen Wetters ist schon vielen Gipfelaspiranten zum Verhängnis geworden. Nur 44 km von der Küste entfernt, ist der Mount Cook den Tiefdruckgebieten, die vom Tasmansee kommen, ungeschützt ausgesetzt. Der Berg wurde übrigens am 25. Dezember 1894 von den Neuseeländern Jack Clarke, Tom Fyfe und George Graham erstbestiegen.

Die Neuseeländischen Südalpen mit dem Mount Cook als ihrem höchsten Punkt sind geologisch gesehen relativ junge Emporkömmlinge. Die gebirgsbildende Phase der Südalpen begann erst vor etwa 5 Mio. Jahren und hält bis heute an. Das Gebirge wächst derzeit 10 mm pro Jahr. Grund für die Existenz des jungen Faltengebirges ist das Zusammentreffen zweier Kontinentalplatten, der Indo-Australischen und der Pazifischen Platte. Diese zerklüfteten Berge bilden deshalb praktisch nichts anderes als die gigantische Knautschzone dieses Zusammenstoßes.

Wie das gesamte Gebirge wächst auch der Mount Cook weiter in den Himmel. Allerdings »stutzte« ein gewaltiger Bergsturz, ausgelöst durch ein Erdbeben im Dezember 1991, den Gipfel um etwa 20 m. Geschätzte 14 Mio. m³ Eis und Fels donnerten bei diesem dramatischen Ereignis ins Tal.

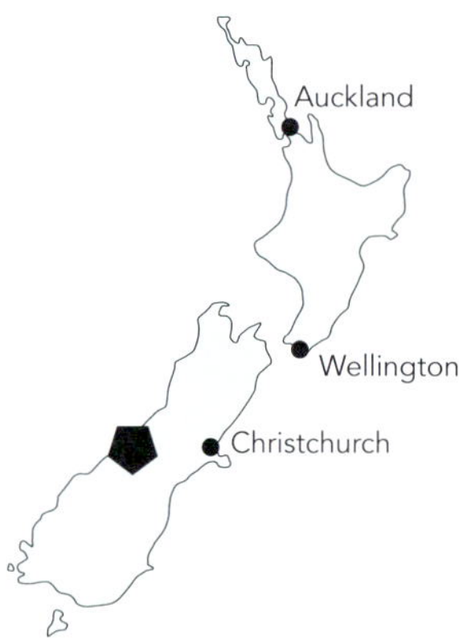

Dezember und Januar

Der neuseeländische Sommer, die Hauptreisezeit auf der Südinsel, gilt wegen der wärmeren Temperaturen und längeren Tage als beste Jahreszeit, den Nationalpark mit seinem Vorzeigeberg zu besuchen.

Neuseelands höchster Berg, der 3573 m hohe Mount Cook, spiegelt sich im türkisfarbenen Pukaki-See.

Der perfekte Ort: Peter's Lookout

An der Mount Cook Road entlang des Lake Pukaki liegt auf einem kleinen Hügel der Peter's Lookout. Mit ein wenig Wetterglück breitet von dieser Aussichtswarte die gesamte Südflanke des prominentes Berges ihre Schönheit vor dem Betrachter aus.

Sonnenuntergang im Mount Cook National Park. Das sanfte Abendlicht hüllt den Lake Pukaki und die schneebedeckten Südlichen Alpen in Pastellfarben.

5 DER CHAMPAGNER-POOL

WAI-O-TAPU THERMAL AREA, NORDINSEL, NEUSEELAND

Dampfende Fumarolen, heiße Quellbecken mit farbenfrohen Mineralablagerungen, mit schwefelgelbem Wasser gefüllte Tümpel, Schlammkrater, durch die vulkanische Gase aufblubbern, tiefe Kraterseen und sogar ein Geysir formen die Palette an Besonderheiten in diesem Geothermalgebiet. Die bekannteste Sehenswürdigkeit ist der Champagne Pool, eine der größten Thermalquellen des Landes. Benannt wegen der ständig aufsteigenden Gasblasen, hat der fotogene, von orangeroten Mineralablagerungen gesäumte Pool einen Durchmesser von 65 m. Seine Tiefe wird mit 62 m angegeben. Das in der Quelle hochsteigende Wasser hat eine Temperatur von 74 Grad.
Das Thermalgebiet, das als eines der größten des Landes gilt, zeigt eindrucksvoll die vulkanische Natur der Nordinsel. 40 ha des insgesamt 18 km² großen Thermalgebietes sind als Wai-O-Tapu Thermal Wonderland geschützt und für Besucher zugänglich.

Juli/August

In diesen kalten Wintermonaten gibt der aufsteigende Wasserdampf dem Quelltopf eine Extradimension.

Der perfekte Ort: Quelltopf

Besonders eindrucksvoll ist dieser Quelltopf an kalten Morgen, wenn die frühe Sonne den aufsteigenden Wasserdampf anleuchtet. Die Thermalquelle wird über einen kurzen Wanderweg erreicht.

Weil die Thermalquelle überall perlt, bizzelt und Bläschen aufsteigen lässt, hat man sie kurzerhand »Champagne Pool« getauft.

EIN FJORD WIE AUS DEM BILDERBUCH 6

MILFORD SOUND, SÜDINSEL, NEUSEELAND

Eingerahmt von steilen Bergflanken und dominiert von der Felspyramide des Mitre Peak (Bischofsmütze), entzückt der Milford Sound auf der neuseeländischen Südinsel jedes Jahr unzählige Besucher. Es überrascht deshalb nicht, dass das Bild von Neuseeland häufig von diesem fotogenen und ästhetisch nahezu perfekten Naturdenkmal geprägt ist. Entstanden ist der 14 km lange Meeresarm, wie auch die anderen Fjorde im Fjordland National Park, durch die formende Kraft von Gletschern. Während der letzten Eiszeit, die vor etwa 10 000 Jahren endete, schabten gewaltige Eiszungen imposante Trogtäler in das harte Gestein des Fjordlandes. Nach dem Ende der Eiszeit drang das steigende Meerwasser in die Täler vor und schuf jene Naturwunder, zu denen heute auch der Milford Sound zählt.

Der perfekte Ort: Milford Sound Pier

Die schönsten Bilder des Milford Sound sind vom leicht zu erreichenden Landesteg des Milford Sound Pier entstanden. Atemberaubend ist der Blick zur »Blauen Stunde«, die Zeit vor dem Sonnenauf- oder nach dem Sonnenuntergang.

Juli/August

In den Wintermonaten ist das Wetter stabil und der Ansturm auf diese Touristenattraktion geringer.

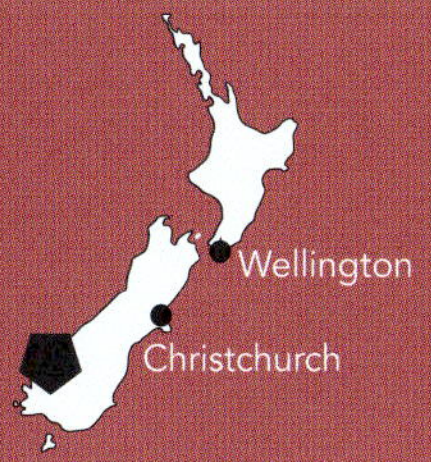

Milford Sound, ein 14 km langer Meeresarm. Schriftsteller Rudyard Kipling soll ihn sogar als Achtes Weltwunder bezeichnet haben.

7 ZU FÜSSEN DES VULKANS

RABAUL, PAPUA-NEUGUINEA, OZEANIEN

Rabaul liegt im Nordosten der Insel New Britain in Papua-Neuguinea an einer fast runden und geschützten Bucht. Gegründet wurde die Stadt von den damaligen deutschen Kolonialherren im Jahr 1910. Der ideale Naturhafen war einer der Gründe für die Standortwahl. Geologisch gesehen war es eher eine schlechte Wahl, denn der Naturhafen ist die Caldera des Rabaul-Vulkan-Komplexes, der als einer der gefährlichsten des Landes gilt. Die Stadt wird häufig von Erdbeben, Tsunamis und Vulkanausbrüchen heimgesucht. Bei der letzten Eruption im September 1994 begrub der Vulkan Tavurvur einen Großteil der Stadt unter einer mehrere Meter dicken Ascheschicht. Der nach wie vor aktive Vulkan erhebt sich am Ostrand der gewaltigen Caldera, umgeben von trostlosen Aschewüsten.

Mai bis Oktober

In diesen Monaten ist die Luftfeuchtigkeit erträglich und die Anzahl der Regentage gering.

Der perfekte Ort: Kokopo Beach Bungalows Resort

Von dem an der Küste gelegenen Resort in Kokopo, dem ehemaligen Hauptquartier der deutschen Kolonie Kaiser-Wilhelms-Land, bietet sich ein großartiger Blick über den Simpson Harbour zum rauchenden Vulkankegel des Tarvurvur.

Die Rauchfahne, die der Tavurvur hervorstößt, ist keine leere Drohgebärde. Seit Oktober 2006 ist der Vulkan unentwegt aktiv.

DAS WILDE INSELINNERE 8

TAHITI, FRANZÖSISCH-POLYNESIEN, OZEANIEN

Es ist eine Szenerie von größter Dramatik: Zerklüftete, extrem steile und mit einem grünen Vegetationspelz überzogene Felszinnen ragen in die Wolken, Wasserfälle rauschen wie Silberfäden über die Steilflanken in die tief eingeschnittenen Täler, Flüsse, eingerahmt von unberührtem Regenwald, eilen über rundgeschliffene Felsen. Das Innere von Tahiti, der Hauptinsel von Französisch-Polynesien, ist die wahre Schauseite der bekannten Tropeninsel – obwohl sie nicht den gängigen Südseeklischees entspricht. Die Wildheit und Ursprünglichkeit der verwitterten Vulkanberge und die Abgelegenheit der dramatisch anmutenden Täler kann auf einer Straße »erfahren« werden, welche die Insel von Süd nach Nord durchquert und nur mit einem Allradfahrzeug zu bewältigen ist.

Das Tuauru-Tal in Mahina mit dem Mont Orohena im Hintergrund, Tahitis höchster Erhebung

Der perfekte Ort: Le Relais de la Maroto

Im Vallée de Papenoo liegt das einzige Resort im Inneren Tahitis. Es bietet herrliche Blicke in die zerklüftete Bergwelt, u. a. auf den 2241 m hohen Mont Orohena.

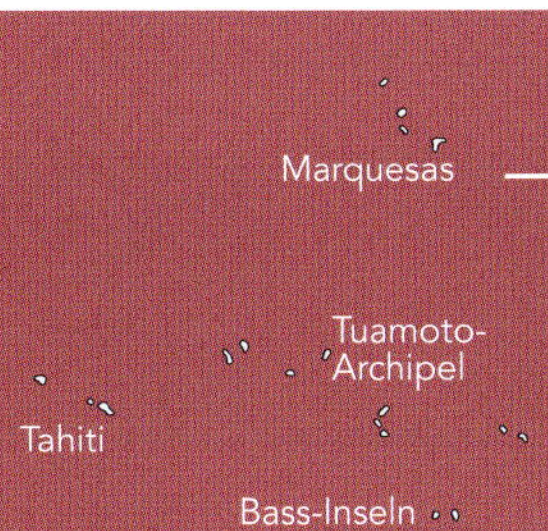

September / November

Relativ hohe Niederschläge schaffen in diesen Monaten im Inselinneren eine mystische, wolkenverhangene Urwelt.

Juni bis August

Geringe Niederschläge und eine erträgliche Luftfeuchtigkeit erleichtern in diesen Monaten die Exkursionen zum abgelegenen Vulkan.

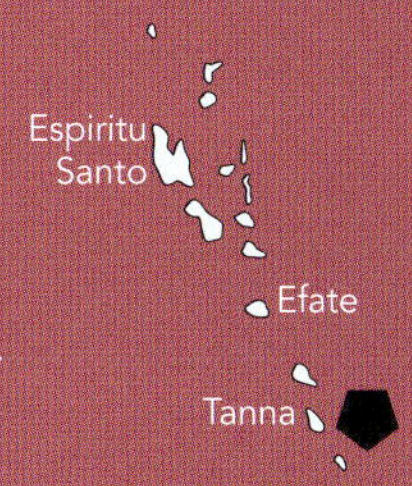

FEURIG-DRAMATISCHES SCHAUSPIEL 9

TANNA, VANUATU, OZEANIEN

Begleitet von Grollen und Zischen werden glühende Lavafetzen aus dem Schlund des Vulkans geschleudert, gefolgt vom Prasseln der Einschläge der Glutbrocken auf dem tiefschwarzen Lavageröll im Kraterinneren. Dann kehrt für kurze Zeit wieder Ruhe ein. Ein paar Minuten später wiederholt sich das hypnotisierende Schauspiel. Je tiefer die Dunkelheit der Nacht den Vulkan einhüllt, desto fulminanter wird das von der Natur veranstaltete »Feuerwerk«. Der Yasur auf der Insel Tanna gilt als einer der aktivsten Vulkane der Erde. Bereits der englische Seefahrer James Cook erwähnte den »Feuerberg«, dessen Glühen nachts wie das Licht eines Leuchtturms vom Meer aus anmutet. Die Einheimischen verboten Cook damals, den nur 361 m hohen Vulkan zu besteigen. Heute zählt er zu den größten Attraktionen der Tropeninsel.

Der perfekte Ort: Kraterrand

Allradfahrzeuge können bis knapp 100 m unter den Kraterrand fahren. Von dort führt ein Pfad in wenigen Minuten zum Krater empor. Am eindrucksvollsten sind die Eruptionen zur Dämmerung. Dann sieht man das Feuerwerk der glühenden Lava am besten.

Mit Allradantrieb gelangt man problemlos zum Kraterrand des Vulkans Yasur.

Im Naturschutzgebiet Granite Gorge bei Mareeba leben zutrauliche Rock Wallabies. Futter gibt's für einen Dollar an der Kasse!

FAUNA

10

SELTENE KLETTERBEUTLER

ATHERTON TABLELANDS, QUEENSLAND, AUSTRALIEN

Juni bis September

In diesen Monaten macht relativ kühles und beständiges Wetter Besuche in dem tropischen Hochland angenehm.

Die wilde Granitlandschaft des privaten Granite Gorge Nature Reserve auf den Atherton Tablelands im tropischen Norden von Queensland ist ein Irrgarten aus gewaltigen Felstürmen, -platten und -blöcken. In dieser unübersichtlichen Landschaft lebt eine große Kolonie der seltenen und gefährdeten Mareeba-Felsenwallabies. Imposante Feigenbäume, ein murmelnder Bach, etliche Vegetationsinseln und jede Menge Verstecke in Felsspalten und Hohlräumen der Felsenwelt bilden den idealen Lebensraum für die kleinen Felskängurus. Die niedlichen Hüpfer – sie sind nach der Stadt Mareeba in den Atherton Tablelands benannt – haben ein meist dunkelbraunes Fell, während die Unterseite heller gefärbt ist. Auffällig ist der blasse Streifen im Gesicht und der schmale, dunkle Rückenstreifen der Beuteltiere. Der Schwanz wird zum Ende hin immer dunkler. In den Felsen sind sie wahre Akrobaten.

Der perfekte Ort: Eingangsbereich

Nahe dem Eingangskiosk zur Granite Gorge, durch einen kurzen Spaziergang erreichbar, haben sich die scheuen Felsenspringer an Besucher gewöhnt und können mit spezieller Tiernahrung, die man am Eingang kaufen kann, von Hand gefüttert werden.

11 KROKODILE AM FLUSS

MARY RIVER, NORTHERN TERRITORY, AUSTRALIEN

Im Lichtkegel der starken Taschenlampe blinken zahlreiche rote Augenpaare auf. Jedes von ihnen gehört zu einem Leistenkrokodil (Salzwasserkrokodil). Die gewaltigen und gefährlichen Reptilien treiben im Wasser des nächtlichen Mary River im Northern Territory. Der zum großen Teil als Mary River National Park geschützte Tropenfluss nahe dem Kakadu National Park ist vor allem aus einem Grund berühmt: Er weist die größte Dichte an Leistenkrokodilen in der Welt auf. Das Revier der prähistorisch-anmutenden Reptilien ist zweigeteilt: Der obere Flusslauf ist Süßwasser, der untere Teil des Mary Rivers wird bereits von Ebbe und Flut beeinflusst. Mangroven und Altwasser bilden hier ideale Lebensräume. In diesem Flussabschnitt leben die größten Krokodile.

Juni bis September

Die unbefestigte Zufahrtsstraße zum Shady Camp Billabong ist nur in der Trockenzeit passierbar.

Der perfekte Ort: Shady Camp Billabong

Über eine Staubstraße kann vom Arnhem Highway, der die Stadt Darwin mit dem Kakadu National Park verbindet, das Shady Camp Billabong am Mary River erreicht werde. Hier sind Krokodilsichtungen garantiert.

Da der Mary River sowohl von Süßwasser als von Meerwasser gespeist wird, halten sich hier bevorzugt Salzwasserkrokodile auf.

PINOCCHIO DER VOGELWELT

STEWART ISLAND, NEUSEELAND (12)

Die mit 1746 km² Fläche drittgrößte Insel Neuseelands ist ein Paradies für Ornithologen. Das Neuseeländische Wappentier, der Kiwi, steht dabei für Vogelfreunde ganz oben auf der Liste: Geschätzte 20 000 Kiwis, ein flugunfähiger Vogel, leben in der Wildnis von Steward Island. Der Rakiura National Park, der 85 % der Inselfläche umfasst, bietet dabei dem im Bestand bedrohten Kiwi ein sicheres Revier. Der nachtaktive Vogel mit dem langen, spitzen Schnabel wird manchmal als der am wenigsten »vogelmäßige Vogel« der Welt bezeichnet. Seine Körpertemperatur von 38 Grad ist niedriger als bei den meisten Vögeln und entspricht eher der von Säugetieren. Anders als die meisten anderen Vögel ist der Kiwi zudem mit einem besonders ausgeprägten Geruchssinn ausgestattet. Die Eier des Kiwis sind übrigens sechsmal größer als Hühnereier.

Raggi-Paradiesvogel: von der Natur mit prächtigem Schwanzgefieder ausgestattet

Neuseelands kleiner Wappenvogel, der Kiwi, legt größere Eier als ein Huhn.

Der perfekte Ort: Mason Bay

Die weit geschwungene Mason Bay an der rauen Westküste der Insel (auf einem Wanderweg zu erreichen) hat die größte Dichte an Kiwis, hier kann man den nachtaktiven Vogel hautnah erleben..

Oktober bis Mai

Die Saison für Kiwi-Fans reicht vom neuseeländischen Frühling bis in den Herbst.

SCHEU UND SCHÖN (13)

PAPUA-NEUGUINEA, OZEANIEN

Das leuchtende, oft fast rot wirkende, kastanienbraune Gefieder und die auffälligen Schwanzfedern des Männchens machen den Paradiesvogel zu einem der schönsten Vertreter dieser überaus flamboyanten Vogelart. Der für diese Gattung große Raggi-Paradiesvogel ist im Süden und Nordosten des Landes weit verbreitet. Dort kommt er vor allem in den Regenwäldern der Tiefebenen und der Vorberge vor. Da sich die Vögel bevorzugt in den Kronen der Bäume aufhalten, sind Sichtungen eher selten. Zwar sind die Raggi-Paradiesvögel Allesfresser, bevorzugen aber Früchte und ergänzen ihren Speiseplan mit Tausendfüßlern und anderen Krabbeltieren, die den Baum und seine Rinde bewohnen.

August bis Februar

In diesem Zeitraum pflanzt sich der Raggi-Paradiesvogel fort und kann mit etwas Glück bei der Balz beobachtet werden.

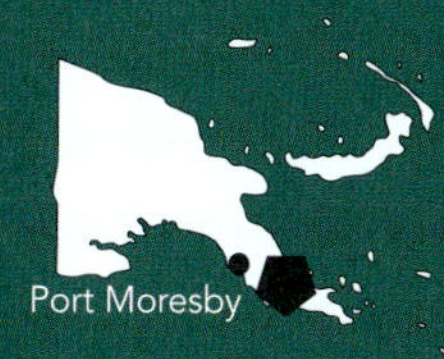

Der perfekte Ort: Variata National Park

Der nur 48 km östlich der Hauptstadt Port Moresby gelegene Varirata National Park bietet die beste Gelegenheit, den scheuen Vogel in seiner natürlichen Umwelt zu erleben. Der Nationalpark liegt auf einem mit Regenwald bewachsenen, vulkanischen Plateau.

Unzählige Fächerpalmen säumen den Dubuji Boardwalk nahe Myall Beach im Daintree National Park.

FLORA

14

UNTER FÄCHERPALMEN

DAINTREE NATIONAL PARK, QUEENSLAND, AUSTRALIEN

Juli und August

Während der Trockenzeit, wenn die Luftfeuchtigkeit erträglich ist, lässt sich der tropische Regenwald am besten erleben.

Gedämpftes Licht fällt durch ein Laubdach aus schirmartigen Blattfächern und schafft eine geradezu urzeitlich anmutende Waldlandschaft. Nur das Sirren der Insekten und das leise Rascheln der Blätter ist zu hören. Dieses botanische Wunder ist im Daintree National Park nördlich der Tropenstadt Cairns zu erleben, wo sich einer der ältesten Regenwälder der Erde erstreckt. Von einem unglaublichen Artenreichtum gesegnet ziehen sich diese Tropenwälder von dem küstennahen Flachland bis auf die Höhen eines steilen Gebirgszuges. Nur in den Tieflandregenwäldern findet man die stolze endemische Fächerpalme, die dort manchmal ausgedehnte Bestände bildet.

Die schlanke Palme, die außerhalb des Nationalparks als gefährdet gilt, kann bis zu 6 m hoch werden. Jede Palme bildet neun bis zwölf runde Blätter aus, die von Form und Größe an einen Regenschirm erinnern.

Der perfekte Ort: Dubuji Boardwalk

Die leichte Wanderung am Cape Tribulation im Daintree National Park führt direkt durch einen Fächerpalmenhain. Am frühen Morgen oder späten Abend besteht in diesen Palmwäldern auch die Chance, den seltenen Helmkasuar zu beobachten.

15 WIE SÄULEN EINER KATHEDRALE

CENTRAL HIGHLANDS, VICTORIA, AUSTRALIEN

Kerzengerade, wie die Säulen in einer Kathedrale, ragen die Stämme der Urwaldriesen in den Himmel und bilden ein fernes Blätterdach über üppigen Baumfarndickichten. Das Licht ist gedämpft, der unverkennbare Geruch von Pilz und Moder liegt in der Luft. Mit Exemplaren, die weit über 90 m aufragen können, gilt die Mountain Ash (Eucalyptus regans oder Rieseneukalyptus) als die höchste Blütenpflanze der Welt. Stammumfänge von bis zu 7,5 m sind nicht selten. Der höchste je gemessene Mountain-Ash-Baum erreichte eine Höhe von fast 120 m. Die schnell wachsenden Eukalypten haben ihr Verbreitungsgebiet vor allem im zentralen Hochland des Bundesstaates Victoria und formen dort oft reine Stände. Diese grandiosen Feuchtwälder werden – soweit sie nicht in Nationalparks geschützt sind – nach wie vor abgeholzt. Ihr Holz ähnelt der heimischen Esche und ist beliebt. Es gibt seit Jahren eine Bewegung, die die letzten ungeschützten Mountain-Ash-Bestände und die bereits existierenden Nationalparks und Schutzgebiete zu einem gewaltigen Great Forest National Park zusammenfassen will. Noch immer wird diese Idee von den politischen Entscheidungsträgern abgelehnt. Besonders schöne Mountain-Ash-Urwälder findet man in dem Yarra Ranges National Park, der vor allem eingerichtet wurde, um den Wasserbedarf von Melbourne zu sichern. Der Schutz der einzigartigen Wälder war ein willkommener Nebeneffekt. Im Gegensatz zu anderen Eukalypten sterben die mächtigen Bäume nach Waldbränden ab und regenerieren sich aus Samen, die nach dem Feuer ausschlagen. Das erklärt, dass in vielen Mountain-Ash-Wäldern eine gewisse Uniformität zu erkennen ist: Die Bäume haben alle das gleiche Alter. Wissenschaftler haben festgestellt, dass diese Wälder mehr Kohlenstoff als alle anderen Wälder der Welt speichern, eine Tatsache, die in Zeiten der globalen Erwärmung zu einem wichtigen Argument für den Schutz der Mountain-Ash-Wälder geworden ist.

März

Am frühen Morgen, wenn die ersten Sonnenstrahlen auf die in leichten Nebel gehüllten Urwälder fallen, entfalten sie ihre ganze Schönheit.

Zwischen Baumfarnen ragen die Stämme der bis zu 120 m hohen Mountain Ashes (Rieseneukalyptus) auf.

Der perfekte Ort: Rainforest Gallery

Ein 17 m hoher Stahlsteg über dem Waldboden ermöglicht Einblicke in einen Mountain-Ash-Urwald im Yarra Ranges National Park. Unter riesigen Bergeschen bilden Farne und Regenwaldbäume wie die Myrtle Beech (Myrtenbuche) oder Sassafras (Fenchelholzbaum) sowie Moose einen feucht-üppigen Unterwuchs. Über Holzstege kann man den dichten Bewuchs erkunden.

Abendstille: Hinter den Bergen und Wäldern im Yarra Ranges National Park versinkt die Sonne.

16 GOBLINWALD AM TARANAKI

MOUNT EGMONT NATIONAL PARK, NORDINSEL, NEUSEELAND

Knorrige und bizarr verdrehte Baumgestalten ragen, bedeckt von einem grünen Pelz aus Moos und Flechten, in den Nebel und formen eine tolkiensche Landschaft, eine Szene wie aus einer anderen, gänzlich unwirklichen Welt. Kein Wunder, dass diese feuchten Urwälder nahe der 18 m hohen Dawson Falls an den Hängen des perfekten Vulkankegels Taranaki auch als »Goblinwald« bekannt sind. (Fans der Fantasy-Filmreihe »Herr der Ringe« erinnern sich bestimmt an die Armeen der Orks und Goblins – Letztere durchtriebene kleine Plagegeister, die für den Begriff Pate standen!). Diese bizarren Fantasiewälder bestehen zum Großteil aus Kamahi-Bäumen und wachsen in einer Höhe von etwa 900 m. Die Kamahis gehören zu der am weitesten verbreiteten Baumart in vielen Regionen Neuseelands. Wenn die Bäume blühen, produzieren sie eine Masse an weißen Blüten, die den ganzen Baum bedecken können. Imker lieben den Kamahi-Honig, der einen ganz eigenen Geschmack hat. Unter normalen Umständen bilden die Kamahi, ein Pionierbaum, der besonders gut in abgeholzten Wäldern gedeiht, einen mittelhohen bis hohen Wald. Nur hier an den Hängen des Vulkans Taranaki formen sie aufgrund ihrer Wuchsgeschichte die magischen, eher kleinwüchsigen Goblinwälder. Die immergrünen, verkrüppelten Baumgestalten begannen ihr Leben als Aufsitzerpflanzen an den Stämmen anderer Bäume, die durch Aschefall bei Eruptionen des Taranaki-Vulkans abstarben. Sie entwickelten ihre verbogenen und verdrehten Gestalten, als sie an Stämmen und Ästen dieser inzwischen gänzlich verschwundenen Bäume hochwuchsen. Diese knorrigen Kamahis sind heute selbst die Träger zahlreicher anderer Pflanzen, von Lebermoos über zarte Farne bis hin zu einer Anzahl an Büschen und kleinen Bäumen. Diese Epiphyten finden in dem feucht-kühlen Klima der Goblinwälder einen idealen Lebensraum und bilden eine einzigartige Waldlandschaft. Wegen der heftigen und häufigen Regenfälle gelten die Goblinwälder als echte Regenwälder. Seine wahre Magie entwickelt der einzigartige Zauberwald deshalb auch an wolkenverhangenen, nebligen und nieseligen Tagen.

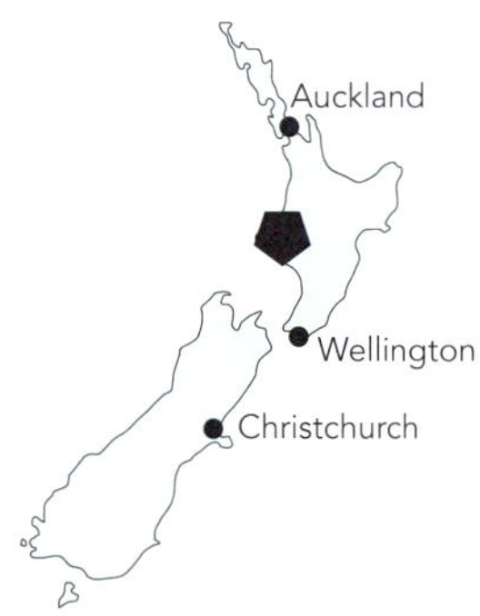

September

Obwohl regenreicher als die neuseeländischen Sommermonate, formieren sich im September oft dichte Wolken und hüllen den Goblinwald in dramatischen Nebel.

Geheimnisvoll und märchenhaft muten die knorrigen bemoosten Baumwesen im Egmont-Nationalpark an.

Der perfekte Ort: Kapuni Loop Track

Die leichte, einstündige Wanderung führt vom Dawson Falls Visitor Centre im Mount Egmont National Park durch einen besonders schönen Abschnitt des Goblinwaldes. Ziel der Wanderung sind die imposanten Dawson Falls, die über die Absturzkante eines alten Lavaflusses in die grüne Tiefe donnern.

Blick durch ein grünes Blätterdach auf die Dawson Falls. Der Weg zum 18 m hohen Wasserfall führt durch urwüchsige Natur.

Ein Dach überm Kopf, einen Schlafplatz – was braucht man schon mehr unter dem funkelnden und blinkenden Sternenzelt Westaustraliens?

WETTER & ASTRONOMIE

17

GLITZERNDES FIRMAMENT

WESTAUSTRALIEN

Juli und August

Kurze Tage, geringe Luftfeuchtigkeit und ein meist klarer Himmel machen diese Wintermonate ideal zum Sternegucken.

Bald nach Sonnenuntergang beginnt das Firmament zu glitzern, und die funkelnde Schönheit des nur in der Südhemisphäre zu sehenden spektakulärsten Abschnitts der Milchstraße zieht sich über den makellosen pechschwarzen Himmel in der Mid-West Region in Westaustralien. Wie kaum in einer anderen Gegend in der Welt sind die Voraussetzungen für Sterngucker hier ideal. Dünn besiedelt und deshalb ohne Lichtverschmutzung, geringe Niederschläge, extrem klare Luft und niedrige Luftfeuchtigkeit sorgen für perfekte Bedingungen für Hobby-Astronomen, Romantiker und Astro-Fotografen. Grandiose Nächte unter einem funkelnden Sternenzelt können in der Region nordöstlich der westaustralischen Hauptstadt Perth praktisch garantiert werden. Neun Gemeinden, die das Tourismuspotenzial erkannten, haben sich zusammengeschlossen und den Astro-Tourism-Trail gegründet. In der offenen Landschaft erstreckt sich der Nachthimmel ohne störende Hindernisse von Horizont zu Horizont.

Der perfekte Ort: Carnamah

Das 500-Seelen-Dorf, 300 km nördlich von Perth, liegt inmitten des westaustralischen Weizengürtels nahe dem Yarra Yarra Lake Conservation Park, der einen meist trockenen Salzsee schützt.

Sturmwolken ziehen über den Mount Amos, während der Regenbogen sich bereits über die Wineglass-Bucht auf der Freycinet-Halbinsel spannt.

MEERE

18

MAKELLOSE SCHÖNHEIT

FREYCINET NATIONAL PARK, TASMANIEN, AUSTRALIEN

Januar / Februar

Im Sommer bietet das stabile Mittelmeerklima der tasmanischen Ostküste ideale Voraussetzung für Wanderungen.

Zu Recht rühmt sich Australien seiner tollen Strände. Über 10 000 sind es, und die Bandbreite ist riesig: Von kilometerlangen Sandstreifen bis hin zu winzigen, versteckten Traumbuchten reicht die Palette. Aus diesem Überangebot den besten herauszupicken scheint deshalb fast unmöglich. Und trotzdem, eine Bucht befindet sich im Ranking ständig ganz oben: die Wineglass Bay. Sie ist das Juwel des tasmanischen Freycinet National Parks. Um ihren Namen zu verstehen, muss man die Bucht von oben sehen: Dann liegt einem ein makelloses blendend-weißes Strandhalbrund, eingerahmt von steilen Granitgipfeln und begrenzt von einem türkis schimmernden Meer, zu Füßen, das von seiner Form an einen Weinkelch erinnert. Keine Straße, kein Gebäude, keine Menschenmassen stören dieses ästhetische Landschaftsensemble. Der Traumstrand ist nur zu Fuß oder mit dem Boot erreichbar. Er ist jedoch mehr ein Wander- als ein Badeziel. Selbst im Hochsommer bleibt das Meer erstaunlich frisch.

Der perfekte Ort: Mount Amos

Die makellose Bucht aus der Vogelperspektive erlebt man vom Granitgipfel des Mount Amos, erreichbar über einen steilen Pfad. Schwindelfreiheit ist allerdings Voraussetzung.

19 MARITIME ZAUBERWELT

GREAT BARRIER REEF, QUEENSLAND, AUSTRALIEN

Das Great Barrier Reef erstreckt sich auf mehr als 2000 km entlang der australischen Nordost-Küste und besteht aus nahezu 1000 Inseln und Inselchen sowie etwa 2900 Einzelriffen. Aus diesem gewaltigen Naturwunder, das als größtes Riffsystem der Erde gilt, einen einzelnen Höhepunkt herauszupicken ist praktisch unmöglich, vor allem wenn das Kriterium dabei die Schönheit sein soll. Bringt man hingegen den Faktor Erreichbarkeit mit ins Spiel, schiebt sich ganz schnell ein Riff in den Vordergrund: das Wistari Reef. Im Gegensatz zu anderen Riffschönheiten kann das zauberhafte Wistari Reef, ein filigranes Kunstwerk aus zahllosen einzelnen Korallenstöcken im hellen Türkis des Tropenwassers, umgeben von azurblauen Kanälen, die beliebte Resortinsel Heron Island als seinen Nachbar nennen. Nur eine schmale Tiefwasserpassage, durch die in den Wintermonaten (Juni bis August) Buckelwale ziehen, trennt es von diesem exklusiven Inselziel, das gerade mal 16 ha groß ist.

Das seichte Wasser am Riff ist von Mikroatollen übersät, unregelmäßig geformten braunen Korallengebilden, die einen regelrechten Irrgarten bilden. Ein Ring aus gebrochenen Wellen markiert den Rand des Riffs. Dort bricht das lebende Gebilde des Wistari-Riffs in die Tiefe der Korallensee ab. Riff und das benachbarte Heron Island liegen etwa 80 km vor der Küstenstadt Gladstone; dank der Nähe zur Resortinsel ist es eines der Riffe des gesamten Great Barrier Reefs, die am leichtesten zu erreichen sind. Bekannteste Tauchstelle ist die berühmte Wistari Wall, die 20 m in die Tiefe abfällt und mit zauberhaften bunten Korallengärten bewachsen ist. Besonders markant sind die farbenfrohen Fächer der Gorgonia-Weichkorallen. Makrelen, Barracudas, Papageienfische, Thunfische, Riffhaie, Mantas, Rochen, Muränen und andere Großfische sowie eine reiche Anzahl an bunten Riff-Fischen können hier beobachtet werden. Auch die Grüne Meeresschildkröte und Seeschlangen gehören zur reichen Fauna des Wistari-Riffs.

Mai

Wenn die Ebbe mit der Mittagszeit zusammenfällt, zeigt sich das Riff an sonnigen Maitagen von seiner allerschönsten Seite.

Der perfekte Ort: ein Hubschrauber

Um die wahre Schönheit dieses gewaltigen, lebenden Gebildes zu erleben, begibt man sich am besten an Bord eines Hubschraubers. Sightseeing-Rundflüge werden regelmäßig vom Heron Island Resort angeboten. In wenigen Minuten ist man von hier über diesem Wunderwerk der Natur.

Das Wistary Reef: sowohl aus der Luft als auch unter Wasser ein Traum. Und von Heron Island aus auch noch gut zu erreichen.

20 DIE BLAUE LAGUNE

YASAWA ISLANDS, FIJI, OZEANIEN

Obwohl fast jedermann bekannt, ist die Blue Lagoon, die »Blaue Lagune« in den vulkanischen Yasawa-Inseln, auf Landkarten kaum zu finden. Berühmt wurde dieses Tropenidyll durch den in den 1980er-Jahren gedrehten gleichnamigen Abenteuerfilm »Blue Lagoon« (mit Brooke Shields und Christopher Atkins in den Hauptrollen). Der Name hat sich erhalten und ist mehr ein Marketing- als ein geografischer Begriff. Der Drehort des Films war ein geschützter Küstenstreifen, eingerahmt durch die Inseln Nanuya Levu (auch als Turtle Island bekannt), Matacuwa Levu, Tavewa, Nacula und Nanuya Lailai in der südlichen Yasawa-Gruppe in Fiji. Mehrere Resorts auf den umliegenden Inseln verdanken ihre Beliebtheit diesem fotogenen Idyll. Die Strände an der »Blauen Lagune« gehören zu den schönsten in Fiji, die Klarheit des blauen Wassers ist legendär. Der Abgelegenheit der Region ist zudem die weitgehende Unberührtheit dieses Südseeparadieses zu verdanken.

Oktober bis Anfang November

Niedrigere Preise als zur Hauptsaison sowie trockenes und stabiles Wetter sind das Hauptargument für diesen Zeitraum.

Der perfekte Ort: Coconut Beach Resort

Das Resort mit nur acht strohgedeckten Bungalows liegt an einem der schönsten Strände der Lagune. Es bietet diverse Aktivitäten zum Thema Blue Lagoon an.

Palmen, blütenweißer Sand, kristallklares Wasser, eine blaue Lagune – all das legt das Südseeparadies Yasawa dem Gast zu Füßen.

Bis auf die fehlenden Kokospalmen wird die Île des Pins dem Klischee vom tropischen Paradies gerecht.

Mai

Außerhalb der Touristensaison und mit einem milden, trockenen Klima gesegnet, gilt der Mai als der beste Reisemonat.

Der perfekte Ort: Kuto Bay

Die Tropenbucht an der Südwestecke der Insel steht mit ihren Traumstränden, Korallenriffen und Araukarienbäumen für die einzigartige Schönheit der Île des Pins. Obwohl sich hier mehrere Resorts angesiedelt haben, sind Bucht und Umgebung relativ unberührt.

Tauchfreuden auf Fiji: ein Ausflug ins Reich der Gorgonen und Korallen

JUWEL IM PAZIFIK 21

ÎLE DES PINS, NEUKALEDONIEN, OZEANIEN

Wer das erste Mal auf die Île des Pins kommt, kann sich einer gewissen Konfusion nicht verwehren: Umgeben von einer türkisfarbenen Lagune, bestückt mit blendend-weißen Traumstränden, eingehüllt in samtene Tropenluft zeigt sie sich als typische Tropeninsel. Wäre da nicht die Vegetation. Diese wird von säulenartigen Araukarien (ein Nadelgehölz) – nicht Kokospalmen! – geprägt und torpediert damit gängige Klischees. Diese endemischen Bäume geben der Île des Pins ein ganz eigenes Gesamtbild und tragen entscheidend zu ihrer Schönheit bei. Das oft als »Juwel des Pazifiks« bezeichnete Eiland befindet sich 50 km südöstlich von Grande Terre, der Hauptinsel des französischen Überseegebietes Neukaledonien. Neben Traumbuchten und Vorzeigestränden gelten die Grotte de la Reine Hortense, das Örtchen Vao mit der Missionskirche aus dem Jahr 1850 und die Baie de St. Maurice mit den geschnitzten Totempfählen als herausragende Sehenswürdigkeiten.

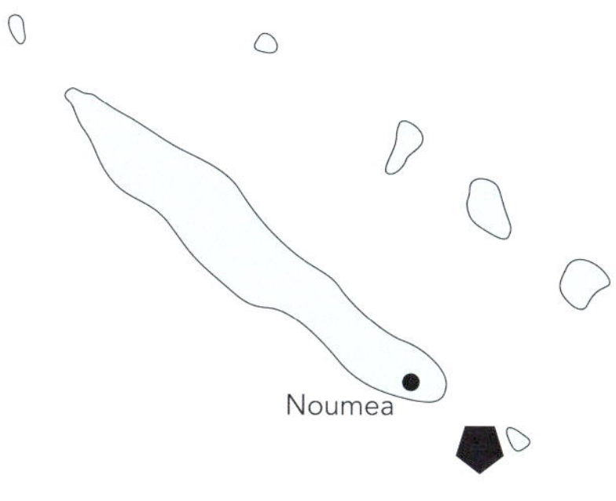

22 BUCHT DER JUNGFRAUEN

FATU HIVA, MARQUESAS INSELN, POLYNESIEN

Manchmal, wenn auch relativ selten, erlebt man ein Landschaftsbild, bei dem alles stimmt. Die »Bucht der Jungfrauen« ist so ein Ort. Den Hintergrund der Bucht bildet eine wildzerklüftete Vulkanlandschaft mit Felszinnen, hoch aufragenden scharfkantigen Bergen und schwindelerregenden Graten. Üppige Vegetation klammert sich an Steilhänge und Wände, Kokospalmen rahmen die winzige Ortschaft Hanavave ein, die sich – wie eingeschüchtert durch die umgebende Bergkulisse – in einen engen Talausgang mit schwarzem Geröllstrand duckt. Vom Meer aus ist das winzige Dorf mit seiner weiß getünchten Holzkirche kaum zu sehen. Die Bucht von Hanavave ist auch als »Bucht der Jungfrauen« bekannt. Dieser kuriose Name geht auf puritanische Missionare zurück, die den ursprünglichen Namen Baie des Verges (»Bucht der Penisse«), der sich auf die zahlreichen phallischen Felsformationen bezog, anstößig fanden. Sie fügten dem französischen Namen einfach ein »i« hinzu, und schon wurde aus der Baie des Verges die Baie des Vierges.

Zu finden ist dieses dramatische Landschaftsjuwel auf der Insel Fatu Hiva im Marquesas Archiple. Diese Inselgruppe gehört zu Französisch-Polynesien und versteckt sich in den Weiten des Pazifischen Ozeans. Das dünn besiedelte Eiland Fatu Hiva befindet sich am äußersten Rand der südlichen Marquesas-Gruppe und gilt als »Insel der Superlative«: Sie ist die südlichste, abgelegenste, üppigste, regenreichste, ursprünglichste und zweifelsohne schönste und wildeste Insel der Marquesas. Der norwegische Abenteurer und Ethnograf Thor Heyerdahl lebte über ein Jahr lang auf der Insel und verewigte diese Zeit in dem Buch »Fatu Hiva – Steinzeitabenteuer in der Südsee«. Heute leben nur etwas über 600 Menschen auf der gebirgigen Insel, verteilt auf zwei Siedlungen: Omoa und Hanavave. Die beiden Orte sind durch eine unbefestigte Straße, die sich in zahllosen Kurven und Kehren durch die atemberaubend zerklüftete Berglandschaft windet, miteinander verbunden.

Die mehrstündige Wanderung von Omoa entlang dieser Trasse zur »Bucht der Jungfrauen« gilt als eine der schönsten Unternehmungen auf den Marquesas.

Oktober

Dieser Monat bietet normalerweise stabiles Wetter und eine ruhige See um die Inseln der Marquesas.

Die katholische Kirche im Dorf Omoa auf dem Eiland Fatu Hiva

Hanavave-Bucht auf Fatu Hiva: Touristen verirren sich nur selten in dieses Südseeparadies.

Der perfekte Ort: Aussichtspunkte entlang der Straße

Von Aussichtspunkten an der einzigen Inselstraße hoch über dem Ort Hanavave hat man einen herrlichen Blick auf die Steilküste, welche die tief unter dem Betrachter liegende Baie des Vierges einrahmt.

Die Wainibau-Wasserfälle am Ende des Lavena Coastal Walks muss man sich erwandern. Aber dann wird man für die Mühe reichlich entlohnt.

FLÜSSE, SEEN, WASSERFÄLLE

23

EIN ABENTEUERLICHER WASSERFALL

BOUMA NATIONAL HERITAGE PARK, TAVEUNI, FIJI, OZEANIEN

Mai bis Oktober

Die trockeneren Wintermonate sind ideal für die Unternehmung. Außerhalb dieses Zeitraums können starke Regenfälle die Wanderung unmöglich machen.

Die Belohnung für die Mühe, gut versteckt am Ende einer herrlichen Küstenwanderung, ist ein tosender Wasserfall tief in einer Klamm: die Wainibau Falls. Schauplatz dieses Kleinods ist der Lavena Coastal Walk im Bouma National Heritage Park an der kaum besiedelten, regenreichen Ostküste der Insel Taveuni. Dieser Park umfasst über 80 % der Inselfläche und schützt etwa 150 km² abgelegene Küste.

Viel zum Erlebniswert dieses Wasserfalls trägt die Tatsache bei, dass das Spektakel der stürzenden Wasser erarbeitet werden muss, also etwas Anstrengung und Mut verlangen, bevor es sich in all seiner Schönheit offenbart. Nach knapp 5 km Anmarsch muss der Wanderer noch über rutschige Vulkanfelsen im Bachbett balancieren und dann durch zwei tiefe Gumpen schwimmen.

Der perfekte Ort: Lavena Coastal Walk

Die Wasserfälle liegen in einer Klamm im Regenwald. Erst nach dem Abstieg in die Schlucht erblickt man das verborgene Idyll hinter einem Vorhang aus üppiger Vegetation. Dank hoher Niederschlagsmengen ist die Insel zum größten Teil mit tropischem Regenwald bedeckt.

Der Lake Gairdner ist ein Eldorado für Radsportler und Motorsport-Freaks.

24 GLEISSEND HELLE WEITE

LAKE GAIRDNER, SÜDAUSTRALIEN

Nördlich der rostroten Hügel der Gawler Ranges in Südaustralien erstreckt sich bis zum Horizont eine blendend weiße Fläche: der Lake Gairdner. Mit 160 km Länge und 48 km Breite gilt er als der drittgrößte Salzsee Australiens. Zusammen mit den benachbarten Salzseen Lake Harris und Lake Everard formt er den Lake Gairdner National Park. Sechs Zuflüsse, die unregelmäßig Wasser führen, speisen den See, dessen Salzkruste stellenweise über 1 m tief ist. Nach seltenen Regenfällen verwandelt eine dünne Wasserschicht den See in einen regelrechten Spiegel. Bekannt ist der gewaltige Salzsee vor allem unter Motorsportenthusiasten. Alljährlich im März findet auf dem See die »Speed Week« statt. Dann pilgern Geschwindigkeitsfanatiker mit ihren Fahrzeugen zum Lake Gairdner und versuchen, Rekorde zu brechen.

Der perfekte Ort: Waltumba Campground

Von dem einsam an einer großen Bucht am Südende des Salzsees gelegenen Campingplatz kann man auf die Salzfläche hinauswandern oder von einem Hügel über die gleißend helle Weite schauen. Besonders eindrucksvoll ist ein Spaziergang auf dem Lake Gairdner in der Zeit vor Sonnenaufgang.

Juli

Angenehme Tagestemperaturen machen diesen Wintermonat ideal für Exkursionen in das südaustralische Outback.

Sonnenaufgang am Gairdner-See, dessen Salzkruste das Licht reflektiert

Spielerei der Natur: »Blue Holes«, geheimnisvolle Wasserlöcher, die zum Bad einladen (im Bild das Matevulu Blue Hole)

TIEFGRÜNDIGE BLAUE LÖCHER (25)

ESPIRITU SANTO, VANUATU, OZEANIEN

Kobaltblau, umgeben von einem üppig grünen Dschungel-Wall, gefüllt mit kristallklarem Wasser und schier unergründlich tief – die sogenannten Blauen Löcher auf der Insel Espiritu Santo sind ebenso schön wie mysteriös. Ihre Existenz verdanken die geheimnisvollen Wasserlöcher der Geologie auf der Ostseite der Insel: Verkarsteter Kalkstein ehemaliger gewaltiger Korallenriffe aus dem Quartär und dem Holozän formen hier leicht geneigte Plateaus und Terrassen. Über die Jahrmillionen hat der Tropenregen diesen Kalkstein zerfressen, es bildeten sich Höhlen und unterirdische Bäche, die zum Meer ablaufen. Die Blauen Löcher sind von Quellen gespeiste Dolinen, doch nicht alle sind mit Süßwasser gefüllt. Einige der küstennahen Quelltöpfe haben eine Verbindung zum Meer, das Wasser dort ist leicht salzig, und zahllose Fische machen sie zu einem natürlichen Aquarium. Die bekanntesten Blauen Löcher auf Espiritu Santo heißen Matevulu, Riri, Nanda, Thar Secret und Hog Harbour.

Der perfekte Ort: Matevulu Blue Hole

Der größte Blaue Loch der Insel kann vom Turtle Bay Beach House mit einem Kajak über den aus dem Quelltopf entspringenden Fluss erreicht werden.

September

Weniger Regenfälle und niedrige Luftfeuchtigkeit machen diesen Monat ideal für einen Besuch.

Grand Canyon: 1800 m tief ist die berühmte Schlucht, durch die der Colorado River sein Flussbett gegraben hat.

Texte:
Ralf Johnen

NORDAMERIKA

NORD-
AMERIKA

KANADA
USA
29
25
12
42
33
40
30
27
1
15
34
4
37
44
19
7
6
38
8
9
45
10
31
21
39
18
43
23
17
35
22
36
46

Der Castle-Geysir unweit des Old Faithful zählt zu den Veteranen im oberen Geysir-Becken. Sein gewaltiger Kegel stößt alle 20 Min. geräuschvoll Wasserfontänen aus.

GEOLOGIE

1

EIN VERLÄSSLICHER FREUND

YELLOWSTONE NATIONAL PARK, MONTANA / WYOMING, USA

Mitte April

Die Eruptionen des Old Faithful können berechnet werden. Spektakulär ist sein Anblick mit Restschnee an einem Aprilmorgen.

Er stößt mit schöner Regelmäßigkeit Fontänen aus, die bis zu 55 m hoch sind. Im Durchschnitt gelingt ihm dieses Kabinettstückchen alle 92 Min. Diese Verlässlichkeit hat den Geysir zu einer der Premium-Attraktionen des Yellowstone National Park gemacht – und sie hat ihm einen ehrenvollen Namen verliehen: Old Faithful. Dabei ist der »alte Verlässliche« nur einer von rund 500 Geysiren, deren Aktivitäten das Publikum im weltweit ersten Nationalpark erfreuen. Bereits 1872 wurde das abgelegene Areal unter Schutz gestellt. Vor allem wegen der geothermischen Aktivitäten, aber auch dank der Kulisse, die auf 9000 km² zur Entfaltung kommt: Berge, Schluchten, Wälder, Seen und Wasserfälle. Ein Gesamtpaket, das an Vielfalt nur schwer zu überbieten ist.

Der perfekte Ort: Upper Geysir Basin

Neben dem Old Faithful vermag diese Region des Nationalparks mit rund 150 weiteren Naturattraktionen zu punkten: In nur 2 km Entfernung etwa lockt mit dem Morning Glory Pool eine farbenprächtige Quelle mit einer konstanten Temperatur von 70 °C, deren Wasser durch Bakterien fremdartig eingefärbt ist.

2 EINER DER »GLORREICHEN SIEBEN«

DENALI, ALASKA, USA

Der Denali ist Nordamerikas Vertreter unter den »Seven Summits«, dem exklusiven Club der höchsten Berge aller Kontinente. Seine Gipfelhöhe von 6190 m wird nur in Südamerika und Asien übertroffen. Bis 2015 firmierte er als Mount McKinley. Präsident Obama jedoch beschied im Jahr 2015, dass der Berg künftig wieder jenen Namen zu tragen habe, den ihm die Koyukon als örtliche Ureinwohner gegeben haben. Was seinen Anblick so überwältigend macht, ist die Lage in einem flachen Landstrich. So gilt der Höhenunterschied zwischen Ebene und Gipfel als größter des Planeten. Auch steht der Berg im Ruf, einer der kältesten und stürmischsten zu sein: Nur selten steigen die Temperaturen auf mehr als -15 °C, dafür fegen regelmäßig orkanartige Winde mit Geschwindigkeiten von 120 km/h und mehr über die Höhenlagen hinweg.

Die untergehende Sonne bringt den Denali und die umliegenden Bergspitzen zum Glühen.

Juni

Während der Sommersonnenwende wird es kaum dunkel am Denali. Ein beinahe unwirklicher Anblick in einer klaren Nacht.

Eine Piper »Super Pacer« bei der Landung auf dem Christiansen-See bei Talkeetna

Der perfekte Ort: ein Rundflug mit Zwischenstopp am Bergsee

Diverse Anbieter umrunden den Gipfel des Denali in kleinen Sportflugzeugen. Auf dem Weg zurück nach Anchorage macht das Wasserflugzeug eine Zwischenlandung auf einem Bergsee – umgeben von karger Vegetation, Stille und einem majestätischen Bergmassiv.

Blick auf die erwachende Metropole Seattle mit dem majestätischen Mount Rainier im Hintergrund

VULKANISCHE VIELFALT (3)

MOUNT RAINIER, WASHINGTON STATE, USA

Vom Regenwald bis zum ewigen Eis vereint der Mount Rainier eine breite Palette an Vegetationszonen. Die Gletscher rund um den 4392 m hohen Gipfel speisen fünf bedeutende Flüsse. Als wäre das nicht genug, wird der Hausberg von Seattle als aktiver Vulkan eingestuft – auch wenn der letzte Ausbruch auf das Jahr 1843 datiert. Ähnlich wie der Denali baut sich der höchste Berg der Kaskadenkette in der Nähe der Küstenlinie auf: Der Gipfel ist nur 87 km Luftlinie von Seattle entfernt. Bei guter Fernsicht ist er auch von Vancouver Island aus auszumachen. Neben seinem erhabenen Erscheinungsbild besticht der Mount Rainier durch seine Biodiversität: An seinen Flanken sind mehr als 140 Vogel- und 50 Säugetierarten zu Hause, darunter Pumas, Murmeltiere und Bergziegen.

Der perfekte Ort: Wanderung auf dem Rundweg zu den Reflection Lakes

Vorne Wildblumen, dahinter ein Bergsee und eine Mauer aus Nadelbäumen und schließlich der Vulkankegel des Mount Rainier. Dieses fotogene Panorama erwartet Wanderer südlich des Bergdorfes Paradise.

Juni

Die frühen Abendstunden an einem langen Junitag, wenn hinter den Wildblumen das Alpenglühen die Berglandschaft in feurige Farben taucht.

4 NATÜRLICHE BAUKUNST

ARCHES NATIONAL PARK, UTAH, USA

Der Bau von Brücken ist gar nicht so schwierig. Dies scheint die Natur dem Menschen im Arches National Park demonstrieren zu wollen: Gut 2000 Gebilde dieser Art befinden sich im Osten Utahs auf etwas mehr als 300 km². Ein bemerkenswerter Anblick, denn die Objekte erheben sich grundlos, und sie führen ins Nichts. In Wahrheit freilich handelt es sich bei den Sandsteinbögen nicht um Bauwerke. Viel mehr sind die Naturbrücken das Ergebnis einer seit Millionen von Jahren andauernden Erosion, die das Colorado-Plateau im Westen des USA vielerorts auf sehenswerte Weise geprägt hat. Die kargen Felslandschaften, das wüstenartige Klima und die Lage in 1500 m Höhe tun ihr Übriges dazu, den unwirklichen Charakter zu verstärken.

Anfang Mai

In einer Vollmondnacht bilden die Bögen mit Abendlicht und Bergen ein beinahe surreales Panorama.

Der perfekte Ort: The Windows Section

Das Herz des Nationalparks mit dem sogenannten Double Arch ist zu Fuß erreichbar. Die beiden Naturbrücken sind die größten des gesamten Areals. Wer in gebührendem Abstand zu der Felsenkette steht, kann dahinter schneebedeckte Berge ausmachen.

North Window: eine Sandstein-Formation, wie nur die Natur sie schaffen kann. Das imposante Portal gleicht dem Auge eines Riesen.

Nur für Schwindelfreie! Panoramablick vom Klippenrand am Aussichtspunkt Taft Point über den Yosemite National Park

GROSSES KINO ⑥

BRYCE CANYON, UTAH, USA

Natürliche Amphitheater, die nicht mit Stühlen besetzt sind, sondern aus denen Felsnadeln (»hoodoos«) hervorragen. So lautet eine Umschreibung, die der im Süden Utahs gelegenen Landschaft gerecht zu werden versucht. Die Ureinwohner hingegen sahen in den »hoodoos« menschliche Bösewichte, die zur Strafe zu Steinsäulen erstarrt sind. Allesamt inspirierende Interpretationen – nur die Bezeichnung als Canyon ist falsch, weil sie einen Fluss als Landschaftsarchitekten voraussetzen würde: In Wahrheit haben Schnee, Regen und Schmelzwasser diese Aufgabe übernommen.

Oktober

Wenn der erste Schnee in der Höhenlage von über 2400 m fällt, ist ein zusätzliches optisches Spektakel garantiert.

Der perfekte Ort: Sunset Point

Der Besuch des Aussichtspunktes bietet sich zu allen Tagesrandzeiten an, wenn das Farbenspiel die Felsnadeln zu maximaler Schönheit treibt.

Zu schön, um wahr zu sein: mit dem Heißluftballon über den Bryce Canyon schweben

FOTOGENE FELSWÄNDE ⑤

YOSEMITE NATIONAL PARK, KALIFORNIEN, USA

Erhabene Berglandschaften, Mammutbäume, tiefe Täler und Wasserfälle gehören zu den Vorzügen des Yosemite. Die abgelegene Region in der Sierra Nevada umfasst ein Höhenspektrum von 600 bis fast 4000 m. Entsprechend wenig kommen die gängigen Kalifornien-Klischees hier zur Geltung. Dafür aber dürfen der Half Dome und andere Berge eine Hauptrolle bei der Begründung der modernen Reisefotografie für sich beanspruchen: Die senkrecht abfallenden Felswände gehörten zu den bevorzugten Motiven des Fotopioniers Ansel Adams (1902–1984), der sie weltweit berühmt gemacht hat.

Der perfekte Ort: El Capitan im Abendlicht

Die Südwestwand des 2307 m hohen Berges fällt fast 1000 m senkrecht ins Yosemite-Tal ab. Eine Herausforderung für Kletterer, eine Steilvorlage für Instagramer.

März

Im ausklingenden Winter bilden üppige Wasserfälle, kristallklare Luft und geringe Besucherzahlen ideale Bedingungen.

7 WILDER WEITER WESTEN

MONUMENT VALLEY, ARIZONA, UTAH, USA

Eine weite Landschaft mit wundersamen Tafelbergen und changierendem Licht. So kennt man das Monument Valley aus Kinofilmen oder aus der Werbung. Nicht selten wurde die auf dem Colorado-Plateau gelegene Ebene als Lebensraum verwegener Cowboys abgebildet, die sich mit sogenannten Indianern konfrontiert sahen. Eine lückenhafte Auslegung der Geschichte, denn zunächst war es vor 1500 Jahren das Volk der Anasazi, das hier in Felsbehausungen gelebt hat. Heute sind die Navajo zwischen den bis zu 300 m hohen Erhebungen zu Hause. Die Tafelberge verdanken ihre Existenz lange anhaltenden Erosionsprozessen, die weiches Gestein weggespült haben. So ist es den härteren Rückständen vorbehalten, sich skulpturenhaft in der Weite des Westens aufzubauen.

April

Die hochstehende Sonne ist Gift für das Tal. Für gute Bilder empfiehlt sich die Dämmerung an einem moderat warmen Frühlingstag.

Der perfekte Ort: Forrest Gump Point

Das Monument Valley ist Sinnbild für alle amerikanischen Landschaften. Weil der Road Trip die ultimative Reiseform der USA ist, eignet sich die Mitte der endlosen Straße überall für einen Blick auf das Panorama. Kino-Fans wählen jenen Hügel, den der Filmprotagonist »Forrest Gump« berühmt gemacht hat.

Das Monument Valley und seine markanten »mesas« (Tafelberge). Das Naturdenkmal liegt inmitten des Navajo-Nation-Reservats.

Je nach Lichteinfall verändert der Sandstein seine Farbe: von Zimt in Apricot, von Rost in Ocker …

»High Noon« im Juni

Sobald die Sonne im Zenit steht, fallen die meisten Lichtstrahlen in die Schlucht ein.

Der perfekte Ort: Upper Antelope Canyon

Die Schlucht kann bei unerwartet auftretenden Regenfällen zur tödlichen Falle werden. Besichtigungen sind daher nur in Begleitung von ortskundigen Führern erlaubt. Vorteil: Diese wissen immer, wo sich gerade das beste Fotomotiv befindet.

Magie der Farben: Der Antelope Canyon ist ein wahrer Verwandlungskünstler.

FORMIDABLE FORMEN (8)

ANTELOPE CANYON, ARIZONA, USA

Mit Blick auf seine Ausdehnung wäre der Antelope Canyon zu vernachlässigen. Doch auch im weiten Westen der USA ist Größe nicht immer das einzige Kriterium. Bei der im Norden Arizonas gelegenen Schlucht, die in den Upper und den Lower Canyon aufgeteilt ist, sind es die unwirklichen Farben und Formen des Sandsteins. Hinzu kommt das Licht, das je nach Sonnenstand in einzelnen Strahlen in das bis zu 44 m tiefe System einzufallen scheint. Entstanden sind die nur jeweils 400 m langen Einschnitte durch unterirdische Ausspülungen, die über die Jahrmillionen nach starken Regenfällen aufgetreten sind. Dieses Phänomen existiert bis in die Gegenwart: Immer wieder werden die Schluchten unterspült. Im Amerikanischen sind sie als »slot canyons« bekannt.

9 EIN GESAMTKUNSTWERK

GRAND CANYON, ARIZONA, USA

Die Natur hat sich in der Westhälfte der USA so manche Extravaganz geleistet. Der Grand Canyon aber stellt alles andere in den Schatten: Bei einer zwischen 6 und 30 km variierenden Breite und einer Länge von etwa 450 km, weist die Schlucht eine Tiefe von bis zu 1800 m auf. Dafür verantwortlich zeichnet der Colorado River, der seit Millionen von Jahren geduldig sein Wasser durch das nach ihm benannte Plateau treibt. So hat er nicht nur eine Schlucht von monumentalen Ausmaßen geschaffen, sondern auch einen Ort der Stille und Kontemplation. In den oberen Gefilden dominieren formvollendet abgerundete Terrassen aus rötlichem Sandstein, deren Ausgestaltung erst nahe der Talsohle an Präzision verliert. Verblüffend auch, dass sich die Mutter aller Canyons bei der Anreise in keiner Weise andeutet.

Rafting auf dem Colorado River im Grand Canyon – los geht's bei Sonnenaufgang.

Der perfekte Ort: Bright Angel Point

Die Nordkante (North Rim) des Grand Canyon liegt auf 2600 m und ist dabei recht abgeschieden. Wer auf der Suche nach einem eher individuellen Erlebnis ist, wird am Bright Angel Point fündig, wo sich eine fotogene Gesteinsformation vor der Schlucht aufbaut.

Mai

Sobald die Straße zum North Rim geöffnet ist, ermöglicht sie den Besuch einer eigenen Welt, die im Morgenlicht ihren ganzen Zauber entfaltet.

Es ist ein erhabener Moment, wenn die Morgensonne dem Grand Canyon Farbe einhaucht.

Südlich des Colorado-Plateaus liegt der Krater, den ein Meteor namens »Canyon Diablo« vor 50 000 Jahren hinterlassen hat.

METEORITEN – BESUCH AUS DEM ALL (10)

METEOR CRATER, ARIZONA, USA

In Arizona hat die Natur in Sachen Kreativität keine Nachhilfe nötig. Dennoch kann sich ein von außen kommender Beitrag sehen lassen: Rund 60 km östlich von Flagstaff ist vor gut 50 000 Jahren ein Meteorit eingeschlagen, der eine ansonsten nur für ihre Windanfälligkeit bekannte Hochebene mit einem kapitalen Krater ausgestattet hat. Bei einer maximalen Tiefe von 170 m ist dieser bis zu 1,2 km breit, wobei sich die Erde infolge des Einschlags rund um den Krater 45 m hoch aufgetürmt hat. Aus diesem Grunde wurde er bei seiner Entdeckung im 19. Jh. zunächst für einen Vulkan gehalten. Wie Wissenschaftler ermittelt haben, ist der Schadensverursacher mit einer Geschwindigkeit von 45 000 km/h auf die Erdoberfläche geprallt, wobei er sich zur Enttäuschung der Privatbesitzer fast vollständig aufgelöst hat.

Der perfekte Ort: der Kraterrand

Meteor Crater befindet sich bis heute im Besitz der Familie Barringer. Wenn es der Wind erlaubt, werden Wanderungen über den Kraterrand angeboten. Das Gesamtensemble wirkt besonders imposant mit einem knorrigen Wacholderbusch als Kontrast.

Oktober

Der Krater ist ab 7 Uhr morgens zugänglich – lange bevor die großen Besuchermassen sich auf den Weg machen.

11 PAZIFISCHES TEMPERAMENT

HAWAII VOLCANOES NATIONAL PARK, BIG ISLAND, HAWAII, USA

Hawaii zählt zu den entlegensten Gebieten des Planeten. Der gut 4000 km von Los Angeles entfernte Archipel verdankt seine Existenz allein vulkanischen Aktivitäten, die in diesem Teil des Pazifiks besonders temperamentvoll ausgefallen sind: So hat sich der Mauna Kea bis auf eine Höhe von 4205 m erhoben und somit der gleichnamigen Hauptinsel ein markantes Gesicht gegeben. Weil sich seine Basis in fast 6 km Tiefe auf dem Grund des Ozeans befindet, bescheinigen wohlwollende Rechenmodelle dem Vulkan eine Gesamthöhe von 10 203 m. Demzufolge könnte er mit gehörigem Vorsprung vor dem Mount Everest Anspruch auf den Titel des mächtigsten Berges des Planeten erheben.

Unabhängig von solchen Gedankenspielen aber ist der Berg eine beeindruckende Erscheinung, dessen Spitze gelegentlich sogar von einer Schneehaube bedeckt wird. Diese wird schon seit Jahrtausenden nicht von den typischen Verhaltensweisen eines aktiven Vulkans gefährdet, denn der Mauna Kea gilt als erloschen. Weniger friedlich gibt sich unterdessen sein direkter Nachbar: der 4170 m hohe Mauna Loa, der zu den aktivsten Vertretern seiner Art gehört. Zuletzt sorgte er 1994 für Ungemach.

Noch ungezügelter ist der Kīlauea, der mit 1247 m zwar nicht sonderlich hochgewachsen ist. Dafür aber ist er der viel bestaunte Protagonist des Hawaii Volcanoes National Park, der von 1983 bis 2018 kontinuierlich bis zu 1100 Grad heiße Lava ausgestoßen hat, die sich ihren Weg in den Pazifik gebahnt hat. Die Aktivität endete mit einem ergiebigen Lavafluss, der von Explosionen, Aschewolken und Erdbeben mit einer Stärke von maximal 6,9 auf der Richterskala orchestriert wurde – genug, um binnen drei Monaten 700 Wohnhäuser zu zerstören. Am 6. August desselben Jahres schließlich wurde der Ausbruch für beendet erklärt. Bald darauf konnte auch der »Rim Drive« wiedereröffnet werden, ein befahrbarer Rundweg mit diversen Zugängen zu erstarrten Lavafeldern. Auf das gewohnte Spektakel werden Besucher an diesem Ort künftig verzichten müssen.

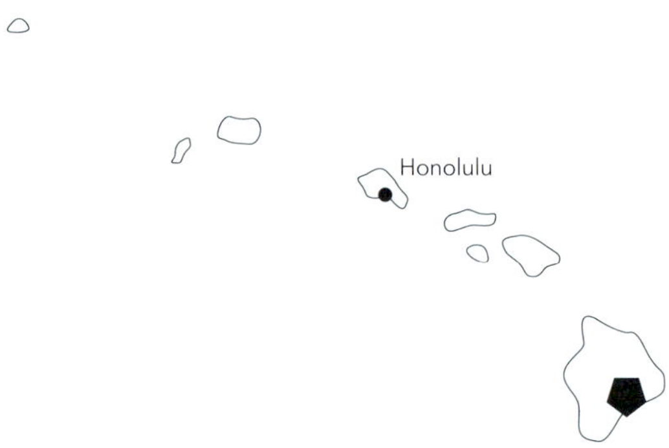

Februar

In diesem Monat ist die Chance auf schneebedeckte Vulkangipfel am größten. 2019 wurde erstmals Schnee in einer Höhe von 2000 m gesichtet – so niedrig wie nie zuvor.

Rundwege führen den Wanderer durch die bizarre Welt der Vulkane.

Der perfekte Ort: Chain of Craters Road

Jetzt, da rund um den Krater keine glühende Lava mehr zu sehen ist, hat diese Straße die Rolle der Top-Attraktion übernommen: Sie schlängelt sich aus über 1100 m Höhe durch erstarrte Lavafelder zur Küstenlinie hinunter und veranschaulicht so, wie die Vulkane Hawaii verändern.

Unwirklicher Anblick: Feurige Lava schießt aus einem Vulkanfelsen und ergießt sich ins Meer, das die Hitzeeinwirkung mit Dampf beantwortet.

Zwei Eisbären, im Kampf verkeilt und neugierig beäugt von einem Rotfuchs

FAUNA

12

WARTEN AUF DEN WINTER

CHURCHILL, MANITOBA, KANADA

Ende Oktober

Sobald die Hudson Bay zufriert, begeben sich die Bären zur Robbenjagd aufs Eis. Vorher versammeln sie sich rund um Churchill.

Über lange Strecken des Jahres ist die Hudson Bay ein unwirtlicher Lebensraum. Selbst entlang der weitläufigen Küstenlinie herrscht ein Klima, das Taiga und Tundra begünstigt. In kleinen Orten wie Churchill leben maximal 900 Menschen, die vor allem im kurzen Sommer erträgliche Bedingungen vorfinden. Während dieser Zeit aber können sie sich nicht frei bewegen, denn sie teilen sich die spärlich besiedelte Region mit einem gefährlichen Räuber: dem Eisbären. Rund 1000 Vierbeiner gehen allein rund um Churchill an Land, um sich von Juni bis Oktober vor allem von Beeren zu ernähren. Währenddessen warten sie ungeduldig darauf, dass die Hudson Bay wieder zufriert, damit sie der Jagd auf Robben nachgehen können. Durch den Klimawandel verschiebt sich dieser Zeitpunkt immer weiter nach hinten.

Der perfekte Ort: Tour ab Churchill

In Bussen mit schwerer Bereifung haben Besucher Gelegenheit, die Tiere aus nächster Nähe zu erleben. Ohne Gefahr und ohne große Beeinträchtigung des Biotops. Wer näher an der Natur sein möchte, kann auch an geführten Touren für Fußgänger teilnehmen – gegenüber Menschen zeigen die majestätischen Tiere in aller Regel keine Aggressionen.

13 STOLZER FLUGKÜNSTLER

RESURRECTION BAY, ALASKA, USA

Als offiziellem Wappentier der Vereinigten Staaten von Amerika kommt dem Weißkopfseeadler eine große Verantwortung zu. Dieser wird der Greifvogel durch einen würdevollen Auftritt gerecht, wobei er sich vor allem durch exquisite Segelflugtechnik und konsequentes Jagdverhalten Respekt verschafft. Dabei kann er sich auf eine Flügelspannweite von bis zu 2,5 m verlassen. Der »American Bald Eagle« war lange Zeit in weiten Teilen des Kontinents beheimatet, ehe sein Lebensraum zunehmend durch den Menschen beschnitten wurde. Mittlerweile hat sich die Population erholt – zuletzt wurde sie auf rund 150 000 Exemplare geschätzt, von denen mehr als ein Drittel in Alaska zu Hause ist. In den dortigen Gewässern finden die Greifvögel ein breites Nahrungsangebot, das auch Forellen und Lachse umfasst.

Juni

Wenn die Tage lang sind und der Nachwuchs der Wasservögel jung ist, wittert der Adler beste Jagdgelegenheiten.

Der perfekte Ort: Resurrection Bay

Unweit von Anchorage befindet sich diese Bucht, deren mächtige Felshänge sich dem Weißkopfseeadler geradezu als Heimatbasis aufdrängen. Wer eine Bootstour zu den umliegenden Gletschern bucht, die hier ins Meer fließen, hat gute Chancen auf eine Sichtung.

Der majestätische Weißkopfseeadler ziert seit 1782 das Wappen der Vereinigten Staaten von Amerika. Die Spannweite seiner Flügel beträgt 230 cm.

Berühmter Bewohner des riesigen Küstenregenwaldes ist der »Spirit Bear« (auch Geister- oder Kermodebär genannt), der beim Stamm der Tsimshia als heilig gilt.

WALD DER BÄREN (14)

GREAT BEAR RAIN FOREST, BRITISH COLUMBIA, KANADA

Vor wenigen Jahrhunderten war der Grizzlybär von den Nordwestterritorien Kanadas bis nach Mexiko verbreitet. Infolge der Besiedlung Nordamerikas wurde das bis zu 2,5 m lange Raubtier in entlegene Gebiete zurückgedrängt. In den »lower 48« der USA kommen größere Populationen nur noch in Insellagen vor. Deutlich besser sieht es im wilden Alaska aus. Die größte Anzahl der Tiere jedoch lebt in einem nahezu unbesiedelten Küstenstreifen in der kanadischen Provinz British Columbia. Ja, der Great Bear Rain Forest ist sogar nach dem stolzen Bewohner benannt. Seinen Lebensraum muss er sich mit einem Sonderling teilen: dem »Spirit Bear«, einer Subspezies des Schwarzbären, der dank eines seltenen Gens ein weißes bis cremefarbenes Fell besitzt.

Der perfekte Ort: Swindle Island

Auf der Insel befindet sich eine von First Nations betriebene Unterkunft (Spirit Bear Lodge), die für ihre Nähe zu größeren Populationen von Grizzlybären bekannt ist. Auch Schwarzbären und die eng mit ihnen verwandten »Spirit Bears« lassen sich regelmäßig blicken.

August

Wenn die Lachse in den Flüssen unterwegs sind, lässt sich der Grizzly dort am häufigsten blicken.

15 EINE AMERIKANISCHE IKONE

BLACK HILLS, SOUTH DAKOTA, USA

Vor der Ankunft europäischer Siedler gab es in Nordamerika rund 30 Mio. Büffel. Ende des 19. Jh. dann galt das größte Säugetier des Kontinents als fast ausgestorben. Durch die Gründung erster Nationalparks entstanden gerade noch rechtzeitig Rückzugsräume für die majestätischen Wildrinder, die auch als Bisons bekannt sind und deren Lebensraum sich von Texas bis nach Alberta erstreckt. Mit ca. 30 000 frei lebenden Individuen ist die Bestandsgröße weiterhin kritisch. Immerhin hat der ehemalige US-Präsident Obama den Büffel 2016 zum Nationaltier erklärt und ihn auf eine Stufe mit dem Weißkopfseeadler gehoben. Einmal im Jahr müssen die Tiere zum Medizincheck.

Ende September

Einmal im Jahr treiben Cowboys die Herden zusammen, um die Tiere zu impfen und deren Gesundheit zu überprüfen. Ein tierisches Spektakel!

Der perfekte Ort: Custer State Park

In dem spärlich bevölkerten Bundesstaat wurde der Büffel mit Erfolg wieder eingeführt. Die Herden umfassen rund 1500 Tiere, die in freier Wildbahn leben und sich sichtbar wohlfühlen.

Eine Szene fast wie aus einem Western: Büffelherden und Cowboys in South Dakota

EFFIZIENTE JÄGER (16)

PUGET SOUND, WASHINGTON ST., USA

Sein Körperbau mit einer Länge von bis zu 10 m und einem Gewicht von über 6 t ist ebenso beeindruckend, wie seine schwarz-weiße Farbe auffällig ist. Am meisten Eindruck aber hat der Schwertwal (Orca) bei früheren Generationen mit seinem Jagdverhalten gemacht, das als gnadenlos beschrieben wird: Weil die Tiere ihre Beute in Gruppen jagen, haben Schwächere kaum eine Chance. Dies hat dem zur Familie der Delfine gehörenden Meeressäuger die wenig schmeichelhafte Bezeichnung Killerwal beschert. Schwertwale sind weltweit verbreitet. Sie leben in unterschiedlich starken Gruppen zusammen und haben regional verschiedenartige Ernährungsgewohnheiten. Den malerischen Puget Sound bei Seattle wissen zwei von drei nordostpazifischen Arten als Lebensraum zu schätzen.

Whale Watching aus nächster Nähe

Der perfekte Ort: Point Defiance Park

Dieses Naturschutzgebiet bei Tacoma bietet einen Rundkurs mit Aussichtspunkten mit Blick auf Meeresengen, wo die Sichtung von Orcas wahrscheinlich ist.

Juni bis September

In dieser Zeit ist die Chance auf eine Begegnung am größten, am Abend bleibt als Trost das stimmungsvolle Licht.

GUTMÜTIGE GESELLEN (17)

WAKULLA SPRINGS, FLORIDA, USA

Wer einmal ein Foto von ihnen gesehen hat, bekommt unweigerlich Lust, mit ihnen unter Wasser zu kuscheln – so gutmütig und lieb blicken die Manatis drein. Tatsächlich sind die in den Gewässern Floridas und der Karibik beheimateten Rundschwanzseekühe für ihr sanftes Wesen bekannt – trotz einer Länge von bis zu 4,5 m und einem Gewicht von bis zu 500 kg. Menschen begegnen die archaischen Wesen gemeinhin mit Neugier. Ein Verhalten, das nicht auf Gegenseitigkeit beruht, denn rücksichtslose Kapitäne von Motorbooten fügen den Tieren immer wieder schwere Verletzungen zu.

Januar

Wenn das Meerwasser im Norden Floridas die 20-Grad-Marke unterschreitet, zieht es die Manatis in die wärmeren Flüsse.

Der perfekte Ort: Wakulla Springs State Park

Das Gewässer wird von einer gleichbleibend 21 °C warmen Quelle gespeist, was den Manatis nicht entgangen ist. Im Winter lassen sie sich hier täglich blicken.

Beliebt wegen ihres sanften Wesens: die Seekuh (Manati)

Die Blüten des riesigen Saguaro-Kaktus öffnen sich erst am Abend und schließen sich am Mittag des nöchsten Tages.

FLORA

18

VERLÄSSLICHER SPÄTBLÜHER

SAGUARO NATIONAL PARK, TUCSON, ARIZONA, USA

Mai / Juni

Im Mai und Juni trägt der Saguaro seine kurzlebigen Blüten, die am frühen Morgen maximale Strahlkraft haben.

In den ersten Lebensjahren der Pflanze weist nur wenig darauf hin, dass der Saguaro als ultimativer Riesenkaktus firmiert: In freier Wildbahn bringt er es nach zehn Jahren gerade mal auf eine Höhe von 4 cm. Auch danach legt die Spezies mit dem biologischen Namen Carnegiea gigantea keine Eile an den Tag, denn zu einer ersten Blüte lässt sie sich erst im Alter von 35 bis 40 Jahren verleiten. Danach aber ist auf die überwiegend in Arizona beheimatete Pflanze Verlass – bis ins hohe Alter von rund 200 Jahren wiederholt sie diese Tätigkeit einmal pro Jahr. Wenn es so weit ist, wird der bis zu 15 m hohe Saguaro plötzlich von Eile getrieben: Die Blüten öffnen sich 2 Std. nach Sonnenuntergang, ehe sie dann am Mittag des folgenden Tages das Zeitliche segnen.

Der perfekte Ort: Saguaro Nationalpark

Der zweigeteilte Park westlich und östlich von Tucson ist die stolze Heimat enormer Saguaro-Populationen. Also rein ins Cabrio, Sonnenbrille aufsetzen und Musik der ortsansässigen Band Calexico auflegen – und schon lebt das Klischee vom Wilden Westen.

19 BIBLISCHES ALTER

GREAT BASIN NATIONAL PARK, NEVADA, USA

In den Höhenlagen der Gebirge Kaliforniens, Nevadas und Utahs gedeiht ein Baum, der sich eines extrem langen Lebens erfreut. Beweise? Nun, die Gewächse konnten bereits um die 2000 Jahresringe aufweisen, als Jesus von Nazareth gelebt hat. So gesehen ist ihre deutschsprachige Bezeichnung als »Langlebige Kiefer« (engl.: Bristlecone Pine) oder Grannenkiefer absolut passend. Einem mittlerweile abgestorbenen Exemplar, das nahe dem Wheeler Peak in Nevada seine Wurzeln geschlagen hatte, attestierten Wissenschaftler gar 4900 Lenze. Genug für den inoffiziellen Titel des ältesten Lebewesens aller Zeiten. Heute hat ein in den kalifornischen White Mountains beheimateter Baum die Ehre des botanischen Methusalems übernommen. Er bringt es auf 4850 Jahre – und lebt.

Mai

Das Wäldchen ist wegen der Schneefelder erst ab Mai erreichbar, die alsbald einen reizvollen Kontrast bilden.

In der abgeschiedenen Bergwelt des Wheeler Peak wachsen die ältesten Exemplare der Grannenkiefer.

Der perfekte Ort: Wheeler Peak Grove

An den Flanken des 3982 m hohen Berges gedeihen drei kleine Wälder, die aus Bristlecone Pine bestehen. Der Wheeler Peak Grove ruht auf einer Gletschermoräne in Nordost-Ausrichtung – beides Garanten für ein besonders langsames Wachstum und ein langes Leben.

Bäume der Gattung Bristlecone Pine können bis zu 4000 Jahre alt werden.

Im Redwood-Nationalpark geben sich die höchsten Bäume der Erde – der Küstenmammutbaum – ein Stelldichein.

GIGANTEN IN GEFAHR (20)

REDWOOD NATIONAL PARK, KALIFORNIEN, USA

Der Westen der USA ist bekannt für Superlative. Dabei geht der Ehrentitel des höchstgewachsenen Baumes nach Kalifornien: Auf exakt 115,92 m hat es ein Exemplar des Küstenmammutbaums (Sequoia sempervirens) bei seiner jüngsten Messung gebracht. Entdeckt wurde er 2006 von Wissenschaftlern in einer abgelegenen Region des Redwood National Park, wo er geschätzte 700 bis 800 Jahre gebraucht hat, um seinen Status als Rekordhalter zu erlangen. Theoretisch steht einem weiteren Wachstum wenig im Wege, doch haben Spechte den auf den Namen »Hyperion« getauften Baum in seinen oberen Gefilden beschädigt. Um sie vor weiteren Gefahrenquellen zu schützen, gilt für alle Titelträger dieser Art, dass ihr Standort vorzugsweise geheim gehalten wird.

Der perfekte Ort: Tall Trees Grove, Redwood National Park

Eine Kolonie von Bäumen mit einer Höhe von über 100 m wacht über dieses zwischen Eureka und Crescent City im Norden Kaliforniens gelegene Wandergebiet. Das entspricht einem Gebäude von über 30 Stockwerken – ein Ehrfurcht gebietender Anblick.

Oktober / November

Der Übergang der Hauptsaison zu einsameren Zeiten kombiniert milde Temperaturen mit Licht und geringem Andrang.

21 PROTAGONIST DER POPKULTUR

JOSHUA TREE NATIONAL PARK, KALIFORNIEN, USA

Die Josua-Palmlilie konnte in den hinteren Gefilden Kaliforniens lange ein recht beschauliches Dasein führen. Dann aber hat die Popkultur das Wüstengewächs für sich entdeckt. Country-Pioniere wie Gram Parsons und der Experimentalmusiker Captain Beefheart lebten in der Mojave-Wüste ihre Trips aus und machten den Baum über die Grenzen der USA bekannt. Diese Entwicklung erreichte ihren Höhepunkt, als die irische Band U2 den Baum als Requisite für ein Album entdeckte, sich davor vom Starfotografen Anton Corbijn ablichten ließ und gleich die gesamte Platte nach dem knorrigen Baum benannte.
Inzwischen hat sich der aus dieser Richtung kommende Trubel wieder etwas gelegt. Nun aber steht der Joshua Tree aus anderen Gründen im Blickpunkt: Der bis zu 15 m hohe und im Einzelfall über 900 Jahre alte Baum gilt als ausgesprochen fotogen. Trotz des unwirtlichen Wüstenklimas verschlägt es jährlich an die 3 Mio. Besucher in den Nationalpark, der von Los Angeles, San Diego und Las Vegas gleichermaßen gut erreichbar ist.
Im Hintergrund spielt die Erkenntnis mit, dass die Zukunft der sensiblen Spezies durch den Klimawandel gefährdet ist. Experten haben berechnet, dass der Bestand innerhalb der Grenzen des Nationalparks bereits im laufenden Jahrhundert um 90 % zurückgehen könnte, was eine gravierende Veränderung des Ökosystems nach sich ziehen würde. Langfristig droht die Gattung infolge höherer Temperaturen sogar komplett aus ihrem jetzigen Lebensraum zu verschwinden. Warnendes Beispiel ist jenes Exemplar, das auf der Cover-Rückseite des U2-Albums zu sehen ist: Der berühmteste Vertreter seiner Spezies hat bereits im Jahr 2000 das Zeitliche gesegnet. Allerdings war der Baum nicht im Nationalpark beheimatet, sondern bei Zabriskie Point in der Nähe des Death Valley. Dort sind seine Überreste der Verwitterung preisgegeben – ein Prozess, dessen normaler Ablauf regelmäßig von Fans beeinträchtigt wird, denn die GPS-Daten sind in gewissen Kreisen bekannt.

Februar

Gemäßigte Temperaturen und gelegentliche Regenfälle erhöhen die Chance auf blühende Wüstenlandschaften.

Einen solch verwegenen Kopfputz trägt nur der extravagante Joshua Tree.

Der perfekte Ort: Hidden Valley, Joshua Tree National Park

Wie in allen Nationalparks sind auch hier einige Partien leicht zugänglich. Dazu gehört auch das Hidden Valley, wo die Hauptdarsteller von fotogenen Gesteinsformationen sekundiert werden. Ein schönes Revier für eine Wanderung.

Die bizarre Gesteinslandschaft des Hidden Valley zeigt sich im Licht der Morgensonne von seiner strahlenden Seite.

22 BLÜHENDES LAND DER COWBOYS

BLUEBONNET FIELDS, TEXAS, USA

Wer Texas sagt, mag an Longhorn-Rinder, Cowboys und ihre Pferde oder auch an Ölpumpen denken. Farbenfrohe Blumenfelder allerdings gehören eher nicht zu den gängigen Assoziationen. Zu Unrecht, denn vor allem im Hill Country gedeihen enorme Mengen einer besonders fotogenen Art: die »bluebonnets«. Wie die offizielle Gattungsbezeichnung (Lupinus texensis) andeutet, handelt es sich dabei um eine Subspezies der Lupinen. Die endemische Art tritt in großflächigen Feldern auf, wobei sie losgelöst von Nationalparks oder ähnlichen Schutzorganisationen zielsicher den ästhetischen Zeitgeist sozialer Medien bedient. Wachstum und Blüte allerdings unterliegen saisonalen Schwankungen, weshalb ein Jahr für Jahr unterschiedlicher Run auf die schönsten Standorte beginnt.

April

Anfang bis Mitte des launischen Monats stehen die Lupinenfelder gemeinhin in voller Blüte – besonders stimmungsvoll sind sie in der Dämmerung.

Der perfekte Ort: Burnet

Der nordwestlich von Austin gelegene Ort Burnet bezeichnet sich selbstbewusst als »bluebonnet capital of the world«. Als inoffizielle Kapitale richtet Burnet alljährlich im April ein Lupinenfestival aus – hinreichend Gründe für Optimismus, dass sich tatsächlich blaue Blütenteppiche ausbreiten.

Ein Meer voller blühender Lupinen: im texanischen Burnet ein gewohnter Anblick

Heute erledigen Maschinen die Ernte der Baumwolle, im 19. Jh. waren es ausschließlich Sklaven.

Watteweich und flauschig: ein Baumwollpflänzchen

BLÜTEN MIT BALLAST (23)

MISSISSIPPI/ALABAMA, USA

In der Geschichte der USA spielen Baumwollfelder eine Rolle, die weit über die landwirtschaftliche Nutzung der Pflanze hinausgeht: Im gesamten Anbaugebiet der Südstaaten wurden für die kräftezehrenden Arbeiten ohne Rücksicht auf Verluste Sklaven eingesetzt. Das erst durch den Bürgerkrieg (1861–1865) formal beendete Leid setzt sich bis in die Gegenwart in Form von Rassismus fort, der einen tiefen Spalt durch die amerikanische Gesellschaft treibt. So ist die Nutzpflanze ihrer Unschuld wohl für immer beraubt – obwohl ihre kleinen Blütenballen die Form fluffiger weißer Knäuel besitzen, die eigentlich gemacht wären als Metapher für Unschuld und Unbeschwertheit. Trotz der historischen Altlast bleiben die blühenden Baumwollfelder eine Augenweide.

Der perfekte Ort: Tunica, Mississippi Delta

Das »weiße Gold« gedeiht fast überall in Mississippi, Alabama und den angrenzenden Bundesstaaten. Im Mississippi Delta, das nicht mit der Mündung bei New Orleans zu verwechseln ist, hatte der Anbau immerhin etwas Gutes: Die Felder waren auch die Wiege des Blues.

Ende September

Die Blüte der Pflanze erstreckt sich zwar über eine recht lange Zeitspanne, doch erst Ende September werden die Temperaturen erträglich.

Der North Shore in der Surfer-Hochburg Oahu beeindruckt im Winter mit gigantischen Wellen, die 9 m und höher sind.

WETTER & ASTRONOMIE

24

EWIGE WELLEN, VERGÄNGLICHE GIGANTEN

OAHU, HAWAII, USA

Januar

Zwischen Dezember und Februar sind die Bedingungen für hohe Wellen am besten, Garantien aber gibt es nicht.

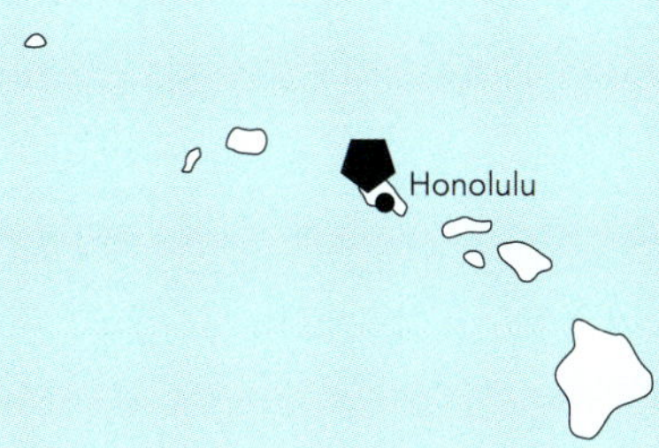

Sie schwellen an, türmen sich auf, und kurz vor der Küste überschlagen sie sich, um das Meerwasser unter heftigem Getöse in Richtung Strand zu peitschen. Das geht schon so auf Oahu, seit sich das Eiland dank vulkanischer Aktivitäten im Pazifik gebildet hat. Noch relativ neu ist, dass sich Menschen auf kleinen Planken an den turmhohen Wellen der Waimea Bay oder am nahen Ehukau Beach messen. Bei idealen Bedingungen werden die vergänglichen Giganten bis zu 60 Fuß hoch, was rund 18 m entspricht.
In den 1950er-Jahren fühlten sich erste Surfer der Herausforderung gewachsen, den Naturgewalten zu trotzen. Es sollte die Geburtsstunde des Big-Wave-Surfens werden, eine bis heute viel bewunderte Disziplin der Leibesertüchtigung.

Der perfekte Ort: Waimea Bay

Die besten Surfer der Welt warten in den Wintermonaten an der Nordwestküste Oahus auf die perfekte Welle. Pionier der Surfbewegung war Eddie Aikau (1946–1978), der sich in der Waimea Bay nicht nur einen Ruf als furchtloser Big-Wave-Surfer, sondern auch als Rettungsschwimmer erarbeitet hat. Vom Strand betrachtet ist der Kampf mit den Wellen ein Respekt einflößendes Spektakel.

25 LICHTERSHOW IM HOHEN NORDEN

YELLOWKNIFE, NORTHWEST TERRITORIES, KANADA

Das Polarlicht scheint nicht von dieser Welt. Ausgelöst wird es durch elektromagnetische Vorgänge in den oberen Schichten der Erdatmosphäre, die in den Polargebieten auftreten. In den Weiten Nordkanadas ist das grünlich schimmernde Licht aufgrund der klaren Nächte besonders häufig zu sehen. So konnte sich die Stadt Yellowknife zu einem außergewöhnlichen Reiseziel für Touristen mausern, deren Traum es ist, Aurora borealis einmal im Leben zu sehen. Davon profitieren auch die kanadischen Ureinwohner, die das abgelegene Gebiet in den Nordwestterritorien lange Zeit für sich hatten, ehe Siedler die Rohstoffvorkommen systematisch ausgebeutet haben.

Dezember

Wenn die Tage am kürzesten sind, ist die Chance auf Polarlichter am höchsten. Die Nächte sind dann lang und meist klar.

Der perfekte Ort: Aurora Village

Gut 20 km nordöstlich von Yellowknife hat sich ein Familienunternehmen darauf spezialisiert, Touristen die Beobachtung der »northern lights« so einfach wie möglich zu machen. Es wird zu 100 % von Mitgliedern zweier Ureinwohnerstämme betrieben, den Dene und Metis.

Nordlichter in Grün und Violett werfen ihren magischen Schleier über eine Blockhütte in Yellowknife.

DIE REGENPEITSCHE (26)

TOFINO, VANCOUVER ISLAND, BRITISH COLUMBIA, KANADA

Wetterkapriolen erlebt der Stadtmensch von heute immer seltener. So konnte sich an der Westküste von Vancouver Island eine neue Disziplin der Freizeitgestaltung etablieren, deren Inhalt aus der Konfrontation mit vergessenen Phänomenen besteht: Dauerregen am offenen Meer, der vom Wind getrieben waagerecht über die Küstenlinie peitscht. Dazu das Geräusch tosender Wellen und reine Luft, die mal nach Meersalz und dann wieder nach Nadelwald duftet. Und nach der Strandwanderung ist das nächste Kaminfeuer nicht weit.

Sturm und peitschender Regen: in Tofino ein Dauerzustand

Der perfekte Ort: Wickaninnish Inn

Im Süden Tofinos ermöglichen einige Hotels, Sturm und anderen Wetterereignissen durch ein Panoramafenster neben der Badewanne beizuwohnen. Vorreiter war das legendäre Wickaninnish Inn.

November

Wenn der oftmals sanfte Oktober sich verabschiedet, steigt die Chance auf intensive Naturerlebnisse.

WASSERSPIEL MIT VIEL »ACTION« (27)

BAY OF FUNDY, NOVA SCOTIA UND NEW BRUNSWICK, KANADA

Die Natur betreibt mancherorts einen erheblichen Aufwand, um spezielle Lebensbedingungen zu gewährleisten. Zwischen den Provinzen Nova Scotia und New Brunswick etwa leistet sie sich die Extravaganz, zweimal täglich das Wasser um 16 m anzuheben, um es kurz darauf wieder abzulassen. Dabei bewegt sie alle 6 Std. und 13 Min. sage und schreibe 160 Mrd. Tonnen Wasser – das ist mehr, als alle Flüsse der Welt zusammen führen. Dies genügt für den Ehrentitel der weltweit größten Gezeitenunterschiede. Ursache ist ein Phänomen namens Tideresonanz.

Mitte Juli

Im Hochsommer legen bis zu 2,5 Mio. Zugvögel auf ihrer Reise gen Süden bei den Hopewell Rocks einen Zwischenstopp ein.

Der perfekte Ort: Hopewell Rocks

Der permanente Tidenhub hat tief in der Bay of Fundy zur Erosion küstennaher Gesteinsformationen geführt, die dem Spiel der Gezeiten ausgesetzt sind.

Bemoost und üppig begrünt: die durch Erosion entstandenen Gesteinsformationen am Hopewell Cape

Ein 72 m hoher Monolith an der Küste ist das Wahrzeichen von Cannon Beach. Weil seine Form einem Heuhaufen ähnelt, trägt er den Namen Haystack Rock.

MEERE

28

FELS IN DER BRANDUNG

CANNON BEACH, OREGON, USA

Juni

Papageientaucher nisten von April bis Juli auf dem Haystack Rock, im Juni ist das Licht am schönsten.

An den Stränden Oregons ist Baden nur etwas für Hartgesottene, denn eine Nordströmung führt unnachgiebig kaltes Wasser aus Alaska heran. So knackt die Wassertemperatur in diesem Teil des Pazifiks nur in Ausnahmefällen die 15-Grad-Marke. Dafür können sich Besucher an gewaltigen Felsen erfreuen, die einen aparten Übergang von Strand zu Meer bilden. Den Status einer Ikone genießt dabei Haystack Rock beim kleinen Badeort Cannon Beach. Der 72 m hohe Felsen erinnert an die Form eines Heuhaufens – und zumindest für Seevögel erweist er sich als ein ebenso bequemes Domizil. Der Basaltfelsen ist das Ergebnis großflächiger Lavaströme, die einst aus dem Columbia-Plateau hierher geflossen sind. Er zählt zu den großen Touristenmagneten Oregons.

Der perfekte Ort: Haystack Rock

Der Felsen steht unter Naturschutz, weil er vielen Seevögeln ein Zuhause bietet. Auch Papageientaucher lassen sich gern auf dem Gestein nieder. Die Unterart der »Tufted Puffins« fällt durch ihr schwarzes Federkleid, weiße Bäckchen und einen orangefarbenen Schnabel auf. Die Vögel lassen sich auf den mit Gras bewachsenen Nordflanken nieder, wo sie mit dem Fernglas herangezoomt werden können.

29 EISIGES EILAND

BAFFIN ISLAND, NUNAVUT, KANADA

Eine Insel größer als Deutschland mit weniger als 15 000 Einwohnern? Für diese unwahrscheinliche Kombination gilt es den Blick in den Norden Kanadas zu richten, wo mit Baffin Island einer der letzten fast unberührten Orte des Planeten wartet. Zu mehr als 70 % von Inuit bewohnt, begeistert das fünftgrößte Eiland der Welt mit einer schroffen Küstenlinie, die von Gebirgen, Felsen und Gletschern dominiert wird. Das arktische Klima hat Besucher lange Zeit von den Naturschönheiten ferngehalten, neuerdings aber bieten auf nordische Gefilde spezialisierte Kreuzfahrtunternehmen Expeditionen an. Auch Anbieter von Skitouren nehmen die zur Provinz Nunavut gehörende Insel gelegentlich in ihr Portfolio auf. Nur selten indes erleben Besucher solch einladende Tage.

August

Über weite Teile des Jahres ist das Klima feindselig, doch im Hochsommer werden zuweilen 10 °C erreicht.

Der perfekte Ort: Sirmilik National Park

Das von Gletschern überzogene Schutzgebiet vermittelt den Eindruck von Unantastbarkeit. Kanadas abgelegenster Nationalpark umfasst neben der Halbinsel Borden auch den Oliver Sound und die gegenüberliegende Insel Bylot. Viel weiter kann man sich nicht von der Zivilisation entfernen.

Eiskalte Schönheit: der Kangiqtualuk Uqquqti, wie er auf Inuktitut, der Sprache der kanadischen Inuits, heißt (oder Sam Ford-Fjord) auf Baffin Island

HALBINSEL MIT HIGHLANDS

CAPE BRETON HIGHLAND NATIONAL PARK, NOVA SCOTIA, KANADA (30)

Die charakteristische Küstenlinie mit sattem Grün und sanften Hügeln hat bereits die Einwanderer der ersten Stunde an Schottland erinnert. Kein Wunder also, dass der Cape Breton Highland National Park einen Teil der kanadischen Provinz Nova Scotia ausmacht und eine der Städte auf den Namen Inverness hört. Das Schutzgebiet vereint auf der recht kleinen Fläche von 950 km² weiße Atlantikstrände, dramatische Steilküsten, liebliche Hügel und Hochlandmoore. Ein ideales Revier für Outdoor-Freunde.

Der 7 km lange Skyline Trail auf der Westseite des Cabot Trail lädt zu einer Rundwanderung ein.

Der perfekte Ort: Cabot Trail

Auf einer Strecke von 300 km ermöglicht diese Panoramastraße tiefe Einblicke in die Natur von Cape Breton. Dazu gibt es ein breites Spektrum an Aktivitäten, das von Wandern und Reiten über Radfahren bis zu Kajakfahren und Fischen reicht.

Ende September

Dann geht Nordamerika bereits wieder der Arbeit nach, doch das Wasser ist noch vergleichsweise warm.

FRAGILES PARADIES (31)

OUTER BANKS, NORTH CAROLINA, USA

Das Phänomen ist in Europa abseits der Watteninseln kaum bekannt. Doch in den USA werden sowohl am Golf von Mexiko als auch am Atlantik weite Teile der Küsten von Barriereinseln begleitet. Ebenso schmale wie fragile und meist hinreißend schöne Eilande, die dank Wind, Wellen und Strömungen entstanden sind. Die Outer Banks sind ein besonders imposantes Beispiel für dieses Phänomen: Sie reichen über eine Strecke von 320 km von Virginia bis weit hinein nach North Carolina. Dabei gehören sie zu den beliebtesten Urlaubsrevieren des Kontinents.

April

Noch sind keine Besuchermassen vor Ort, und auch die von August bis Januar dauernde Hurrikan-Saison hat noch nicht begonnen.

Der perfekte Ort: Jockey's Ridge State Park

Mit einer Höhe von mehr als 20 m beherbergt dieser Park die höchste Düne der amerikanischen Atlantikküste. Sie wirkt wie in einer beidseitig von Wasser umgebenen Mini-Wüste.

Spiel der Elemente, aus der Luft betrachtet

Der tiefblaue Crater Lake wird nur von Regen- und Schneeschmelzwasser gespeist. In der Mitte des Vulkan-Sees thront die kleine Wizard-Insel.

FLÜSSE, SEEN, WASSERFÄLLE

32

TIEFBLAUER AUGENSCHMAUS

CRATER LAKE, OREGON, USA

Juni

Noch geht es ruhig zu. Schwimmen im tiefblauen Wasser ist zwar erlaubt, aber bei durchschnittlich 15 °C nicht für jeden ein Vergnügen.

Im Süden Oregons ist vor 7700 Jahren der Vulkan Mount Mazama ausgebrochen, der dabei 1600 seiner einst 3700 Höhenmeter eingebüßt hat. Als direkte Folge ist in der Kaskaden-Kette ein Vulkankessel entstanden, der über keinen natürlichen Abfluss verfügt. So konnte sich seine sogenannte Caldera über die Jahre mit Regen- und Schmelzwasser füllen. Dabei ist der vielleicht schönste See des Kontinents entstanden: der Crater Lake. Ganz nebenbei verfügt das knapp 600 m tiefe Gewässer auch über die beste Wasserqualität der USA. Als wäre all das noch nicht genug, war die Natur so umsichtig, den Wasserspiegel nicht ansteigen zu lassen: So kann mit Wizard Island eine hübsche Insel aus dem tiefblauen See hervorragen. Besucher können das Eiland im Sommer mit dem Kanu oder dem Elektroboot erreichen.

Der perfekte Ort: Wizard Island

Um die Wasserqualität von Crater Lake nicht zu beeinträchtigen, dürfen auf dem See nur Boote mit geschlossenen Systemen verkehren. Diese fahren in den Sommermonaten auch Wizard Island an, wo Besucher bis zu 3 Std. bleiben dürfen – ein reizvolles Erlebnis.

33 GLAMOUR AM GLETSCHERSEE

LAKE LOUISE, ALBERTA, KANADA

Ein türkisgrüner See vor einem makellosen Bergpanorama, dessen Schneefelder und Nadelwälder sich in der Wasseroberfläche spiegeln. Dazu am Kopfende ein Grand Hotel alter Schule? Das schreit nicht erst seit Beginn des Zeitalters sozialer Medien geradezu nach Aufmerksamkeit. So ist es denn auch nicht verwunderlich, dass der in Alberta gelegene See seit Generationen zu den meistfotografierten Objekten Kanadas zählt.

Seine Farbe verdankt der Lake Louise sogenanntem Steinmehl, das gemeinsam mit Gletscherwasser in den See gespült wird. Der Name ist unterdessen Prinzessin Louise Caroline Alberta gewidmet, die als Tochter von Königin Victoria und Gemahlin des Generalgouverneurs von Kanada enge Bande mit dem Land knüpfte. Die heutige Bekanntheit des Namens allerdings geht nicht allein auf den See zurück, der zu den größten Attraktionen des Banff-Nationalparks gehört. Vielmehr befindet sich auf der gegenüberliegenden Seite des legendären Icefields Parkway ein Skigebiet, das Kenner aufgrund des feinen Pulverschnees zu schätzen wissen und wo der alpine Skiweltcup regelmäßig Station macht.

In Zeiten des unbeschwerten Reisens dient Lake Louise als Kulisse für eine Fülle von Aktivitäten: In den Sommermonaten rudern verliebte Pärchen in Holzbooten über den See. Mehr Vielfalt existiert derweil im Winter, wenn Schlitten bei Dunkelheit die Uferlinie umrunden, kanadische Raubeine auf dem zugefrorenen See dem Eishockey frönen und vor dem gut betuchten Publikum des Chateau Lake Louise ein Eisskulpturen-Wettbewerb ausgetragen wird. Manchmal sind die Temperaturen vor Ort so niedrig, dass die Öffnung von Autoschlössern nur mithilfe eines Föhns gelingen will. Das Hotel selbst war einst von der Canadian Pacific Railroad als kleines Eisenbahnhotel gegründet worden. Heute gehört das mehrfach erweiterte Haus zu den exklusivsten Häusern des Landes, wobei die ältesten Gebäudetrakte auf das Jahr 1913 zurückgehen.

Dezember

Wenn andernorts noch Schmuddelwetter herrscht, hat der Winter die Rockies von Alberta bereits fest im Griff. Nach einem Ausflug in die Kälte schmeckt der Glühwein besonders gut.

Winterliches Vergnügen: Eislaufen auf dem Lake Louise

Zu allen Jahreszeiten einen Besuch wert: der idyllische Bergsee Lake Louise im Banff-Nationalpark

Der perfekte Ort: Im Schlitten ab Chateau Lake Louise

Die Reize des Sees können im Wesentlichen nur bei einem Aufenthalt im oder am Hotel erfasst werden – oder bei einer der vielen Aktivitäten. Sehr romantisch kann die Umrundung des Gewässers in einem von Pferden gezogenen Schlitten ausfallen, der am Hotel abfährt.

34 SHOW OHNE ENDE

NIAGARAFÄLLE, NEW YORK STATE, USA UND ONTARIO, KANADA

Von der Aussichtsplattform kann man die tosenden Wassermassen aus nächster Nähe erleben.

Amerikaner beherrschen die Kunst des Vermarktens wie kaum eine andere Nation. So konnte sich im kollektiven Gedächtnis der Welt die Überzeugung festsetzen, dass die 63 m hohen Niagarafälle die größten und höchsten Wasserfälle des Planeten seien. Das entspricht jedoch nicht annähernd der Realität: Hunderte Wettbewerber haben mehr zu bieten, wobei der Superlativ des höchsten Wasserfalls einem Konkurrenten in Venezuela zukommt, wo die Flüssigkeit stolze 979 m im freien Fall zurücklegen muss. All dies aber scheint keine Rolle zu spielen, weil die stets perfekt in Szene gesetzten Niagarafälle schon so lange im Rampenlicht stehen und viele Menschen ihr Leben für unvollständig halten, wenn sie nicht wenigstens einmal die herabstürzenden Wassermassen aus nächster Nähe gesehen haben.

Gespeist werden die Niagarafälle vom Niagara River, der den Inhalt des Lake Erie vorbei an der ehrwürdigen Hafenstadt Buffalo ohne Unterlass in den benachbarten Lake Ontario überführt. Beide Seen sind Teil der Great Lakes, des größten Binnenwassersystems der Welt, das sich zu annähernd identischen Anteilen auf dem Territorium der USA und Kanadas befindet. Im direkten Vergleich allerdings geht bezüglich der Niagarafälle das Land der Ahornblätter in allen Disziplinen als Sieger hervor. Das beginnt schon mit den Randdaten der Wasserfälle und endet damit, dass der Ort im Norden deutlich einladender, moderner und besser besucht ist.

Beide Länder übrigens eint das gemeinsame Bewusstsein für Effekte: Das Wasser des Niagara River nämlich wird auch zur Stromgewinnung gewonnen. Gedrosselt wird der bis zu 5850 m³ pro Sekunde führende Fluss allerdings nur nachts, wenn sich kaum Besucher an der Attraktion aufhalten. Tagsüber hingegen dürfen sich die tosenden Wassermassen ungebremst in die Tiefe stürzen, wo sie eine Gischt hinterlassen, die vor allem Passagiere des legendären Ausflugsbootes »Maid of the Mist« an Nebel erinnert. Frei nach dem Motto: »The Show must go on.«

Februar

An der Grenze von New York State zu Kanada sind die Winter streng. Bei anhaltenden Minusgraden gefriert das Spritzwasser der Niagarafälle an den umliegenden Bäumen, wo es bizarre Eisskulpturen bildet.

Der perfekte Ort: Horseshoe Falls

Die kanadische Seite der Wasserfälle stürzt sich über eine 650 m breite Kante in die Tiefe, was mehr als dreimal so breit ist wie der Raum, den die American Falls beanspruchen können. Davon abgesehen ist die kanadische Version der Stadt Niagara Falls deutlich gepflegter als die amerikanische, die ihre besten Zeiten hinter sich hat.

Ein spritziges Vergnügen ist eine Tour mit dem Ausflugsboot, bei der man dem »donnernden Wasser« ganz nahe kommt.

35 TRÄGES TEMPO

BAYOUS, LOUISIANA, USA

Im Mündungsdelta des Mississippi scheint das Wasser in jeden Winkel vorzudringen. Tote Altarme des größten Flusssystems Nordamerikas und extrem langsam fließende Nebenarme halten sich dabei die Waage. Überall aber ragen im Süden Louisianas knorrige Sumpfzypressen aus dem Gewässer, in dem träge eine unüberschaubare Vielzahl von Alligatoren schwimmt. Auf den Zweigen der Bäume lassen sich gern Krähen und Kormorane nieder, während das Spanische Moos im Wind baumelt. Für die einen ist das ein Gruselszenario, für die anderen der Inbegriff von Südstaatenromantik. Fest steht, dass es sich um einen ebenso fremdartigen wie faszinierenden Landstrich handelt, der die Trägheit zur Kunstform erhoben hat. Die Ruhe wird immer wieder durch Hurrikane unterbrochen, deren Häufigkeit in der Region zunimmt.

Oktober

Die Sommermonate sind schwülheiß im Mündungsdelta, doch vermitteln sie den besten Eindruck von den Lebensumständen. Kühlere Oktobertage verbinden im Idealfall beides miteinander.

Der perfekte Ort: Henderson, Louisiana

Die Bayous sind eine weitgehend unzugängliche Welt, die recht unbarmherzig von der hochgelegten Trasse des Interstate 10 durchschnitten werden. In sicherer Entfernung zur Straße gibt es einen Bootsanleger, der als Startpunkt für Touren durch die Sumpflandschaft dient.

Die wundersame Welt des Mississippi-Deltas, in dessen sumpfigen Bayous sich Alligatoren ausgesprochen wohl fühlen

In den Everglades tummeln sich rund 1,5 Mio. Alligatoren. Krokodile sind mit 2000 Exemplaren deutlich in der Unterzahl.

Anfang Dezember

Weniger Insekten und moderate Temperaturen sind gute Argumente; kurz vor Weihnachten aber beginnt die Hauptsaison in Florida.

Der perfekte Ort: Everglades City

Selten war ein Name irreführender: In diesem verschlafenen Dorf sind die Everglades noch so wie vor vielen Jahrzehnten. Auch legen hier die Boote zu einer Tour durch die 10 000 Islands ab, einer herrlichen Inselgruppe am Rande der Zivilisation.

Everglades City im sonnenverwöhnten Bundesstaat Florida heißt Besucher willkommen.

GEFÄHRDETES PARADIES (36)

EVERGLADES, FLORIDA, USA

Ein bis zu 60 km breiter und oft nur wenige Zentimeter tiefer Fluss durchzieht den Süden Floridas. Er nimmt seinen Lauf im Lake Okeechobee, um sein Wasser nach einer gut 250 km langen Reise in den Golf von Mexiko zu spülen. Dabei bildet das subtropische bis tropische Marschland ein in Nordamerika einzigartiges Ökosystem, das zu etwa 20 % durch den gleichnamigen Nationalpark geschützt ist. Es ist das weltweit einzige Biotop, das sich Krokodile mit Alligatoren teilen. Außerdem sind hier so unterschiedliche Kreaturen wie Flamingos, Schwarzbären und Rundschwanzseekühe (Manatis) beheimatet. Doch Vorsicht: Die Everglades gelten in ihrem Fortbestand als stark gefährdet, weil die Zivilisation unaufhaltsam an sie heranrückt und ihre Wasserquellen schon zu lange systematisch ausgebeutet werden.

Beinahe surreal: In eine Berglandschaft in den Rocky Mountains hat sich eine Wüste mit 200 m hohen Sanddünen gemogelt.

WÜSTE

37

EIN KIND DES WINDES

GREAT SAND DUNES NATIONAL PARK, COLORADO, USA

Oktober

Moderate Temperaturen und mäßiger Andrang – besonders erhaben sind geführte Wanderungen bei Vollmond.

Eine Dünenlandschaft mitten im Hochgebirge? Auch das hat die Natur im Westen der USA im Programm. Konkret handelt es sich bei den Great Sand Dunes im Süden Colorados sogar um die höchsten Sandanhäufungen Nordamerika: Mit bis zu 230 m Höhe stellen sie alle am Meer gelegenen Artverwandten in den Schatten. Ihre Entstehung hat vor 12 000 Jahren begonnen, als Westwinde die Sandablagerungen des Rio Grande und seiner Nebenflüsse in Richtung des Sangre-de-Cristo-Gebirges getrieben haben. Die zu den Rocky Mountains gehörende Bergkette ist bis heute ein unüberwindbares Hindernis geblieben. So scheint es, als hätte sich mitten in den Berglandschaften eine 434 km² große Wüste ausgebreitet, die von Berglöwen und Bären bevölkert wird. Ein Ort von unwirklicher Schönheit.

Der perfekte Ort: Pinon Flats Campground

Der Campingplatz ermöglicht einen schnellen Start in den Tag: mit dem ersten Morgengrauen aufstehen, in den noch zugefrorenen Bächen nach Tierspuren suchen und anschließend eine oder mehrere Dünen hochkraxeln, um bei absoluter Stille einen ungestörten Blick auf die weißen Gipfel der umliegenden Berge zu genießen.

38 IM TAL DES TODES

DEATH VALLEY NATIONAL PARK, KALIFORNIEN / NEVADA, USA

Der trockenste, heißeste und zugleich tiefst gelegene Ort des Kontinents? Das klingt so ungemütlich, dass sich die Bezeichnung als »Tal des Todes« geradezu aufdrängt. Doch die mit 56,7 °C weltweit höchste gemessene Temperatur ist keineswegs das einzige Merkmal, das den umliegenden Nationalpark prägt: Während das 86 m unterhalb des Meeresspiegels gelegene Badwater unbarmherziger Hitze ausgesetzt ist, kann es keine 25 km weiter westlich auf dem 3366 m hohen Telescope Peak empfindlich kühl sein. So ist das Grenzland von Kalifornien und Nevada ein Ort der Extreme, der Demut weckt, Ehrfurcht gebietet – und immer neue Überraschungen bereithält: In Ash Meadows gibt es sogar Wasseradern, in denen mit dem Teufelsloch-Wüstenkärpfling einer der seltensten Fische des Planeten beheimatet ist.

Februar

In diesem Monat regnet es statistisch am häufigsten – dennoch bleibt Niederschlag ein Schauspiel mit Seltenheitswert.

Der perfekte Ort: Highway 190 beim Furnace Creek Inn

Wenn die Wüste blüht, stellt dies alle anderen Erlebnisse in den Schatten. Abhängig von den meist spärlichen Regenfällen, gibt es in der Umgebung des Resorts eine Chance, Wildblumen zu sehen. Andernfalls erfreuen die Palmenpopulationen das Auge.

Death Valley: In diesem Tal der Extreme kann die Temperatur tagsüber wie im Backofen sein, nachts kühlt es dafür empfindlich ab.

Wind und Wetter haben den weißen Gipsfeldern nahe Alamogordo eine wellenförmige Struktur verliehen.

Wie ein Band zieht sich der Dunes Drive durch die unwirkliche schneeweiße Landschaft.

EIN GEBIRGE AUS GIPS (39)

WHITE SANDS NATIONAL PARK, NEW MEXICO, USA

Der jüngste Nationalpark der USA besitzt eine unwahrscheinliche Entstehungsgeschichte: Im Mittelpunkt stehen die größten Gipsfelder der Erde, die vor 250 Mio. Jahren den Grund eines Meeres bildeten. Als sich 180 Mio. Jahre später die Rocky Mountains aufzutürmen begannen, wurde aus dem Meeresgrund eine Anhöhe, die schließlich wieder kollabierte, um das heutige Tularosa Basin zu bilden. Auf mehr als 700 km² breiten sich strahlend weiße Gipsdünen aus, die bis zu 18 m hoch sind. Während die Tierwelt meist unter der Erdoberfläche Zuflucht sucht, können sich auf dem kristallinen Mineral auch einige Pflanzen dauerhaft etablieren. Sehr ansehnlich gelingt dies der Seifen-Palmlilie, deren grüne Wedel einen Kontrast von zeitloser Schönheit bilden.

Der perfekte Ort: Dunes Drive

Der 13 km lange Parcours durch die Sanddünen ist einzigartig. Er führt vom Besucherzentrum mitten in die Gipsdünenlandschaft. Dabei gilt es zu beachten, dass die Strecke wegen ihrer Nähe zu einer Raketentestbasis gelegentlich geschlossen ist.

April

Die zu den Yucca-Gewächsen zählende Palmlilie ist der botanische Superstar der Region – sie blüht im April.

Eisberge und Buckelwale: Beide lassen sich in der Witless Bay in Neufundland regelmäßig blicken.

EIS, GLETSCHER

40

EISIGE GIGANTEN

WITLESS BAY, NEUFUNDLAND, KANADA

Mitte Juni

Wenn die Tage am längsten sind, stehen die Chancen gut, dass sich neben Eisbergen auch Wale in der Witless Bay blicken lassen.

In Labrador und Neufundland spielt sich Jahr für Jahr ein unwirkliches Schauspiel ab: Aus nördlicher Richtung treiben Eisberge von enormen Ausmaßen auf die Küste zu, die sich ihren Weg nach Süden bahnen. Dabei handelt es sich um abgebrochene Endstücke von Gletschern, die ihren Ursprung an der Westküste Grönlands haben. Einem von ihnen ist im April 1912, 400 km vor der Küste, der Ozeanriese »RMS Titanic« zum Opfer gefallen. Bis heute ziehen die weißen Giganten unbeirrt ihre Bahnen durch die »iceberg alley«. Weil sie dem Festland oft sehr nahekommen, sind sie in den beiden kanadischen Provinzen zu einer fast schon selbstverständlichen Attraktion geworden, die auch an Bord von Booten bestaunt wird. Regelrechte Begeisterungsstürme entstehen, sobald Wale sie auf ihrem Weg begleiten.

Der perfekte Ort: Witless Bay

Unweit von St. John's, der Hauptstadt Neufundlands, ist diese Bucht nicht nur gut erreichbar, sondern sie gehört auch zu den südlichsten Flecken, wo die Eisberge zu sehen sind. Das hat unter anderem den Vorteil, dass sich hier mehr Seevögel und Wale blicken lassen, die das Schauspiel orchestrieren.

41 EINE BREITE STIRN

HUBBARD GLACIER, ALASKA, USA

Niemand hat sich bisher die Mühe gemacht, die Anzahl der Gletscher in Alaska genau zu beziffern. Eine wissenschaftliche Schätzung gelangt auf stolze 100 000 Exemplare, was dem frostigen Image des Bundesstaates alle Ehre macht. Nur 646 Gletschern wurde bislang ein offizieller Name zugewiesen. Dazu gehört auch der Hubbard-Gletscher, der auf dem Globus nur unwesentlich weiter nördlich als Oslo liegt. Er nimmt seinen Lauf im Kluane National Park in der kanadischen Provinz Yukon, um sich über eine Strecke von 122 km seinen Weg zum Meer zu bahnen. Sein Anblick in der Yacutat Bay ist überwältigend, denn die Stirnseite des Gletschers misst mehr als 10 km, und das bei einer Höhe von über 100 m. So verwundert es nicht, dass der Hubbard zu den Hauptattraktionen arktischer Kreuzfahrten zählt.

August

Unweigerlich lässt der Gletscher im Sommer »Federn«. Die Eisschollen sind ideale Aufenthaltsorte für Otter und Robben.

Der perfekte Ort: an Bord eines Ausflugsschiffes

Zwar ist der Gletscher auch aus dem kleinen Ort Yacutat sichtbar. Die wahre Größe aber erschließt sich erst an Bord eines Schiffes, das sich der Gletscherkante bis auf wenige 100 m nähern kann.

Eine bequeme Art, dem Hubbard-Gletscher ganz nahe zu kommen, ist die Fahrt auf einem Ausflugsboot oder Kreuzfahrtschiff.

Zum Athabasca-Gletscher werden vom Columbia Icefield geführte Touren angeboten: zu Fuß oder motorisiert.

GEPANZERTE BERGE (42)

COLUMBIA ICEFIELD, ALBERTA, KANADA

Bis zu 365 m dick ist das Columbia Icefield, das sich zwischen Banff und Jasper rund um die Gipfel der kanadischen Rocky Mountains entfaltet. Es gilt als größte Eismasse südlich des Polarkreises, was neben dem kontinentalen Klima auch auf die Nähe zu einigen der höchsten kanadischen Berge zurückzuführen ist – darunter als Namensgeber der 3747 m hohe Mount Columbia. Das Eisfeld kann für sich beanspruchen, die Lebensader von acht Gletschern und mehreren bedeutenden Flüssen zu sein. Dabei tritt aufgrund der Lage an der kontinentalen amerikanischen Wasserscheide das Kuriosum in Erscheinung, dass diese ihren Inhalt sowohl dem Arktischen Ozean wie auch dem Atlantik (über die Hudson Bay) und dem viel näheren Pazifik zuführen.

Der perfekte Ort: der Athabasca-Gletscher

Im Besucherzentrum des Gletschers fahren sogenannte Ice Explorer auf den Gletscher. Die leistungsstarken Fahrzeuge sind mit enormen Rädern ausgestattet und halten an besonders sehenswerten Stellen an.

September

Der Monat kombiniert den im Tal herrschenden Spätsommer auf angenehme Weise mit dem Gipfelherbst.

Zeuge vergangener glanzvoller Zeiten: das 1898 erbaute Anwesen der Familie Carnegie auf Cumberland Island

43

GESCHENK AN DIE NATUR

CUMBERLAND ISLAND, GEORGIA, USA

März

Hurrikane und Insekten sind Argumente, die gegen das Inselleben sprechen. Im März ist davon glücklicherweise wenig zu spüren.

Im ausklingenden 19. Jh. hat die ebenso wohlhabende wie bekannte Familie Carnegie Cumberland Island zu 90 % erworben, um dort ihren Zweitwohnsitz einzurichten. Damals hatte die an der Grenze zu Florida gelegene Barriereinsel schon eine beachtliche Siedlungsgeschichte hinter sich: Auf die indigenen Völker folgten spanische Eroberer, ehe Plantagenbesitzer das Eiland zu kultivieren versucht haben. Als die Nachfahren des philanthropischen Industriellen-Clans kein weiteres Interesse am Inselleben zeigten, schenkten sie das Eiland dem Staat unter der Vorgabe, ein Naturschutzgebiet einzurichten. Heute sind viele der einst glanzvollen Bauten verfallen, andere sind unbewohnt. Geblieben ist ein Hotel, das wie aus der Zeit gefallen scheint. Zu ihm führt eine Chaussee, in der sich schon mal ein Reh blicken lässt.

Der perfekte Ort: Greyfield Inn

Das Hotel befindet sich nach wie vor im Besitz der Carnegies. Hier quartieren sich Urlauber ein, die für eine Weile in eine weniger hektische Zeit ohne mediale Dauerberieselung abtauchen möchten. Der Atlantikstrand ist grandios.

44 VERGÄNGLICHER GLANZ

RYOLITHE, NEVADA, USA

Im Jahr 1904 wurden im kargen Westen Nevadas Goldminen entdeckt. Wie so oft in der nordamerikanischen Geschichte erwies sich diese Meldung als Initialzündung für das rasante Wachstum einer Siedlung. Für den Rest des Jahrzehnts lebten zwischen 5000 und 10 000 Menschen in Ryolithe, wobei sich die Einwohner einer Oper und drei Krankenhäuser erfreuen konnten. Gäste hatten derweil die Wahl aus 19 Hotels. Als die Vorräte des Edelmetalls 1914 erschöpft waren, hatte die Stadt mit einem Schlag ihre Existenzberechtigung verloren. Seitdem nagt der Wind an verlassenen Gebäuden, während Pflanzen aus den Wänden sprießen, Schilder vor Klapperschlangen warnen und die fensterlosen Ruinen von hochgewachsenen »joshua trees« bewacht werden.

April

Der Wind kann unangenehm pfeifen, aber der Sonnenaufgang in dieser Geisterstadt ist unvergesslich.

Der perfekte Ort: Der alte Bahnhof

Das Gebäude mag eingezäunt sein, doch der Anblick ist auch so eine Augenweide. Hinzu kommt, dass sich der ausgemusterte Bau am oberen Ende der Ruinenstadt befindet und so den Blick über weit mehr als den Kadaver eines Empfangsgebäudes freigibt.

Ehemalige Goldgräber-Behausung in Rhyolite, einer Geisterstadt unweit des Death Valley

VERLASSENE FELSEN 45

WALNUT CANYON NATIONAL MONUMENT, ARIZONA, USA

Schon lange bevor Columbus und seine Zeitgenossen ihre Entdeckungen in Übersee gemacht haben, war diese bei Flagstaff gelegene Schlucht bewohnt. Als die europäischen Siedler bis hierhin vorgedrungen waren, hatten die Sinagua ihre Felsenwohnungen jedoch bereits wieder aufgegeben. Den Zeitpunkt datieren Archäologen ungefähr auf das Jahr 1250, die genaue Ursache ist unbekannt. Ihre kunstvoll in den Fels geschlagenen Behausungen blieben bis 1869 unentdeckt, als die lokale Bevölkerung hier Feste zu feiern begann. Ihren historischen Wert bemerkten Wissenschaftler erst nach 1883.

Schwer vorstellbar, dass in diesen Felsenhöhlen im 13. Jh. einmal Menschen gelebt haben

Der perfekte Ort: Island Trail

Der Wanderweg ermöglicht den Zugang zu einigen Felsbehausungen. Dabei werden sowohl die teils überraschenden intakten Gemäuer als auch die Wohnräume sichtbar.

September

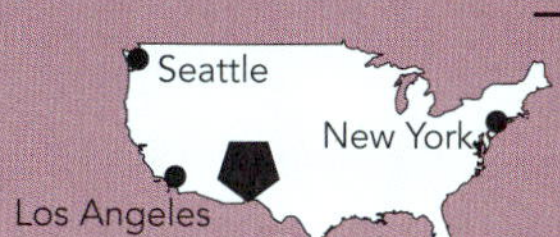

Das Hochland Arizonas kann ebenso windig wie heiß sein. Vor beidem bietet die Schlucht Zuflucht.

EIN FORT AUF KORALLEN 46

DRY TORTUGAS NATIONAL PARK, FLORIDA, USA

Key West ist keineswegs der Endpunkt der Floridas Keys. Doch die aus sieben kleinen Eilanden bestehenden Dry Tortugas werden häufig übersehen, weil sie im Unterschied zu den anderen Inseln nicht über Brücken mit dem Festland verbunden sind. Dafür befindet sich auf dem größten Stück Land die Ruine eines imposanten Forts, das im 19. Jh. als äußerste Verteidigungslinie der USA sowie als Gefängnis diente. 1908 hatte das Koralleneiland diese Funktionen eingebüßt, um bald darauf ein neues Leben als Schutzgebiet für seltene Arten zu beginnen.

Dezember

Kurz vor Beginn der Hauptsaison ist das Wetter angenehm, und die Besucherzahlen halten sich in Grenzen.

Der perfekte Ort: Fort Jefferson

Das sechseckige Fort wurde aus 16 Mio. Backsteinen errichtet. Seit es aus militärischer Sicht wertlos ist, darf sich die Natur die Insel sukzessive zurückerobern.

Grünstreifen im Blau des Ozeans: der Dry Tortugas-Nationalpark aus der Vogelperspektive

Mit 90 Flügelschlägen pro Sekunde gelingt es dem Kolibri, auf der Stelle schwebend Nektar aus einer Blüte zu saugen.

Texte:
Martina Miethig

MITTEL- & SÜDAMERIKA

MITTEL- UND SÜD- AMERIKA

KUBA
BELIZE
JAMAIKA
GUATEMALA
EL SALVADOR
COSTA RICA
VENEZUELA
GUYANA
KOLUMBIEN
GALÁPAGOS
ECUADOR
PERU
BRASILIEN
BOLIVIEN
ARGENTINIEN
CHILE
1
4
6
7
8
9
10
11
12
13
14
15
16
17
18
19
20
21
22
23
24
25
26
27
28
29
30
31
32
33
34
35
36

Der Lago de Coatepeque bildet die malerische Kulisse für drei Vulkane. Auch der See, dessen Name übersetzt »Schlangenhügel« bedeutet, ist vulkanischen Ursprungs.

GEOLOGIE

1

FEUERSCHLUND UND TRAUMLAGUNE

SANTA ANA, EL SALVADOR

JUNI

Meist ab Juni bringt das Algenblühen den Kratersee für ca. drei Wochen, eher nach längeren Regenphasen, zum Leuchten.

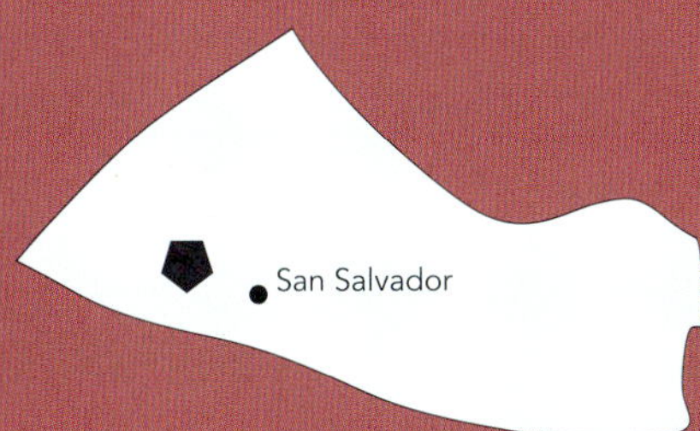

Ziemlich feurig präsentiert sich das kleinste zentralamerikanische Land: El Salvador prahlt mit einer der höchsten Vulkandichten pro qkm auf der Welt, ganze 14 Feuerspeier drängen sich auf einer Landesfläche so klein wie Hessen! Rund um den riesigen Lago de Coatepeque erheben sich gleich drei Vulkane: Santa Ana, Izalco und Cerro Verde. Als wäre das dem Landes-Winzling noch nicht genug, setzt die Natur hier noch einen drauf: Der kreisrunde See zu Füßen des Santa Ana wechselt seit einigen Jahren alljährlich seine Farbe, von tiefem Smaragdgrün in allerschönstes Türkis, das den Kratersee fast karibisch anmuten lässt. Für Biologen kein Grund zum Jubeln! Sie streiten noch über die Ursache: Algenblühen durch Überdüngung? Oder nur natürliche Ablagerungen nach einem Erdrutsch infolge des letzten Santa-Ana-Ausbruchs in 2005? Eines ist sicher: Wenn die Algen beginnen zu blühen, dann blüht hier auch der Tourismus.

Der perfekte Ort: Mirador de los Pinos

Die Aussichtsplattform Mirador de los Pinos ist ein Logenplatz hoch über dem 25 km² großen See im Parque Nacional de los Volcanes, einem UNESCO-Biosphärenreservat. Die Augen wandern einmal rundherum ums üppig grüne Ufer und die Vulkanspitzen.

2 EIN CAÑON FÜR SCHWINDELFREIE

BARRANCAS DEL COBRE, CREEL, MEXIKO

Was den US-Amerikanern der Grand Canyon, sind den Mexikanern ihre Barrancas del Cobre. Doch die mexikanische »Kupferschlucht« im gleichnamigen Nationalpark ist viermal größer als ihr Pendant in Arizona! Über 50 km ziehen sich die sechs Cañons in der Sierra Madre durch den Nordwesten. Skurrile Felsformationen wie das Valle de los Monjes, wo steinerne Mönche in langen Kutten Spalier zu stehen scheinen. Sechs Flüsse schlängeln sich durch die Täler dieser wild-zerklüfteten Bergkulisse: Manche spitz wie Zipfelmützen, andere sind flache Tafelberge, die an einigen Stellen bis fast 2000 m ins Tal abbrechen.
Hier stürzen auch die Flüsse mit ab und werden zu den landeshöchsten Wasserfällen. 246 m rauscht der schnurgerade Basaseachi im Candameña Cañon abwärts. Mexikos Spitzenreiter ist die Cascada Piedra Volada mit imposantem 453 m-Wasserschweif, der sich durch eine Felsspalte in fast unzugänglicher Wildnis zwängt. Manche Felskolosse fliegen regelrecht – so sagen die Mexikaner –, sie schweben quasi zwischen Himmel und Erde, wie der Piedra Volada, ein schwindelerregend über einer Schlucht wackelnder Felsbrocken. Auch die Serpentinenpiste hinunter ins Tal bis zum Ort Urique ist nur was für Schwindelfreie: Sie überwindet auf einem nur 14 km langen Kurvenslalom ganze 1600 m Höhendifferenz.
Aber nur wer den Cañon durchwandert oder die Seilbahn nimmt, bekommt im Herbst das außergewöhnlich farbenfrohe Antlitz der Barrancas zu sehen: Die Wildblumen entzücken in zartem Rosa bis Flieder wie die »Rose Mexikos«, leuchten weithin in Zitronengelb wie die Trompetenblume oder kommen schräg und exotisch daher wie ein blühender Paradiesvogel mit feurigen Farben, so der Pfauenstrauch. Übrigens, ein toller fotogener Kontrast zu den schroffen grün-braunen Bergen, bei dem nicht nur Botaniker ins Schwärmen geraten. Wer auf Farben steht, muss allerdings früh aufstehen: Zum Sonnenaufgang leuchten die Felsen in den schönsten Rottönen.

September

Nach der Regenzeit blühen die Wildblumen und die Wasserfälle donnern und rauschen! Der sonst eher karge Cañon präsentiert sich Ende Sept. bis Okt. am »Kupfer-grünsten« und farbenprächtigsten.

Felsnadeln im »Tal der Mönche«: Vorsicht ist geboten, denn einige der Monolithe sind »balancing rocks«, schweben also förmlich in der Luft.

Die Barranca del Cobre, benannt nach ihrem kupferfarbenen Gestein, liegt auf einem Gebiet, das zum Teil von Tarahumara-Indianern bewohnt wird.

Der perfekte Ort: El Divisadero

Unter den Aussichtspunkten und Zug-Haltepunkten entlang der Barrancas ist Divisadero der touristische Hotspot: direkt am Steilabbruch des Urique Cañon. Also, einsteigen in den »Chepe«, und ab geht die abenteuerliche Zugfahrt entlang der steilen Berghänge von Los Mochis bis Divisadero.

3 EIN FLUSS, ZWEI HÖHLEN, TAUSEND KASKADEN

EL CARDONAL, MEXIKO

Flüsse und Wasserfälle in spektakulärer Natur sind immer ein Foto wert. Hier aber am milchig-türkisen Río Tolantongo hat man die Qual der Wahl, bei so vielen Hinguckern! Lauter kleine Infinity-Pools klettern einen Berghang über den Fluss-Canyon hinauf. Die 34 °C warmen Becken sind wie kleine offene Schubladen, steil gestapelt in der Kaskade. Zugegeben: Der Mensch hat den Thermalquellen ein bisschen nachgeholfen und die etwa 30 »pozas« an der Felswand mit etwas Beton und Treppen abgesichert.
In dem Kalkberg verbirgt sich das wahre Naturwunder: Die zu 100 % naturgeschaffenen Grutas Tolantongo sind zwei unterirdische Bade-Höhlen mit Naturduschen. Selbst die Fußwege entlang des Berghanges führen durch Wasser entlang zahlloser Mini-Kaskaden. Einfach magisch – man wäre nicht verwundert, käme eine Fee hinter einem der Wasserschleier hervor. Aber meist sind es nur mexikanische Badenixen und Warmduscher, denn ab 10 Uhr kann es hier voll werden.

Der perfekte Ort: »La Gloria«

Ein paar ganz natürliche Jacuzzis und Badegrotten verstecken sich weit oben am Berg zwischen den himmelhohen Steilwänden, zu »La Gloria« muss man nur etwas klettern und durch ein wundersam-kaltes Becken – aber dann hat man das Paradies fast für sich alleine.

Januar

Clevere kommen früh und wochentags, aber nicht in den mexikanischen Ferien (Juli/Aug. sowie rund um Weihnachten/Ostern), Sinn machen warme Bäder ohnehin in der kühleren Jahreszeit (Nov.–Jan.).

Paradiesische Freuden: kleine Badebecken, die in den Hang gebaut wurden und zum Planschen im Thermalwasser einladen

Ungewöhnliche Taucherlebnisse versprechen die geheimnisvollen Grotten von Tulum.

PFORTEN ZUR UNTERWELT 4

TULUM, MEXIKO

Willkommen in der Höhle! Mexikos Kalksteinfundament ist von Karstgrotten durchzogen wie ein unterirdischer Gouda. Bricht die Decke ein, entsteht über die Jahrtausende ein mit Wasser gefülltes Loch: ein Cenote. Zigtausende verbergen sich allein im Keller der Halbinsel Yucatán, unscheinbare kleine Teiche oder im Dschungel versteckte Felsgrotten. Die sogenannten Dolinen, die sich Trichtern gleich im Karst öffnen, sind oft verbunden mit dem Meer über Labyrinthe, gespickt mit Tropfsteinen wie Säulen in einem Zuckerbäckerpalast. Hier das Werk eines Unterwasser-Bildhauers, dort ein abgestürzter Baum, der mit Ästen nach den Eindringlingen zu greifen scheint. Nur am Eingangsloch staksen noch ein paar Lichtstrahlen wie Laserspots durchs glasklare Wasser. Eine Welt der Finsternis, die die Maya »ts'ono'ot« nannten und als »Heilige Quelle« betrachteten, aber auch als Tor zur Unterwelt: wo sie ihre Toten bestatteten oder Kinder den Göttern opferten, etwa dem nimmersatten Regengott Chaac.

Der perfekte Ort: Dos Ojos

In den touristisch erschlossenen Unterwassergrotten kann man abtauchen in diese geheimnisvolle Welt. Tulum wirbt mit surrealen Taucherlebnissen in seinen »Untergrundflüssen«: Dos Ojos/Sac Actun ist das wahrscheinlich längste (bekannte) Unterwasserhöhlensystem der Welt: ca. 370 km. Aber schon ein paar Kilometer reichen für ein magisches Taucherlebnis: allerdings nur für erfahrene Taucher.

März

Sonne oder Regen ist in einer Höhle eigentlich egal – es sei denn, man will die Unterwasser-Lichtspiele erleben.

Der beschwerliche Flug der Monarchfalter von Kanada nach Mexiko stellt Naturwissenschaftler vor ein Rätsel, schließlich werden die Schmetterlinge gerade mal ein halbes Jahr alt.

FAUNA

(5)

MIGRATION DER MONARCHFALTER

OCAMPO, MEXIKO

Januar bis März

Zum Sonnenaufgang kommt Leben in die Kolonie, und bald verwandeln die Flatterwesen den Himmel in ein orangefarbenes Schauspiel.

Es ist die größte Migrationsbewegung auf Erden: Abermillionen Amerikanische Monarchfalter machen sich im Oktober auf einen beschwerlichen Weg. Zwei Monate und 3600 km sind sie unterwegs über Berge, Täler und Küsten von Kanada und den USA bis nach Mexiko. Manche Schwärme werden sogar von Radarstationen gesichtet.

Haben sie ihr Winterdomizil erreicht, kleben die orange-leuchtenden Wander-Schmetterlinge mit den weiß gepunkteten Flügelrändern an den Nadelbäumen, bis deren Äste sich unter ihrem Gewicht biegen. Wie die kaum handtellergroßen »Wanderer« es schaffen, zielstrebig einen ganzen Kontinent zu überqueren, darüber rätseln die Wissenschaftler. Fakt ist: Ihre Zahl hat innerhalb von 20 Jahren dramatisch abgenommen. Herbizide, Klimawandel, Hurrikans, Waldbrände, Kahlschlag und »Unfälle« an den Highway-Drehkreuzen machen den willensstarken Geschöpfen schwer zu schaffen. Den Faltern ist ohnehin nur eine kurze Lebensdauer beschieden: etwa sechs Monate.

Der perfekte Ort: El Rosario

Fünf von insgesamt 14 »santuarios« in den Bundesstaaten Michoacán und Mexiko, Biosphärenreservate der UNESCO, sind für Besucher geöffnet: El Rosario ist das größte Waldgebiet mit rund 1500 von Schmetterlingen »besetzten« Bäumen.

6 VON RIESEN UND ZWERGEN

NATIONALPARK ALEJANDRO DE HUMBOLDT, BARACOA, KUBA

Kuba ist einer der weltweit über 30 Hotspots der Biodiversität: Auf der größten Karibikinsel tummeln sich mehr endemische Arten als auf Galápagos! Der UNESCO-Nationalpark Alejandro de Humboldt im Landesosten ist der letzte größere und intakte Regenwald der Karibik. Nur hier begegnet man dem kleinsten Vogel der Welt: dem Kolibri Mellisuga. Die zauberhafte »Bienenelfe« ist kaum daumengroß, wiegt 2 g und schwebt mit 90 Flügelschlägen in der Sekunde auf der Stelle, sogar mit Rückwärtsgang. Neben diesem schillernden Winzling wirken die im Meer lebenden, bis zu 5 m langen Manatis wie die Elefanten der Karibik. Die selten gewordenen karibischen Rundschwanzseekühe gehören zur Gattung der Sirenen, erinnern aber mehr an schwimmende Dickhäuter als an griechische Sagengeschöpfe. Dennoch sollen die spanischen Eroberer sie für Meerjungfrauen gehalten haben.

Oktober

Für die Kolibris braucht man einen guten Führer, für die Manatis einen bewölkten Himmel oder Dämmerung nach Regenschauern, und viel Glück!

Der perfekte Ort: Bahía de Taco

Über der Taco-Bucht gibt das Besuchercenter mit einer kleinen Ausstellung einen Überblick über all die großen und kleinen oder prähistorischen Exoten des Nationalparks. In der weiten Bucht lassen sich bei einer Bootsfahrt eventuell einige wenige letzte Exemplare der Manatis blicken.

Mit ihrem langen Schnabel und einer nicht minder langen Zunge gelingt es Kolibris sogar noch im Flug, Nektar aus dem Blütenkelch zu saugen.

Gefährliche Wanderschaft: Nur wenige der unzähligen Landkrabben schaffen den Weg ins Meer.

April

Die biologische Wanderlust der Landkrabben hängt von vielen Faktoren ab – Mondphase und in der Regenzeit.

Nur zur Ablage der befruchteten Eier gehen die Krabbenweibchen ins Meer.

Der perfekte Ort: Playa Larga

In dem Nationalpark fanden die kubanischen Tierschützer mit der Hilfe des Brandenburgischen NABU eine Notlösung: Dank diverser Minitunnels direkt unter der Piste zwischen Playa Larga und Playa Girón gelangt zumindest ein Teil der Krabben seit 2011 unversehrt zu ihren Eiablageplätzen im Meer.

LICHT AM ENDE DES TUNNELS 7

CIÉNAGA DE ZAPATA, KUBA

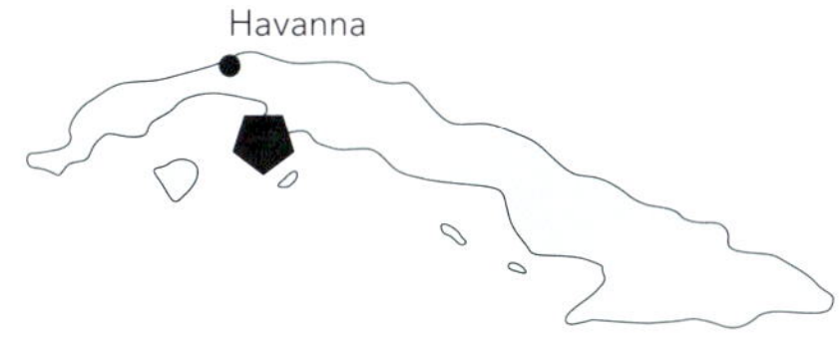

Rückblick: In der berühmten Schweinebucht, der Bahía de Cochinos, fand im April 1961 eine Schlacht statt: Die Invasion von 1500 schwer bewaffneten Exilkubanern und US-Söldnern wurde bekanntlich zurückgeschlagen, und die Kubaner feierten ihren Sieg über den »Imperialismus«.
Jahrzehnte später sieht es hier jeden Frühsommer nach einem wahren Gemetzel aus: wenn Millionen rotgelbe Landkrabben aus den Küstenwäldern zu ihren Laichplätzen ins Meer eilen – über die einzige Verbindungsstraße! Die Straße wird auf 40 km zu einem Massengrab. Kein Hindernis hält die Kletterkünstler auf, sie überwinden mühelos Zäune und senkrechte Mauern. Es wird u. a. versucht, Autos, Busse und Laster in den Wandermonaten nur in der heißen Mittagszeit durch das UNESCO-Biosphärenreservat passieren zu lassen, wenn die Krabben im schattigen Mangrovenwald auf Abkühlung warten.

Juli

Der Sommer ist für Glühwürmchen-Romantiker die Reisesaison schlechthin, auf Jamaika v. a. trockene Sommernächte.

8 LIEBESBALLETT BEI NACHT

COCKPIT COUNTRY, JAMAIKA

Das flasht! Wenn Glühwürmchen sich tausendfach synchron ihr Liebeslied zublinken und dabei ganze Bäume zum Leuchten bringen, dann geht es dabei mal wieder nur um eins. Doch die universelle Blink-Sprache im Sekundentakt kann auch Lockruf, Warnung oder Zurückweisung sein.

In Jamaika gibt es mindestens 50 Leuchtkäferarten. »Blinkies« oder auch klickende »Peenie Wallies«, wie die Jamaikaner sagen, und sie schwören drauf: Nur hier auf ihrer Insel leben besonders große Käfer und geben besonders farbenfrohe Lichtsignale, in mehreren Farben von Gelb über Orange und Rot bis phosphorisierend-grünlich. Auf dem Eiland kursieren illustre Geschichten aus der Jahrhundertwende um die mit Lichtorganen blinkenden Wesen: So sollen reiche Farmersfrauen auf den Zuckerplantagen bei Bällen Kleider und Schmuck aus Glühwürmchen getragen haben. Und der Schriftsteller Sir Noël Coward nannte sein jamaikanisches Haus in den 1950ern: »Firefly Estate« – Glühwürmchen-Anwesen.

Der perfekte Ort: Windsor Cave

Im hügeligen Cockpit Country nahe Windsor Cave gibt es kaum die Glühwürmchen störende Lichtverschmutzung. Daher kann man hier bei wolken- und mondlosem Himmel abwarten, bis die Glühwürmchen anfangen zum Sound von Bob Marley zu tanzen.

Abermillionen winziger Glühwürmchen bei ihrem rituellen »Lichterfest«, das nur einem Zweck dient: der Paarung.

ARRIBADA NIGHTS 9

NICOYA, COSTA RICA

Es wirkt wie eine urzeitliche Invasion von Giganten in Zeitlupe. In dunklen Nächten schleppen sich Abertausende Meeresschildkröten schnaufend an den grauschwarzen Lavastrand. An einer freien Stelle heben sie mit ihren Flossen tiefe Löcher aus, lassen bis zu 120 Eier wie Pingpongbälle hineinplumpsen und schaufeln ihre Nester wieder zu. Nach einer Stunde robben die Muttertiere erschöpft zurück ins Meer. Etwa zwei Monate später schlüpfen die Babies und beginnen – meist ebenfalls in der schützenden Finsternis – ihren Wettlauf ins rettende Meer. Diese Ur-Tiere, hier zumeist Olive Ridley's (Bastardschildkröten), kehren seit 200 Mio. Jahren zum Eierlegen immer an den Ort ihrer Geburt zurück. Neben den tierischen Nesträubern ist der Mensch ihre größte Bedrohung: Aberglaube beim Verzehr der angeblich potenzsteigernden Eier, Fischernetze, Hotelbau, Massentourismus …

Meeresschildkröten kehren zur Eiablage immer dorthin zurück, wo sie selbst einmal geboren wurden.

August bis Dezember

Am besten kurz vor Neumond in der Regenzeit, nur mit obligatorischem Guide und max. 1 Std.

Arribada: Bei dieser »Invasion« vor Vollmond kann man oft den Strand vor lauter Schildkröten nicht mehr erkennen.

Der perfekte Ort: Playa Ostional

Das Wildlife Refuge Ostional ist der größte Nistplatz von nur sieben Stränden weltweit, an denen sich die mehrtägigen »Arribadas« abspielen. Was wenige wissen: In den ersten drei Tagen dieser »Massen-Ankünfte« dürfen auch die Einheimischen hier Eier sammeln. Denn mit 300 000 Meeresschildkröten, die in nur wenigen Nächten bis zu 10 Mio. Eier legen, gäbe es zu viele Muttertiere, die aus Versehen Eier ausgraben.

Die Blüte der Psychotria elata, eine sinnliche rote Lippe, geformt wie ein Kussmund – eine Einladung der Natur?

FLORA

10

»BESAME«, KÜSS MICH!

GOLFITO, COSTA RICA

November

Allmählich bis zur Blütezeit (Dez.–März) verblassen die knallroten »Lippen«, also lieber früher kommen und staunen.

Sie ist verführerisch schön, sozusagen die Angelina Jolie der zentralamerikanischen Dschungelflora: Die Psychotria elata wächst feuerwehrrot und »glossy« in den Wäldern Costa Ricas, verdreht ihren Betrachtern unweigerlich den Kopf und verführt manche zu (erotischen) Fantasien. Die Einheimischen nennen sie auch »labio de puta« (Dirnenlippe) – aber derart käuflich ist die sogenannte Lippenblume nicht. Wie auch immer, für die meisten ist es Liebe auf den ersten Blick.
Die floral-sexy Schönheit mit den 100 Subarten allein in Costa Rica war lange auch als Schmerzmittel beliebt, man sagt ihr außerdem eine Wirkung als Aphrodisiakum und Halluzigen nach – kein Wunder bei den prall-geschürzten Lippen, die wohl selbst einen Mick Jagger vor Neid erblassen lassen. Wegen der Abholzung der Tropenwälder wird die »Küss-mich-Blume« in freier Natur immer seltener – also bitte nicht zum Valentinstag verschenken!

Der perfekte Ort: La Gamba

In der österreichischen Estación Biológica La Gamba (8 km von Golfito) erfährt man auch, dass die »Lippen« der Psychotria elata wissenschaftlich korrekt nur etwas extravagante Blätter sind.

Die nach Isabella I. von Kastilien benannten »Gärten der Königin« sind ein beliebtes Tauchrevier. An den Korallenriffen kann man mit Seidenhaien, Weißspitzen- und Hammerhaien auf Tuchfühlung gehen.

MEERE

11

RENDEZVOUS MIT HAIEN

JARDINES DE LA REINA, KUBA

Dezember

Die Tauchsaison ist nach der Regen-Hurrikan-Saison (Dez.–April); große Fische sieht man am ehesten April bis Ende Juni.

Die Jardines de la Reina sind die intaktesten Meeresgewässer der Karibik: Die »Gärten der Königin« vor der Südküste Kubas protzen mit ihrem Fischreichtum – sechsmal mehr als in Mexiko und Florida! Ein geschützter Archipel aus 250 menschenleeren Inselchen und unberührten Mangrovenwäldern. Farbenprächtige Korallenbänke und -pyramiden, Unterwasser-Canyons mit Spalten und Grotten, von knallroten Peitschen- und Korkenzieherkorallen »eroberte« Wracks. Gewaltige Zackenbarsche, Engel- und Teufelsfische, Papageien- und Rotfeuerfische. Über purpurrote Gorgonien schweben Meeresschildkröten und Stachelrochen, nicht selten auch Pottwale und Walhaie. Ein »Hailight« sind die vielen Riff-, Seiden- und Bullenhaie, Ammen- und Hammerhaie. Hier scheinen die gefürchteten Meeresräuber regelrecht für Videos zu posieren. Die überraschend großen und scheinbar zutraulichen Haie finden am drittlängsten Korallenriff der Welt offenbar genug zum Fressen – kommerzieller Fischfang ist hier verboten.

Der perfekte Ort: Avalon

50 Tauchspots von Weltklasserang: Nicht nur hier am sogenannten Hai-Treff kann man in einer Art Zeitkapsel abtauchen – in eine Ära vor weltweiter Überfischung und Korallenbleiche.

12 DIE VERSUNKENE HÖHLE

LIGHTHOUSE REEF, BELIZE

Das unscheinbare Belize beeindruckt mit dem zweitgrößten Korallenriff der Welt: Das 260 km lange Atoll ist Heimat von 500 bunten Fischarten, Mantas, Seekühen und Meeresschildkröten, Riffhaien und kolossalen Walhaien.

Der Clou aber ist das Great Blue Hole: eines der zehn spektakulärsten Tauchgebiete der Welt, eine 125 m tiefe Unterwasserhöhle mit Stalaktiten mit bis zu 8 m Länge und dick wie ein Baumstamm. Mit seinem Korallenring erscheint es aus der Vogelperspektive wie mit dem Zirkel gezogen. Wer über die Riffkante in das dunkle Reich gleitet, wäre kaum erstaunt, schwebte Jules Vernes »Nautilus« langsam durchs Unterwasser-Selfie. Wahrscheinlich sind es aber nur US-Wissenschaftler, die seit 2018 in Tiefseetauchbooten dem »großen blauen Loch« auf den Grund gehen. Ab 90 m fanden sie eine geheimnisvolle, einsame und kalte Unterwelt vor – ohne Leben, ohne Sauerstoff – und wurden trotzdem fündig: eine 2-l-Cola-Flasche und eine wasserdichte Kamera mit lustigen Urlaubsfotos.

Der perfekte Ort: Blackbird Caye

Von der Blackbird Insel auf dem Turneffe Atoll ist es nur ein Catfish-Sprung zum Lighthouse Reef mit dem Great Blue Hole (nur für erfahrene Taucher!), man kann die bildschöne Unterwasserhöhle aber auch bei einer Hubschraubertour überfliegen.

Mai

Zum Vollmond im Frühsommer zieht es Walhaie hierher zum Futtern von Plankton und kleineren Fischen.

Great Blue Hole: Das von einem Korallengürtel gesäumte tintenblaue Loch, eine 125 m tiefe Doline, gilt als eines der besten Tauchreviere der Welt.

Beide Abbildungen zeigen das Phänomen der Biolumineszenz: ein romantischer Anblick, auch wenn »nur« Algen der Auslöser dieses magischen Effekts sind.

Juni

Ganzjährig im Nicoya Golf: je sonniger der Tag, je wärmer das Wasser, je mondloser die Nacht, desto besser!

Der perfekte Ort: Islas San Lucas und Jesuita

Taucht man im Nicoya Golf rund um die beiden Inseln sein Paddel oder seine Hand ins Wasser, löst dieser Reiz einen biochemischen Impuls in den Mikroorganismen aus: ein Feuerwerk aus grünblauen Blitzen, fluoreszierende Wasserspuren, eine Hand voller blau-glitzernder Sterne.

EINE HANDVOLL BLAUER STERNE (13)

PAQUERA, COSTA RICA

Es taucht auf in Gedichten, Kinderbüchern und bei Kapitän Nemo in »20 000 Meilen unter dem Meer«: das geheimnisvolle Meeresleuchten. Wenn psychedelische Erscheinungen in Neon-Blau übers Wasser tanzen, wenn Fußstapfen im Sand in Himmelblau nachglimmen oder ein ganzes Meer in rotem Licht scheint, dann braucht es keine Pillen oder Rauchwaren. Nur eine warme Sommernacht und ein paar Billionen Dinoflagellaten. Die winzigen Illuminationskünstler, darunter die famosen »Nachtlaternchen«, erzeugen die traumschöne Biolumineszenz, die schon alten Seefahrern unheimlich war – etwa das sog. Bugwellen-Meeresleuchten. Ein schmaler Grat zwischen Traum und Albtraum. Denn bei massenhafter Vermehrung der harmlosen einzelligen Kreaturen droht giftiges Algenblühen und die »rote Flut«. Wenn die Plankton-Lebewesen vor sich hin lumineszieren und dabei Ammoniak produzieren, ist das zwar schaurig-schön anzusehen, aber reinstes Gift für andere Meeresbewohner.

Typisches Merkmal des Tukans ist sein gebogener, farbenprächtiger Schnabel, mit dem er auch den Wärmehaushalt seines Körpers reguliert.

FLÜSSE, SEEN, WASSERFÄLLE

14

EIN TROPISCHES VOGELPARADIES

NATIONALPARK LAGUNA LACHUÁ, GUATEMALA

Januar

Am meisten los ist bei Sonnenaufgang zur Hauptbrutzeit (März–Juni). Von September bis Mai sind die nordamerikanischen Winter-Flüchtlinge da.

Die Wege ins Paradies sind bekanntlich mühsam. Aber beim Dschungelmarsch zur kreisrunden Laguna Lachuá kann sich auch der Vogel-Unkundige schon mal einstimmen – mit Vogelstimmen. Das Ramsar-Schutzgebiet ist ein Eldorado für Ornithologen: Bis zum frühen Morgen meldet sich der nachtaktive Riesentagschläfer – Gänsehaut garantiert sein menschlich klingender Ruf. Kolibris flattern so nah heran, dass man ihre Flügel sirren hört. Ein unscheinbarer Nachtigallzaunkönig macht sich mit seinem charakteristischen »hoo hi, hi hoo, hoo hi« bemerkbar. Bald stimmen Papageien ins Konzert ein, wie die giftgrüne endemische Mülleramazone mit ihrem markanten Krächzen. Die schillernden Stars aber sind der Königliche Fliegenfänger mit seinem majestätischen blauroten Kopfschmuck und der Fischertukan mit dem imposanten Schnabel.

Der perfekte Ort: Mirador Laguna Lachuá

Ein Outdoor-Abenteuer abseits der Trampelpfade: mit spartanischer Übernachtung im Nationalpark-»Hotel« – inklusive 360 Grad garantiert WiFi- und handyfreies Dschungelfeeling! Von einigen Mit-Bewohnern sieht man gerne nur die Spuren: Puma, Krokodile, Boa constrictor, eher harmlos sind Tapire und Affen.

Tikal-Tempel IV – Weitsicht für die Götter: Die im 8. Jh. erbaute Pyramide ist eines der höchsten Gebäude in der gesamten Maya-Region.

LOST PLACES

15

ÜBER DEM DSCHUNGELDACH

TIKAL, GUATEMALA

Dezember

Früh aufstehen! Ohne Andrang und Hitze, mit den Lauten des erwachenden Regenwalds und Sonnenaufgang über mystisch-nebelverschleierten Ruinen.

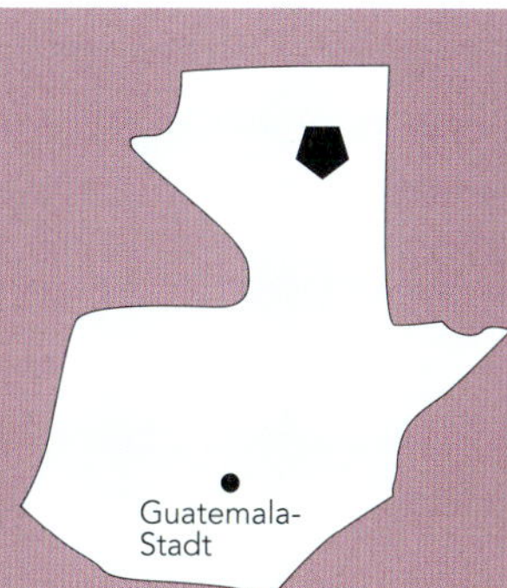

Die unheimlichen Rufe der Brüllaffen weisen den Weg in die Metropole der »Wolkenkratzer«. Nein, nicht nach Guatemala-City, sondern in die Maya-Stätte Tikal mitten im Petén-Dschungel. Das Weltkultur- und Weltnaturerbe der UNESCO erhebt sich seit rund 2500 Jahren im Nirgendwo. Ein riesiger archäologischer Komplex aus insgesamt 3000 Bauwerken und Ruinen, Stelen, Steinhaufen, Grabkammern. Die höchsten Bauten stammen aus der Zeit um 800 n. Chr.: der Tempel des Jaguar-Priesters (55 m) und der fotogene Tempel des Großen Jaguar (47 m).
Es fällt schwer, sich in der verwunschen-abenteuerlichen Atmosphäre vorzustellen, wie hier einst 100 000 Mayas lebten: wie Schmiede Preziosen aus Gold, Jade und Federn schufen, wie Steinmetze die Hieroglyphen in Stelen schlugen. Und wie die Meister der altertümlichen Wissenschaft, die Maya-Astronomen, ihre hochkomplexen Zeremonialkalender errechneten, die bis in unsere Zeit reichten.

Der perfekte Ort: »Star Wars«-Tempel

Über halsbrecherisch steile Stufen geht es in schwindelnde 65 m Höhe, wo die siebenstufige Pyramide über dem Dschungeldach thront: Der Tempel IV. ist das höchste Bauwerk in Tikal. Ein Panorama wie in George Lucas' »Star Wars« Folge IV. Lichtschwerter sucht man allerdings vergeblich.

Ein Anblick, der Ehrfurcht vor Mutter Natur einflößt: der Mount Roraima, ein 2810 m hoher Felskoloss mit senkrecht abfallenden Felswänden

GEOLOGIE

16

»LOST WORLD« ÜBER DEN WOLKEN

SANTA ELENA, DREILÄNDERECK VENEZUELA, BRASILIEN, GUYANA

Dezember

Nur in der Trockenzeit (Dez.–April) nachmittags verschlucken oft Wolken oder Nebel die rosafarbenen Wände des Sandsteinberges.

Wie nach Handkantenschlag von einem tobenden Goliath geschaffen ragen die Tafelberge aus dem Canaima Nationalpark empor – eines dieser UNESCO-Weltschätze, die nicht von dieser Welt erscheinen. Der reinste Jurassic Park voller fleischfressender Pflanzen. Wie ein gewaltiger Eisbrecher bahnt sich der 2810 m hohe Roraima seinen Weg durchs Wolkenmeer. Seine Flanken brechen 600 m senkrecht in die Tiefe ab. Wasserfälle von überirdischem Ausmaß stürzen über seine Abbruchkante. Ist der Koloss schon aus der Ameisenperspektive von atemberaubender Schönheit, so versetzt der »tepui« seine Gipfelstürmer erst recht in Staunen. Ganz oben präsentiert sich der Roraima so zerklüftet, dass man sich verlaufen könnte. Ein Labyrinth aus bizarren Felstürmen, Spalten, Canyons und dem »Tal aus Kristallen«. Man möchte Flugdrachen und Dinosaurier hier vermuten, wie schon Arthur Conan Doyle, den der Roraima 1912 wohl zu einem Roman inspiriert hat: »Lost World«.

Der perfekte Ort: Paraitepuy

Startpunkt für Wanderer ist das Indio-Dorf Paraitepuy. Fitte Besteiger können den Roraima über eine natürliche Dschungelrampe seitlich entlang der Steilwand erobern und dabei die einzigartige Flora und Fauna bestaunen, beispielsweise Orchideen oder den rabenschwarzen Mini-Frosch.

17 WENN DAS EIS SCHMILZT …

RAINBOW MOUNTAIN, ANDEN, PERU

… dann spielen die peruanischen Anden rund um den mächtigen Ausangate-Gletscher einfach den zweiten Akt ihres grandiosen Naturschauspiels: Auftritt des »Regenbogenberges«! Es muss um 2014 gewesen sein, als der Vinicunca nach Abertausenden Jahren seine Eis- und Schneedecke verlor. Auch ein Klimawandel ist eben nur ein Wimpernschlag im Zeitenlauf. Und so offenbart der Montaña de Siete Colores nun seine farbige Pracht, wenn auch mit Wermutstropfen.

Der gleichschenklige Bergrücken wirkt, als hätte Mutter Natur ihn mit feinen Pinselstrichen übermalt: in den sieben Farben der Mineralienschichten von Kupfer bis Granit. Diese Augenweide blieb dem Rest der Welt natürlich nicht verborgen »dank« Facebook und Instagram: Tausende Besucher – pro Tag! – inklusive Müllberge und souvenirbehangene Lamas. Man munkelt, es werden in der Region schon neue Regenbogenberge »entdeckt«.

Juli

Blauer Himmel, klare Sicht, Sonnenschein! Wer zum Selfie in der Hochsaison (Trockenzeit Juni–Aug.) nicht anstehen will, muss nachts gegen 2 Uhr in Cusco starten.

Der perfekte Ort: Quechuyno

Ab dem Bergdorf Quechuyno (4300 m) geht es zum Logenplatz auf 5200 m in dünner Luft: Die hier mögliche Höhenkrankheit unterschätzen viele angesichts der nur 2 Std. dauernden Wanderung, da hilft der Lunge auch kein Ritt auf den klapprigen »Taxi«-Gäulen.

Montaña de Siete Colores: Mit sieben Farben schmückt sich der Berg, genau so viele, wie ein Regenbogen hat.

WO DIE SEELEN WOHNEN (18)

VALLE DE LAS ÁNIMAS, BOLIVIEN

Im Valle de las Ánimas wähnt man sich in Mittelerde, auch wenn zwergenartige Wesen aus »Der Herr der Ringe« in diesem Cañon wahrscheinlich selten auftauchen. Das »Tal der Seelen« mit seinen bizarr-spitzen Felsnadeln ist ein doppeltes Wunder: Tatsächlich trifft man wochentags keine Menschenseele hier – dabei liegt das Tal nahe der Hauptstadt La Paz.
Liegt es an den unheimlichen Indio-Legenden? Sind die rotbraunen Sandsteintürme die versteinerten Seelen ihrer Ahnen, die bis zu 250 m hoch entlang der Schlucht Spalier stehen?! Mit etwas Fantasie lassen sich Köpfe und Gesichter erkennen. Nach Sonnenuntergang sollte man besser nicht hier sein, warnen Anwohner, denn nachts erklängen Trommeln und ein gespenstisches Wehklagen. Der Wind? Wer weiß das schon, für Gänsehaut sorgt spätestens das Panorama vom höchsten Aussichtspunkt: die jetzt winzigen Hochhäuser von La Paz vor dem 6400 m hohen schneebedeckten Illimani.

Juni

Wegen möglicher Erdrutsche, Sturzbäche und Steinschlag nur in der Trockenzeit (Mai–Okt., am wenigsten Regen gibt es im Juni/Juli).

Winzigklein nimmt sich die Indiofrau in ihrer Cholita-Tracht vor den riesigen, in den Himmel ragenden Sandsteinfelsen aus.

Um diesen Cañon ranken sich viele Sagen und Mythen, werden hier doch die Seelen der Ahnen vermutet.

Der perfekte Ort: Ovejuyo

Die Siedlung ist Ausgangsort der Wanderung, am besten mit gutem Kartenmaterial, Kompass oder einem Guide und niemals von der schlingenförmigen Hauptroute zum Aussichtspunkt abweichen.

»Klappern gehört zum Handwerk«, das gilt auch für Blaufußtölpel in der Paarungszeit.

FAUNA

19

UNTER LIEBESTOLLEN BRAUTTÄNZERN

ISLA ESPAÑOLA (GALÁPAGOS), ECUADOR

April/Mai

Regenzeit ist zugleich Blüte- und Paarungszeit. Auf Española: Blaufußtölpel: Mai; Albatros: April/Mai und Okt. Meerechsen: Dez./Jan.; Seelöwen: Sept.–Nov.; Riesenschildkröten: Dez./Jan.–Mai/Juni

Riesenschildkröten suchen laut röhrend paarungswillige Weibchen. Urtümlich wirkende Meerechsenmännchen – Godzillas en miniature – laufen vor lauter Imponiergehabe rot an und lassen die gezackten Rückenkämme giftgrün leuchten. Es ist Paarungszeit auf Galápagos!

Viel Mühe geben sich auch die Galápagos-Albatrosse, mit einer Flügelspannweite von bis zu 2,40 m die größten Flugvögel der Welt: Brust raus, Bauch rein, ein kleines Geschenk für die Dame (ein Zweig) und Schnäbel-Klappern gehört zum guten Ton – bis zum markerschütternden Schrei. Die ambitionierte Brautwerbung ist kein Wunder, denn die Albatros-Ehe muss bis zu 60 Jahre halten!

Everybody's Darling ist der Blaufußtölpel. Die liebestollen Vögel stolzieren umher, zeigen der Auserwählten ihre markanten hellblauen Füße, beugen und recken ihre Schnäbel in die Luft, als folgten sie einer romantischen Choreografie – man muss sich den Walzer nur dazu denken. Happy End: Der mit den größten und blauesten Füßen kriegt das Weibchen!

Der perfekte Ort: Punta Suarez

Für alle, die eine Verabredung mit den tierischen Gigolos haben: Die Albatrosse landen nur auf der Isla Española, auch die Blaufußtölpel sind hier auf dem 2-km-Pfad ab Punta Suarez gut zu beobachten.

20 »EL CÓNDOR PASA«

COLCA CAÑON, PERU

Der Andenkondor würde bei einem Schönheitswettbewerb unter seinesgleichen keinen Regenwurm gewinnen. Mit seinem nackten rötlichen Kopf und der Schrumpelhaut am wulstigen Kamm entpuppt er sich aus der Nähe als hässlicher Vogel – wie es sich für einen echten Geier gehört! Nur der weiß-flauschige Kragen zum glänzend-schwarzen Federkleid macht etwas her und gibt dem Männchen ein fast schon würdevoll-pastorales Aussehen.

Von einer Flügelspitze zur anderen sind es 3 m – gewaltige Schwingen, mit denen der Kondor bis zu einer halben Stunde im reinen Segelflug zubringen kann, das macht dem Langstreckensegler so schnell kein anderer Greifvogel nach. Trotzdem schweben insgesamt nur noch 10 000 »Könige der Lüfte« über die Berge und Täler der Anden, über Wüsten und Küsten. Der mächtigste Vogel der Welt gilt als fast vom Aussterben bedroht, da helfen ihm seine Beliebtheit als Nationalsymbol und Wappentier und einige Aufzuchtprojekte auch nicht viel.

Der Kondor ist ein Aasfresser, und das könnte ihm eines Tages zum Verhängnis werden: Der Gigant bedrängt nicht selten seine Beute an den Berghängen schon aus der Luft, damit sie abstürzen – darunter auch Kälber, Fohlen, Ziegen und Schafe. So macht er sich unter Bauern und Viehzüchtern keine Freunde. Wenn die »Hazienderos« Füchse und Pumas mit Ködern vergiften, trifft es beim Leichenschmaus auch die majestätischen Greifvögel.

In Peru liegen übrigens die Wurzeln des weltberühmten Klassikers von Simon & Garfunkel: Mit »El Cóndor Pasa« in den Ohren sieht man förmlich, wie der Kondor als Symbol der Freiheit am Himmel seine Kreise zieht. In der Originalversion von 1913 geht es um die Ausbeutung von indianischen Minenarbeitern und ihren Traum von Freiheit auf den Schwingen des Kondors, der sie nach Hause ins Reich der Inka nach Machu Picchu bringen soll. Auch wenn der Text des US-Duos nichts mit dem lateinamerikanischen Land zu tun hat, ehrte Peru das Lied 2004 als nationales Kulturerbe.

November

Die Vögel nutzen die aufsteigende Morgenthermik (ca. 8–10 Uhr), um am Rande des Colca-Cañons zu segeln. Geduld: Wer hier keine sieht, geht einfach eine Runde wandern.

Die Thermik hebt den Andenkondor mühelos in die dünne Gebirgsluft.

Die Inkas glaubten, wenn ihr Ende gekommen sei, auf den Flügeln eines Kondors über die Milchstraße zu fliegen und zu den Sternen zurückzukehren.

Der perfekte Ort: Mirador Cruz del Cóndor

Das Condor-Kreuz im Colca Cañon bietet auf fast 4000 m gute Chancen, die Vögel zu erspähen. Sie schweben manchmal direkt über dem Aussichtspunkt, ein bildschönes Terrassen-Tal mit 3400 m tiefer Schlucht, einer der tiefsten Canyons der Welt!

Das Valle de Cocora ist berühmt für seinen großen Bestand an Quindío-Wachspalmen. Entdeckt wurde der Nationalbaum Kolumbiens 1801 vom Forschungsreisenden Alexander von Humboldt.

21

DIE HÖCHSTE PALME DER WELT

VALLE DEL COCORA, KOLUMBIEN

Januar

Für ambitionierte Fotografen ist vielleicht gerade der mystisch-wabernde Morgennebel interessant, den erste Sonnenstrahlen durchdringen.

Ein Landschaftsgemälde, das auch ein Monet nicht schöner hätte erschaffen können: Das saftig grüne Valle del Cocora rund um den jugendlich-sprudelnden Río Quindío verzaubert mit einer verwunschenen Hügellandschaft, knorrigen Bäumen, Moos und Tälern wie mit grünem Samt bezogen.
Im wahrsten Sinne herausragend ist ein endemischer Exot: die Quindío-Wachspalme, Nationalbaum Kolumbiens und höchste Palme der Welt. Die Palma de cera kann sich bis zu sagenhaften 60 m himmelwärts recken. Gleich einer Armee aus spindeldürren Soldaten mit wuscheligen Tarnhelmen staksen sie die Hügel hoch. Oder sind es Zauberstäbe oder eines Riesen Zahnstocher? Die Fantasie wird beflügelt durch die Wetterkapriolen: Sonne, Sprühregen, Nebel, Wolkengeschwader. Aber wann wandelt man schon in den schmatzenden Fußstapfen eines Alexander von Humboldt?

Der perfekte Ort: Finca La Montaña

Die von Humboldt erstmals beschriebene Palme ist außerhalb der Schutzgebiete gefährdet, da die Palmwedel als Dekoration verwendet werden. Unterwegs bei einem steilen Abstecher zur Berg-Finca La Montaña kann man auch die Augen wandern lassen.

22 EINE BLUME ZEIGT GESICHT

LOJA, ECUADOR

Gäbe es ein Ranking der schaurigsten Pflanzen, dann hätten die südamerikanischen »Draculas« gute Chancen auf einen Platz unter den Top Ten: Unter den weit über 100 Orchideen der Dracula-Gattung tragen manche furchterregende Namen wie Nosferatu, Vampira und Diabola. Einige sind blutrot mit langen Spornen, die spitz wie Reißzähne abstehen. In Ecuador wachsen die Hälfte aller botanischen Draculas – übersetzt »kleiner Drache« –, nicht zu vergessen die »restlichen« etwa 4200 Orchideenarten allein in Ecuador!
Eine skurrile Verwandte ist die »Affen-Orchidee«. Den US-amerikanischen Orchidologen Carlyle A. Luer erinnerte diese groteske Spezies an ein Kapuzineräffchen! In der Mitte ihrer purpurroten Blätter verbirgt sich tatsächlich ein Affengesicht. Aber das Beste ist der Duft der kleinen Dracula simia: nein, nicht nach Moder und Verwesung, aber nach reifen Apfelsinen. Da wäre auch der Graf aus Transsylvanien entzückt.

November

Diese Orchidee blüht ausnahmsweise ganzjährig, in botanischen Gärten eher nur im Winter bis Frühjahr.

Der perfekte Ort: Parque Nacional Podocarpus

Die Dracula simia blüht in immerfeuchten Bergwäldern auf 1000 bis 2000 m im südöstlichen Ecuador, etwa im regnerischen Podocarpus Nationalpark bei Vilcabamba.

Laune der Natur: Aus dem Blütenkelch der Dracula simia lugt das Gesicht eines Kapuzineräffchens hervor.

DIE KÖNIGIN DER WASSERLILIEN (23)

PANTANAL, BRASILIEN

Es war einmal eine englische Königin, nach der eine Wasserpflanze aus Südamerika benannt wurde. Die Victoria amazonica (oder Vitória-Régina) ist die weltgrößte Wasserpflanze mit der größten Blüte auf dem amerikanischen Kontinent. Sie ist ein botanisches Schmuckstück mit kreisrunden Blättern von bis zu 3 m Durchmesser! In ihrer Blütezeit zeigt sich die Amazonas-Wasserlilie als wahre Verwandlungskünstlerin. Zuerst ist sie nur eine stachlige Kugel, die sich allmählich entfaltet und dabei ein Herz formt. Dann beginnt sie bezaubernd schön zu blühen, heimlich in der Nacht. Zwei Tage dauert ihre »Geschlechtsumwandlung« von der schneeweißen (weiblichen) in die rosafarbene (männliche) Blüte. Derart errötet schließt sich die Riesenseerose endgültig und sinkt zu Grunde. Märchenhaft. Denn wenn sie nicht gestorben sind, überstehen ihre Samenkapseln im Lehmboden die Trockenzeit, um bei der nächsten Überflutung wieder zu keimen, zu gedeihen und als »Königin der Wasserlilien« wiederaufzuerstehen.

Die Blätter der Victoria amazonica sehen wie riesige schwimmende Schalen aus.

Oktober

Im Pantanal am besten zur Regenzeit: früh am Morgen (bis 9 Uhr) oder spät am Nachmittag!

Der perfekte Ort: Porto Jofre

Im Nationalpark Pantanal Matogrossense, einem gigantischen Feuchtgebiet so groß wie Deutschland, überflutet der Río Paraguai in der Regenzeit weite Teile des UNESCO-Weltnaturerbes, dann erblüht hier die Riesenseerose.

Ein wahres Kunststück aber vollbringt ihre Blüte, die ihre Farbe von strahlendem Weiß in zartes Rosa wechseln kann.

Was aus der Luft wie eine Art »Wellenschliff« aussieht, ist ein sich wandelndes Naturphänomen aus Dünen und Wasser, das die Passatwinde hierherzaubern.

WETTER & ASTRONOMIE

24

MIT BADEANZUG IN DIE WÜSTE

BARREIRINHAS, BRASILIEN

Juli

Zum Ende der Regenzeit ist beste Lagunen-Badezeit, die etwas ruhigere Trockenzeit (Okt.–Jan.) ist Wüstenwanderzeit.

»Brasiliens Sahara« ist ein Blendwerk der Natur, denn diese Wüste ist nur scheinbar eine! Die Atlantikwellen gehen bei Maranhão, so scheint es aus dem Flieger, direkt in Wellen aus Sand über: die Lençóis Maranhenses. Gigantische Wanderdünen, die der Passatwind noch bis 40 km weit ins Hinterland bläst und zu haushohen Sandbergen auftürmt, was die Brasilianer ans Bettenmachen erinnert: die »Bettlaken von Maranhão«. Doch wehe, wenn es regnet! Dann mäandert das türkis-leuchtende Wasser in Schlangenlinien bis zum Horizont. Eine Lagunenwelt mit lauter kristallklaren und fischreichen Süßwasserseen, wo Wellen an Wüsten-Strände und Inselchen schwappen, wo Mangroven ihre Wurzeln spreizen und sich Zugvögel, Meeresschildkröten und Kaimane tummeln. Jetzt passen auch die Badenixen gut ins Bild – besser als womöglich verschleierte Beduinenfrauen –, da kann dieser Landstrich noch so wüstenartig daherkommen.

Der perfekte Ort: Atins

Von Atins geht es per Boot auf dem Preguiças-Fluss ins Sandmeer mit seinen natürlichen Pools, ganzjähriges Baden ist nur an der Lagoa do Peixe und Lagoa Bonita möglich. Die Lichtschattenspiele der Dünen oder die »Bettlaken« sieht man am besten bei einem Rundflug.

25 DIE MUTTER ALLER GEWITTER

LAGO MARACAIBO, ZULIA, VENEZUELA

Es herrscht absolute Finsternis am Lago Maracaibo. Dann Wetterleuchten in der Ferne. Plötzlich irrlichtern Blitze kreuz und quer über das Binnenmeer, flackern von einer Wolke zur Nachbarwolke, gespreizten Hühnerkrallen ähnelnd. Wenn sie scheinbar zum Greifen nah senkrecht in die Tiefe schießen, manchmal auch im Doppelpack, dann könnte selbst unerschrockenen Abenteurern angst und bange werden, etwa Alexander von Humboldt. Der Naturforscher berichtete im 19. Jh., dass die Anwohner das Naturspektakel »Leuchtturm« (Farol de Maracaibo) und »Luftvulkan« nannten.

Wenn es vor Leuchten und Funkeln schlagartig taghell wird, zählt man erstaunt die Sekunden: Palmen oder Ölbohrtürme tauchen als Scherenschnitt aus dem Dunkel auf, Boote wie von Geisterhand aufs Wasser gesetzt. Das Binnenmeer im Nordwesten Venezuelas muss der Himmel für Sturm- und Blitz-Jäger sein. Nirgendwo auf Erden blitzt es mehr, heftiger und länger: Mindestens 200 Blitze pro Stunde schleudert das sogenannte Catatumbo-Gewitter durch die Luft, als würde es eine ganze Nacht Amok laufen.

Des Rätsels Lösung ist die außergewöhnlich hohe elektrische Aufladung des Sees durch optimale Umstände: eine schier endlose Wasserfläche mit den Ausmaßen von 25 Bodenseen, umarmt von den 3000 m hohen Ausläufern der Anden. Eine explosive Mischung sind die brennbaren Methangase aus den umliegenden Sümpfen und die reichen Ölvorkommen unter dem Meeresboden. Warme Tropenwinde aus der Karibik prallen hier auf kühle Bergluft und eine vergleichsweise hohe Wassertemperatur von 30 °C. Schon am Nachmittag bauen sich die bedrohlich hohen Wolkentürme auf, wie umgedrehte Bergspitzen aus einem Fantasyfilm – sie saugen immer mehr erhitztes Wasser auf, lassen es verdunsten und wachsen zu kilometerhohen Ambosswolken.

Und so hat es der Lago Maracaibo zwar nicht als der größte südamerikanische See in die Welt-Rankings geschafft – er ist »nur« ein Binnenmeer oder eine Megabucht – aber dank der Überdosis an Blitzen im Sekundentakt landete er schon 2013 im »Guinness-Buch der Rekorde«.

September

An bis zu 300 Nächten im Jahr bestehen gute Chancen auf die Gewittershow, die pünktlich ab 19 Uhr beginnt, am schönsten im Spätsommer/Herbst mit Beginn der Regenzeit (Sept./Okt. und Mai) und zwischen 3 und 4 Uhr morgens.

Einst ein Hort für Mensch, Tier und Pflanze, ist der Maracaibo-See heute zunehmend von der Erdölförderung bedroht.

Crescendo der Natur: So faszinierend kann der Anblick der elektrischen Entladung durch einen Blitz über dem Maracaibo-See sein.

Der perfekte Ort: Ologa und Congo Mirador

In den Stelzen-Fischerdörfern Ologa und Congo Mirador am Südufer des Sees kann man bequem aus der Hängematte die stundenlange Lightshow genießen; die Gewitter sind meist 30 km entfernt und völlig geräuschlos.

Wenn Wassermassen über eine 3 km breite »Bühne« explosionsartig in die Tiefe donnern, dann ist das eine grandiose Inszenierung. Wer diese aus der ersten Reihe miterlebt, sollte sich wetterfest anziehen.

FLÜSSE, SEEN, WASSERFÄLLE

26

GUTE NACHT HINTERM WASSERFALL

FOZ DO IGUAÇU UND PUERTO IGUAZÚ, BRASILIEN / ARGENTINIEN

März bis Mai

In der nicht ganz so heißen Nebensaison kann man tolle Panoramafotos machen – ohne 300 pitschnasse Fremde im Bild.

Dieser Teufelsschlund zwischen Brasilien und Argentinien verschluckt einfach (fast) alles: Auch das babylonische Sprachgewirr an dieser wasserreichsten Kaskade auf Erden ist dem Rundum-Tosen gewichen, je näher man den 275 kleinen und großen Fällen kommt. Bei den Cataratas do Iguaçu stürzt sich der Río Iguazú über ein 3 km breites Plateau in eine enge Schlucht: Die »Kehle des Teufels« schluckt so viel Wasser, wie ein Mensch im Jahr verbraucht (1,4 Mio. l) – in nur einer Sekunde!
Aber was passiert eigentlich hinter dem 90 m hohen Wasservorhang? Allerhand, denn hier leben, schlafen und brüten etwa 3000 Rußsegler. Sie »verschwinden« hinter der Kaskade der Superlative, bei Paarung und Nestbau auf den Felsvorsprüngen sind sie sicher vor Nesträubern und Feinden. Todesmutig und blitzschnell durchstoßen die kaum 100 g schweren Vögel die herabdonnernde Wasserwand, die sie manchmal auch erwischt und ein Stück mitreißt. Ausgerechnet in der Regenzeit hat der Nachwuchs dann seinen ersten Ausflug. Respekt!

Der perfekte Ort: Aussichtsplattformen Foz do Iguaçu und Puerto Iguazú

Argentinien nennt das Naturwunder mit Recht sein territoriales Eigentum. Das Gesamtpanorama jedoch ist zweifellos besser aus Brasilien. Dafür führt ein 600 m-Steg auf argentinischer Seite über Aussichtsplattformen ganz nah ans Teufelsmaul.

27 ENGEL UND TEUFEL

CANAIMA NATIONALPARK, VENEZUELA

Auf dem Auyán-Tepui treffen sich Engel und Teufel. Ein Showdown, bei dem der Atem stockt. Aber der Reihe nach. Der Río Churún donnert seit Urzeiten von dem 2560 m hohen Tafelberg: sagenhafte 979 m – 20-mal die Niagarafälle! Für die Indios war es ein »Haus des Teufels«, ein Kerepakupai Vená, der »Ort des tiefsten Sprungs«.
Hier lockt offenbar seit Menschengedenken der Versuch, eins zu werden mit der Natur – im Vertrauen auf die Engel am Salto Ángel. Seit den 1930er-Jahren ist tatsächlich ein gewisser Jimmie Angel der Namensgeber des welthöchsten Kataraktes: ein US-Buschpilot, der 1937 eine abenteuerliche Bruchlandung auf dem Tepui hinlegte. Der Teufel muss wohl einverstanden sein – damals wie heute –, wenn sich Basejumper, Wingsuit-Piloten und Hollywood an seinem Werk austoben. Adrenalin-Junkies nervenkitzelt der deutsch-amerikanische Actionfilm »Point Break« mit einer aberwitzigen Schlussszene, in der sich der verfolgte Held vom Tepui fallen lässt – mit digitalem Zaubertrick.

August

In vollster Pracht – sofern nicht nachmittags zur Hälfte von Wolken verschluckt – präsentiert sich der Salto Ángel (Churún Merú) in der Regenzeit.

Der perfekte Ort: Mirador Laime

Zum Aussichtspunkt im Canaima Nationalpark gelangt man nach einer 5-Std.-Bootstour (schneller im Flieger aus Canaima) und glitschiger 2-Std.-Wanderung.

Mit einer Fallhöhe von 979 m nimmt der Salto Ángel unter den weltweit höchsten Wasserfällen den ersten Platz ein.

Nicht immer malt die Natur die Farben an den Himmel, beim Caño Cristales zaubert sie diese auch mal unters Wasser.

EIN FLÜSSIGER REGENBOGEN (28)

LA MACARENA, KOLUMBIEN

Der Caño Cristales lässt andere Flüsse blass aussehen. Aber erst in den kurzen Zeitfenstern zwischen Regen- und Trockenzeit, zwischen Krieg und Frieden offenbart der »Rio de los Cinco Colores« sein schillerndes Kaleidoskop. Simsalabim: ein blutroter Fluss mit grünen Moosen, leuchtend gelbem Sand, azurblauem Wasser. Nicht zu vergessen die schwarzen Felsen, die allein schon äußerst fotogen daherkommen, mal wie löchriger Käse, mal wie gestapelte Crêpes. Diesen Garten Eden im früheren Rückzugsgebiet der FARC-Guerilleros dürfen Naturbewunderer seit einigen Jahren besuchen, auf den Amphitheater-Felsen Platz nehmen und den Farbcocktail genießen. Der »fünffarbige Fluss« verdankt sein Farbschauspiel einer endemischen Wasserpflanze: Mit der auch in grellem Pink leuchtenden Macarenia clavigera ist ausnahmsweise mal keine blühende Alge schuld. Wie schön!

Der perfekte Ort: Tapete Rojo

Von La Macarena im Serranía de la Macarena Nationalpark geht es 20 Min. per Kanu und auf dem 3 km langen Pfad zum Caño Cristales und seinem farbenprächtigsten Teil »Tapete Rojo«, wo die flammenrote Wasserpflanze unter schnell sprudelndem Wasser und im Sonnenschein besonders üppig gedeiht.

September

Nur Mitte Mai bis Anfang Dez. zugänglich, im Jahresrest soll sich die Pflanze erholen.

29 SCHATZKAMMER DER SUPERLATIVE

AMAZÓNICA, COCA, ECUADOR

So einsam es in Amazónica tagsüber auch scheint, man ist umzingelt von Abermillionen Lebewesen. Wenn die Nacht hereinbricht, steigt der Lärmpegel mit jeder Minute: ein Kreischen und Brüllen, Wispern und Schmatzen. Im weltgrößten und artenreichsten Ökosystem im Amazonasbecken blühen, ranken und verwittern, kreuchen und fleuchen geschätzt zwei Drittel aller Flora und Fauna auf der Erdkugel. Dabei kennen wir nur ganze 10 %, schätzen Forscher, die allein in Brasilien 700 neue Spezies pro Jahr entdecken.
Die Stars sind zweifellos Anaconda, Jaguar und Tapir. Die biologische Wichtigkeit machen vor allem die Insekten aus, 90 % der Amazonas-Bewohner. In einem einzigen Tropenbaum tummeln sich 1000 Käferarten und 95 Ameisenspezies. Es wimmelt mit unvorstellbaren 4 bis 6 Mio. Arten. Darunter so skurrile wie die kleine Hundekopf-Spinne, die so alt ist, dass sie noch die Dinosaurier erlebt haben muss.

Der perfekte Ort: Jasuní Nationalpark

»Pachamama«, »Mutter Erde« sei Dank: Von Ecuador aus lässt sich Amazónica am leichtesten bereisen: Auf dem Río Napo geht es über Coca in den Jasuní-Nationalpark, einem UNESCO-Biosphärenreservat und Hotspot der Biodiversität.

Mai

Im Regenwald gehört Regen dazu, er sorgt für Hochwasser auf einer Nachtsafari auf dem Río Napo (Mai–Juli).

In vielen Schleifen windet sich der Rio Tiputini, ein Nebenfluss des Rio Napa, durch das Amazonasbecken und den Regenwald.

Liaison trotz Unterschiede in Aussehen und Temperament …

Mai/Juni

Frühmorgens, im Sonnenschein und bei Hochwasser soll das Phänomen am besten zu sehen sein.

… der eine hell, der andere dunkel. Der eine schnell, der andere träge …

Der perfekte Ort: ein Boot

Wie aus beiden Flussriesen nach ca. 11 km der Untere Amazonas entsteht, ist bei Boots- oder Paddeltouren von Manaus aus deutlich zu sehen: eine Trennlinie wie zwischen »Milchkaffee und schwarzem Tee«, ein Vergleich, wie ihn die Führer hier gern anstellen.

TREFFEN SICH ZWEI FLUSSRIESEN … 30

MANAUS, BRASILIEN

Brasilien ist die Heimat der Flussgiganten. Wenn sich der weltgrößte oder wasserreichste Amazonas mit dem Río Negro »trifft«, müsste doch die Vereinigung ihrer gewaltigen Wassermassen ein kleines Tohuwabohu auslösen. Immerhin ist das Encontro das Águas aus dem All zu sehen! Aber das »Treffen der Wasser« bei Manaus geht friedlicher aus als befürchtet. Der »schwarze« Río Negro und der schlammig-hellbraune Río Solimões (wie der Amazonas in Brasilien bis Manaus heißt) treffen sich nahe der Amazonas-Metropole und schlängeln kilometerlang in einem Flussbett nebeneinander her, zunächst ohne sich zu vermischen. Der Grund: Die Flüsse haben nicht nur unterschiedliche Wassertemperaturen – der »weichere« Solimões aus den kolumbianischen Anden ist 6 Grad kälter –, sondern auch unterschiedliche Fließgeschwindigkeiten. Der Río Negro schleppt sich mit seiner Pflanzenfracht und 2 km/h eher träge dahin, der Solimões eilt mit dreifachem Tempo voraus. Ein Glück, dass sie sich so gut vertragen.

»Desierto Florido« heißt das Phänomen, wenn nach einer Regenphase unzählige, in der Erde schlummernde Samen die Wüste kurzzeitig in ein Blütenmeer verwandeln.

WÜSTE

31

EIN BLUMENMEER IN DER WÜSTE

DESIERTO ATACAMA, CHILE

September/Oktober

Die ca. zweimonatige Blüte ereignet sich vor allem nach Extremregen, wenn zuvor alle paar Jahre »El Niño« den Pazifik erwärmt hat.

Ein Jahrzehnt hatte es in Quillagua nicht geregnet, der Wüstenort könnte auch irgendwo auf dem Mars liegen. Der Desierto Atacama gilt als extrem, selbst unter den trockensten Wüsten der Erde. Die beiden Klimaregler, Humboldtstrom und Anden, lassen diesen Küstenstrich so verdursten, dass man sogar den berüchtigten Küstennebel Camanchaca in speziellen Netzen »einfängt«. Zuerst in den 1990er-Jahren dachten ältere Atacameños an eine Fata Morgana. Eine Scharlatanerie ihrer altersmüden Augen? In der von Sonne erschlagenen Landschaft graben sich zarte Pflänzchen aus dem Erdreich, wo Samen schlummern, bis die botanische Lebenslust nach viel Regen quasi explodiert: ein gelb und pink leuchtender Blütenteppich. Über 200 meist endemische Arten, wie das »Fuchsohr« mit seinen purpurroten »Lippen«, die weißbläuliche Zephyra elegans und endlose Felder aus rosa Malven.
Keine Frage, diese Wüste lebt: Die rote »Löwentatze« kriecht über den Sand, gefolgt von sonnengelben »Guanakopfoten«.

Der perfekte Ort: Copiapó

Den Desierto Florido (»blühende Wüste«) erlebt man besonders farbenprächtig zwischen Copiapó und Vallenar, oft direkt an der Panamericana.

32 DIE HÖCHSTE ALLER DÜNEN

ICA-WÜSTE, NAZCA, PERU

Juli

Zum Sonnenaufgang schwebt man vermeintlich über den Wolken: mit dem Camanchaca-Nebelteppich zu Füßen, eher im peruanischen Winter (Mai–Nov.).

Rätselhafte Scharrbilder im Sand, heilendes Oasenwasser, von Außerdirdischen bemalte Steine und eine Düne über den Wolken. Rund um die Ica-Wüste gibt es ein paar echte Wunder-Knaller. Aber ist es ein Wunder, wenn die Fantasie hier ein bisschen durchdreht? Denn viel ist hier nicht, außer Sand: beige, grau, gelb, rostrot, immer nur Sand, der abends zwischen den Zähnen knirscht.
Die »Nazca-Linien« sind bekanntlich authenthische Geoglyphen, echt 2000 Jahre alt. Das Heilwasser der Lagune Huacachina könnte durchaus wirken – als Placebo. Aber die Ica-Steine, bemalt vor 10 000 Jahren von außerirdischen Fred Feuersteins, lassen jeden seriösen Wissenschaftler abwinken. Und so muss auch die höchste aller Dünen wohl ein Bluff der Natur sein. Der Cerro Blanco erhebt sich tatsächlich 2078 m über dem Meeresspiegel. Zugegeben, die »Wunder«-Düne hat ein steinernes Fundament und ist damit wahrscheinlich nur eine der höchsten Dünen dieses Planeten, aber ganz sicher die höchstgelegene.

Der perfekte Ort: Ica

Der ca. dreistündige Aufstieg ist weniger steil und schöner von Osten nach Westen – runter geht's schneller, meist mit dem Sandboard über eine 800-m-Flanke ganz aus Sand! Nur Fliegen ist schöner.

Die Ica-Wüste: ein tolles Revier für Sportarten wie Sandsurfen, Dünen-Buggying oder Motorschirmfliegen

DER HIMMELSSPIEGEL 33

SALAR DE UYUNI, BOLIVIEN

Zwei Naturwunder auf einen Schlag! Die Salar de Uyuni in der bolivianischen Hochebene ist so groß wie Niederbayern – eine einzigartige 360-Grad-Kulisse aus schneeweißer Fläche bis zum Horizont. Ohne Sonnenbrille geht in der weltgrößten Salzwüste nichts, so gleißend hell blenden die Salinen. Aufgetürmte Salzkegel, riesige Fünfecke in der Salzkruste, Kakteen vor »Winterpanorama«.
Die herrlich öde Salzwüste bietet den perfekten Rahmen für optische Trickspielereien, die sogenannten Perspektiven-Fotos, wo der Spielzeugdinosaurier die ganze Familie bedroht. Das ist noch gar nichts gegen die traumschönen Reflektionen in der Regenzeit, wenn die Salzpfanne sich in einen gigantischen See verwandelt. Der Horizont verschwindet, Himmel und Erde verschmelzen. Eine verkehrte, bodenlose Welt: ein Auto auf Wolken, ein Mensch im weißblauen Nirgendwo. Damit ist der Himmel hier auf 3500 m schon ganz schön nah.

Beinahe etwas deplatziert wirken die Kakteen in dieser surrealen Salzlandschaft.

Februar

Den »Spiegelsee« erlebt man in der Regenzeit, die »Perspektiven-Fotos« in der Trockenzeit.

Kleine Spielerei mit Perspektiven am Salzsee, der ein wenig an eine verschneite Winterlandschaft erinnert

Der perfekte Ort: Colchani

Von Uyuni am Südostzipfel führen Touren über den Salzsee, und wer schon immer mal auf Salz gebettet schlafen wollte, kann dies in einigen Salz-Herbergen bei Colchani tun: die wahrscheinlich »salzigsten« Hotels der Welt mit Wänden, Boden, Deckenkuppel und manchmal auch Betten und Sessel aus gepresstem Natriumchlorit.

Der 5 km lange Gletscher ist eine der meist besuchten Attraktionen im Nationalpark Los Glaciares. Imponierend ist, dass sich der Perito Moreno von der Erderwärmung nicht einschüchtern lässt!

EIS, GLETSCHER

34

EIN TROTZIGER GLETSCHER

PERITO MORENO, EL CALAFATE, ARGENTINIEN

März

Allgemeine Kalbungszeit ist die Sommerzeit (Dez.–Mai), die periodische Aufstauung mit »Brücken«-Einsturz geschieht nur alle vier bis sechs Jahre, meist Anfang März und nach Regen.

Der Perito Moreno ist ein echter Draufgänger. Der widerspenstige Patagonier weigert sich nämlich zu schmelzen, trotz Klimawandel & Co. Das könnte an seiner speziellen Geometrie liegen. Der Gletscher endete vor 120 Jahren noch einen ganzen Kilometer weiter oben. Heute schiebt er seine eisigen Massen 30 km aus den Anden herab, bis seine Gletscherzunge an die Magellan-Halbinsel stößt – direkt vor der Nase von alljährlich 1 Mio. Bewunderern.
Alle warten auf sein »Kalben«. Das mag vielleicht niedlich klingen, doch manch abbrechende Eisklippe hat fast die Ausmaße des Berliner Europa-Centers. Eine 5-km-Wand von Kathedralen aus Eis mit Türmen und Spitzen, die im Sonnenlicht bläulich schimmern. Das allein ist ein Naturschauspiel für Augen und Ohren! Es knackt, knirscht und knarrt. Hat er sich alle paar Jahre schließlich haushoch aufgebaut, den Argentino See unter sich gestaut und eine Gletscherbrücke ans Festland geschaffen, zerstören die Urgewalten sein eisiges Viadukt.

Der perfekte Ort: Mirador Perito Moreno

Vielleicht ist dem Eis-Riesen im UNESCO-Nationalpark Los Glaciares der ganze Hype auf dem Glacier Walkway nicht geheuer, das Gejohle und das Kite-Surfing auf seinen abgestoßenen Eisschollen: Denn manchmal lässt er seine eisige Festlandbrücke heimlich abbrechen, nachts im Dunkeln wie 2018, ganz ohne Publikum.

35 CATWALK DER VULKANE

COTOPAXI, ECUADOR

Ecuador ist ein Land im Höhenrausch! Im kleinsten Andenstaat drängen sich 98 Vulkane, rund 30 sind mehr oder weniger aktiv. Auf der »Straße der Vulkane«, der Panamericana, brodelt, raucht und schmaucht ein Feuerberg neben dem anderen. Die schneebedeckten Fünftausender protzen, als wollten sie sich gegenseitig in ihrer Pracht übertrumpfen. Alle überragend döst der majestätische Chimborazo auf 6268 m. Als ständig brodelnder »Unruhestifter« macht der Reventador (3560 m) seinem Namen alle Ehre, zuletzt im Juli 2020, ebenso der weit im Süden abgelegene Sangay (5230 m), und der Tungurahua (5020 m) stieß 2016 seine Aschewolke aus.

Aber einer auf diesem vulkanischen Catwalk stiehlt allen die Schau: der Cotopaxi. Der 5897 m hohe »Feuerhals« trägt einen Poncho aus Schnee, der mit langen Zipfeln talwärts fällt – über vegetationslose Kältewüste, ewiges Eis und Lavaschotter bis in die einzigartige Páramo-Hochebene. Ein Berg wie mit dem Lineal in die Cordillera gemalt. »Ein vollkommener Kegel«, schwärmte Alexander von Humboldt. Bei seiner Exkursion im Mai 1802 hatte er noch geschlussfolgert, »daß es unmöglich ist, bis an den Rand seines Kraters zu gelangen«.

Der schöne Schein des Cotopaxi trügt. Humboldt hörte noch weit entfernt im Hafen von Guayaquil »Tag und Nacht das Brüllen des Berges«, der schließlich im Januar 1803 »explodierte«. Auch 2015 spuckte er wieder Gas und Asche. Der Cotopaxi gehört zu den aktivsten und gefährlichsten Vulkanen auf dem Planeten – und dennoch zu den beliebtesten unter Bergsteigern, wohl auch weil man sich dem »Feuerschlund« bequem im Auto bis auf 4600 m nähern kann.

Nur ein paar Hundert Meter über dem Parkplatz warten eisige Kälte und extremer Wind, als hätte der Berg zu tief Luft geholt. Zerklüftete Hänge, rutschiger Geröllsand, senkrechte Fels- und Eiswände, Gletscherspalten, Gardinen aus mannshohen Eisklingen, 45-Grad-Neigungen. Das alles wäre noch zu schaffen, wenn nicht allein die schiere Höhe vielen Bergsteigern vor dem Gipfel den Atem rauben würde.

Januar

Ganzjährig ein tolles Ziel, aber das Wetter wechselt innerhalb einer Stunde: generell viel Regen und (Schnee-)Stürme, trockener ist Juni/Juli–Aug./Sept. (viel Wind), eine Besteigung lässt sich auch von Dez.–Jan./Feb. wagen.

Dem zweithöchsten Berg Ecuadors kann man sich auch auf dem Rücken eines Pferdes nähern.

Der perfekte Ort: Refugio José Rivas

Wegen der Höhenkrankheit muss man sich vorher fünf Tage akklimatisieren, auch wenn nur ein Ausflug in den Cotopaxi Nationalpark und zur Schutzhütte »José Rivas« geplant ist und kein nächtlicher 10-Std.-Gipfelsturm über den Nordgletscher.

Auch wenn der Kraterrand des Cotopaxi schneebedeckt ist: Die Ruhe trügt, denn der »Feuerhals« zählt zu den Vulkanen mit der weltweit höchsten Aktivität.

Ruinen von Machu Picchu: Benannt wurde die terrassenförmig erbaute Inka-Stadt nach dem gleichnamigen »Alten Gipfel«, dem sie zu Füßen liegt.

LOST PLACES

36

DAS ERBE DER INKAS

CAMINO INCA, ANDEN, PERU

April/Mai oder September/Oktober

Besucherzahlen und -zeiten sind reglementiert: Man kommt daher besser in der Nebensaison (Inka Trail: max. 500 Leute am Tag).

Für die einen ist Machu Picchu der ultimative Höhepunkt ihrer »bucket list«, für andere: pure Magie. Das berühmteste Bauwerk der Inkas ist vier Monate im Voraus ausgebucht. Was würde König Pachacútec Yupanqui dazu sagen? Vielleicht würde er ausrufen: »Hey Leute, wenn ihr unbedingt zu uns kommen wollt, nehmt den Camino Inca, denn dieser Weg ist das Ziel.« Und er würde den Gringos wahrscheinlich noch einen Befehl erteilen: »Lasst Kaugummis, Seifen und Wanderstöcke zu Hause!«

Der Inka Trail führt in den Fußstapfen der Indios durch die Anden. Eine Zeitreise: Wie ein alter Inka-Bauer nähert man sich durch Nebelwald und auf Gebirgspässen der Hochkultur. Von Inka-Ruine zu Ruine und über Inka-Brücken. Insgesamt 40 000 km verläuft das antike Wegenetz von Ecuador bis Argentinien. Bei Cusco liegt einem – nach nur lächerlichen 43 km – am »Sonnentor« die sagenhafte Zitadelle zu Füßen. So wie Pachacútec sie vor vermutlich 500 Jahren strategisch-harmonisch-perfekt in die Natur einfügen ließ.

Der perfekte Ort: Huayna Picchu

Sein Postkartenantlitz kennt jeder, doch erst von seiner Zuckerhutspitze (1–2 Std.) sieht man die wahren Dimensionen der Terrassenstadt: mit 200 Ruinen und teils rekonstruierten Häusern von Königsresidenz bis Handwerkerviertel.

Gesamtkunstwerk in Blau und Weiß: im Meer treibende Eisberge in der Andvord Bay auf Grahamland

Texte:
Martin H. Petrich

ANTARKTIS

1 SIGNY ISLAND
PAULET ISLAND 3
4 ANDVORD BAY
LEMAIRE CHANNEL 5

ANTARKTIS

6
LAMBERT GLACIER
2
ROSS ISLAND

EISTREIBEN IM MEER

WEDDELL SEA, SIGNY ISLAND

Es war der 20. Februar 1823, als der britische Robbenjäger James Weddell (1787–1834) auf seiner dritten Antarktisfahrt zum bislang südlichsten, seinerzeit von Menschen erreichten Punkt vordrang: 74°15′ Süd 34°16′45″ West. Weddells Schiffe segelten inmitten eines gewaltigen Meeres voller Eisberge und Packeis. Doch seine Crew war enttäuscht: keine Robbe weit und breit. Trotzdem wurde der Rekord gefeiert. »Unsere Flagge wurde gehisst, ein Kanonenschuss abgefeuert, und man prostete sich dreimal zu«, notierte Weddell in sein Tagebuch. Er taufte das Gewässer auf seinen König »George IV« und segelte zurück. Heute trägt das Weddell-Meer seinen Namen und fasziniert durch die Armada von Eisschollen und gewaltige Eisberge, zwischen denen Wale ihre Kreise ziehen.

Der perfekte Ort: Signy-Station an der Factory Cove

Signy Island ist Teil der Südlichen Orkney-Gruppe und liegt am Nordrand des Weddell-Meeres. Von der Forschungsstation in der Factory Cove kann man wunderbar dem Treiben der Eisberge und Faulenzen der See-Elefanten zusehen.

Auch in der Antarktis unterwegs: das Greenpeace-Forschungsschiff »Esperanza«

November bis Februar

Bei guter Witterung schimmern die Eisberge in unterschiedlichen Blautönen – ein faszinierendes Farbenspiel.

Die stolzen Pinguineltern mit ihrem flauschigen Nachwuchs

Der mächtige Mount Erebus ist von den vier Vulkanen auf Ross Island der einzige, der permanent aktiv ist.

DAS EIS IST HEISS 2

MOUNT EREBUS, ROSS ISLAND

Als Sir James Clark Ross (1800–1862) am 28. Januar 1841 mit seinen beiden Schiffen »HMS Erebus« und »HMS Terror« in einer Bucht vor Anker ging, staunte er nicht schlecht. Aus einem von Gletschereis bedeckten Berg stieg Rauch hervor. So tief im Süden hatte der Forschungsreisende keinen aktiven Vulkan vermutet: »Ich nannte ihn ›Berg Erebus‹ und einen erloschenen Vulkan weiter östlich und etwas kleiner, 10 900 Fuß hoch, ›Mount Terror‹«, schrieb er ins Logbuch. Seine beiden Segelschiffe, mit denen er insgesamt vier Jahre auf Expedition war, wurden also Namensgeber seiner vulkanischen Neuentdeckungen. Auch heute noch beeindruckt der 3794 m hohe Mount Erebus. Wie er sich in perfekter Vulkanform am weiß-blauen Horizont erhebt und aus seinen feurigen Tiefen eine Rauchsäule emporsteigen lässt – ein einmaliger Anblick.

Der perfekte Ort: Ross-Insel

Der Mount Erebus erhebt sich im Westen der nach dem Entdecker benannten Ross-Insel. Der Vulkan ist wegen seiner Größe weithin sichtbar, aber seine makellose Form zeigt sich am besten vom westlich vorgelagerten Meer unweit des Cape Royds aus.

November bis Februar

Sehr schön ist bei gutem Wetter der Blick im sanften Nachmittagslicht.

3 ANMUTIG WIE ADÈLE

PAULET ISLAND

Er muss seine Frau Adèle sehr geliebt haben. Einen neu entdeckten Teil der Antarktis sowie eine Insel in Neuseeland benannte Jules Dumont d'Urville (1790–1842) nach ihr. Selbst eine Pinguinart trägt ihren Namen, seit der französische Seefahrer und Polarforscher in den Januartagen von 1840 die Antarktis erkundete. Und irgendwie passt der klangvolle Name zu den Adéliepinguinen, die mit ihrem markanten schwarzen Kopf, den weißen Ringen um die Augen und einem recht kleinen Schnabel äußerst liebenswert wirken. Meist sind sie in riesigen Kolonien mit teils Hunderttausenden Exemplaren zu finden, etwa auf Ross- oder Paulet Island. Um dort mit einem lautstarken »Aark« ihr Revier zu verteidigen und in den eiskalten Fluten nach kleinen Krustentieren und Fischen zu tauchen.

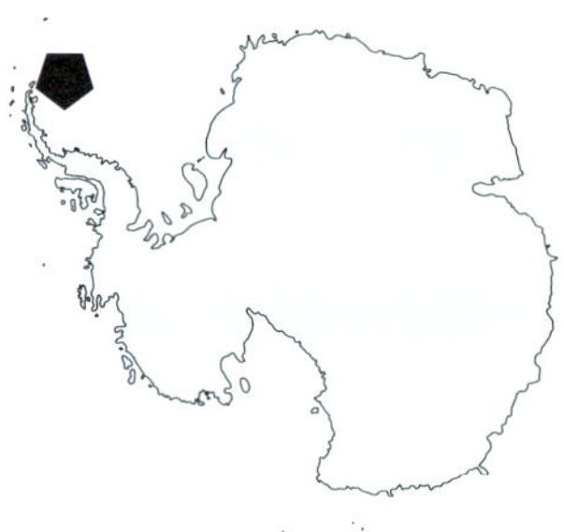

Der perfekte Ort: Paulet-Insel

Die 2,2 km lange und nur 1,5 km breite Vulkaninsel liegt an der Spitze der Antarktischen Halbinsel am Rand des Weddell-Meeres. Da die Insel unbewohnt ist, halten sich am dortigen Ufer unbehelligt bis zu 200 000 Adéliepinguine auf und lassen sich dort gut aus der Nähe beobachten.

Januar

Im antarktischen Sommer sind viele flauschige Pinguin-Babys zu sehen.

Der Adéliepinguin ist die am häufigsten verbreitete Pinguinart. Man schätzt, dass es in der Antarktis von ihnen rund 30 Mio. Tiere gibt.

Eselspinguine sind exzellente Schwimmer und Taucher. Im Durchschnitt verbringt der Pinguin drei bis fünf Monate im Wasser.

SCHREIE WIE EIN ESEL ④

NEKO HARBOUR, ANDVORD BAY

»Sie sind auffallend dumm und ermöglichen es dir, so nahe an sie heranzukommen, dass du ihnen mit dem Knüppel auf den Kopf schlagen kannst«, schrieb Kapitän Sir James Clark Ross (1800–1862) in seinem Forschungsbericht über »The Great Penguin«. Möglicherweise hatte der Polarforscher damit die Eselspinguine im Sinn. Sie tragen jedoch ihren Namen nicht wegen einer angeblichen Dummheit, sondern wegen ihrer markanten »Iah«-Rufe, mit denen sie lautstark die Weibchen umgarnen und vor Eierdieben warnen. Mit 80 bis 90 cm zählen sie zu den größten unter den acht Pinguinarten in der Antarktis und wurden lange wegen ihrer ölhaltigen Fettschicht gejagt. Sie sind leicht zu erkennen an ihrem weißen Streifen auf dem sonst schwarzen Kopf und ihrem rot-orange spitzen Schnabel.

Der perfekte Ort: Bucht von Neko Harbour

Neko Harbour ist eine kleine Bucht an der sogenannten Danco-Küste im Norden der Antarktischen Halbinsel. Dort hält sich auf einem Hügel eine größere Kolonie von Eselspinguinen auf. Auch viele Weddellrobben lassen sich dort blicken.

Januar

Zu Jahresbeginn ist Brutzeit, weshalb man dann viele Jungtiere sehen kann.

5 ANTARKTIS WIE AUS DEM BILDERBUCH

LEMAIRE CHANNEL

Für viele Kreuzfahrer zählt die Durchfahrt durch den Lemaire-Kanal zu den Höhepunkten ihrer Antarktisreise. Bilderbuchmotive, wohin man auch schaut: Treibeisfelder, die wie ein Teppich aus weißen Puzzleteilen im tiefblauen Wasser liegen, Ehrfurcht gebietende Tafeleisberge mit senkrechten Wänden und gigantischen Spalten, die in stoischer Ruhe im Wasser treiben, an den Seiten hoch aufragende Berge, über deren Spitzen sich Wolken wie weiße Schleier legen. Und immer wieder tauchen die Flossen von Schwert- und Buckelwalen bei ihrem Törn durch die Meerenge auf. Die Eisränder wiederum dienen Robben als Ruheplätze, denen man wegen ihrer Vorliebe für Krustentiere den wenig schmeichelhaften Namen »Krabbenfresser« gab. Wenn die Szenerie dann noch ins Abendlicht eingetaucht wird, ist das Antarktisfeeling perfekt.

November bis Februar

Im Nachmittagslicht während des antarktischen Sommers beginnen die Bergspitzen zu »glühen«.

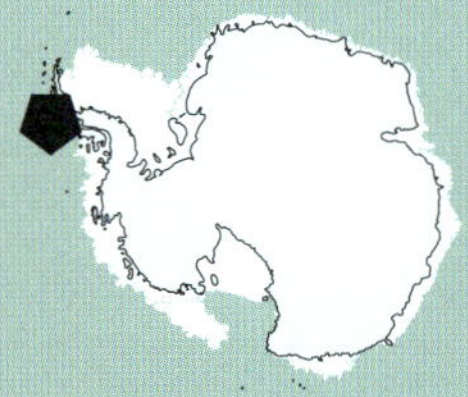

Der perfekte Ort: vom Schiff aus

Der ca. 11 km lange und bis zu 1,6 km breite Lemaire-Kanal verbindet im Norden der Antarktischen Halbinsel das sogenannte Grahamland mit der Booth-Insel und bietet vom Schiff aus mit Blick auf Treibeis und bis zu 1000 m hohe Berge Antarktisfeeling in Reinform.

Für jeden Reisenden ist der Moment unvergesslich, wenn das Kreuzfahrtschiff den erst 1873 entdeckten Lemaire Channel passiert.

Schön, aber eiskalt und abweisend: der Lambert Glacier, mit 420 km der längste Gletscher der Welt

EISIGER WELTREKORD 6

LAMBERT GLACIER

An den Lambert-Gletscher kommt keiner so leicht heran. Weder mit dem Schiff, noch was seine Ausmaße anbelangt. Denn mit 420 km Länge und 90 bis 130 km Breite gilt er mit Abstand als der längste und größte Gletscher der Erde. Der Eisstrom befindet sich in der Ostantarktika, wo er die eisigen, teils 2 km dicken Massen von der hügeligen Hochebene ins sogenannte Amery-Schelfeis schiebt. Erste Luftaufnahmen der gewaltigen Fläche entstanden im Rahmen der »Operation Highjump«, als Flieger der US-Armee zwischen 1946 und 1947 weite Flächen der Antarktis abfotografierten. Zehn Jahre später wurde er nach dem australischen Wissenschaftler Bruce Philip Lambert (1912–1990) benannt. Ein Forschungsobjekt ist der Lambert-Gletscher auch heute noch – vor allem als Zeitzeuge für den Klimawandel.

November bis Februar

Nur im antarktischen Sommer ist dieses Gebiet einigermaßen zugänglich.

Der perfekte Ort: aus der Vogelperspektive

Wegen der Abgeschiedenheit und Größe ist der Lambert-Gletscher am Rand der Ostantarktika extrem schwierig zugänglich. Die schönsten Aufnahmen stammen aus der Luft oder vom Amery-Schelfeis aus, in das sich die Eismassen schieben.

Von überirdischer Schönheit: der funkelnde Sternenhimmel über der Sahara. Wo sonst als in dieser unwirklichen Wüstenlandschaft hätte der Flieger und Schriftsteller Antoine de Saint-Exupéry einem außerirdischen Wesen, dem »Kleinen Prinzen«, begegnen sollen?

Texte:
Daniela Schetar

AFRIKA

AFRIKA

TUNESIEN
ALGERIEN
ÄGYPTEN
TSCHAD
ÄTHIOPIEN
UGANDA
RUANDA
KENIA
GABUN
TANSANIA
SAMBIA
ZIMBABWE
BOTSWANA
NAMIBIA
MADAGASKAR
SÜDAFRIKA
12
20
42
26
29
35
44
1
45
4
37
5
22
14
21
10
16
15
38
6
13
18
34
17
40
46
28
7
19
9
41
8
23
39
24
31
25
32
33

Die aufgehende Sonne taucht die bizarre Felslandschaft des Ahaggar-Gebirges in goldenes Licht.

GEOLOGIE

1

VULKANSCHLOTE IM WÜSTENSAND

AHAGGAR-GEBIRGE, ALGERIEN

Im Oktober, vor Sonnenaufgang

Die klare Luft im Oktober ist ideal für den Aufstieg vor Sonnenaufgang. Der lässt das Ahaggar in warmen Rottönen erstrahlen.

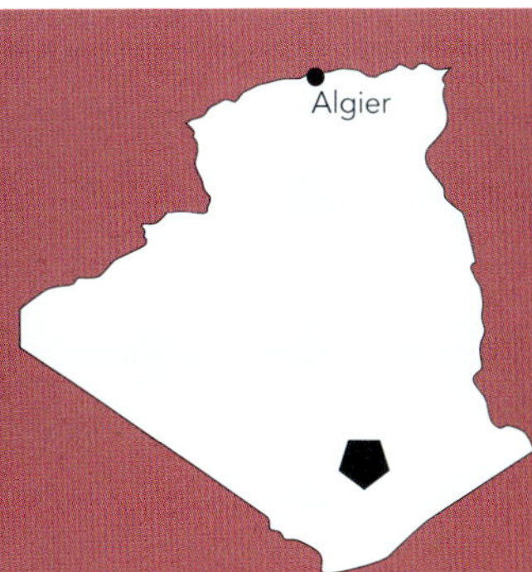

Die Basis dieser bizarren Gebirgslandschaft im Herzen der Sahara schufen Erdbewegungen bereits vor 500 Mio. Jahren. Etwa 50 Mio. Jahre ist es her, dass vulkanische Aktivitäten jene Bergkegel ausformten, die nun, von den Kräften der Erosion zum Teil wieder abgetragen, das charakteristische Relief des Ahaggar bilden. Was stehenblieb, waren die aus hartem Basalt aufgebauten Vulkanschlote. So entstand eine fast mythische Landschaft aus Felsnadeln, Inselbergen und an archaische Burgen gemahnenden Gipfeln von bis zu 2918 m Höhe. Die so karg und lebensfeindlich wirkende, unwegsame Wildnis war bereits im Paläolithikum bewohnt, wie Felsbilder belegen. Heute leben letzte Gruppen der Tuareg Kel Ahaggar in den Trockenflusstälern als Halbnomaden.

Der perfekte Ort: das Assekrem-Plateau

1911 bezog der Adelige Charles de Foucault unterhalb des Ahaggar-Gipfels Assekrem eine Steinhütte, um fortan als Einsiedler unter den Tuareg zu leben. Von dieser Eremitage führt ein halbstündiger Aufstieg zum Assekrem-Gipfel mit einem atemraubenden 360-Grad-Panorama über die Gebirgslandschaft. Die Oase Tamanrasset, Ausgangspunkt der Tour, ist 100 km Luftlinie bzw. 300 Pistenkilometer entfernt.

2 SPEKTAKULÄRE SCHLUCHT
DADÈS-SCHLUCHT, MAROKKO

Wie ein Riegel trennt der Hohe Atlas die fruchtbare Landschaft der marokkanischen Souss-Ebene von den Wüstenweiten im Süden. Nur wenige Flusstäler, teils als tief eingeschnittene Schluchten ausgeformt, durchschneiden diese Barriere. Eine besonders dramatische Schneise schlägt das Flussbett des Dadès in die Südflanke des Gebirges. Unweit des Kamms entspringend, hat er sich in Jahrmillionen bis zu 500 m tief in den Fels gegraben. Im Sommer nahezu trocken, kann sich der Dadès nach der Schneeschmelze im Frühjahr in einen gefährlichen Wildfluss verwandeln. Wo sich das Tal weitet, haben sich Berber in kleinen Siedlungen niedergelassen; im trockenliegenden Flussbett und auf in die Hänge gegrabenen Terrassen bauen sie Getreide und Luzerne an. Auf den Anhöhen bewachen die Ruinen wehrhafter Kasbahs das Flusstal.

Oktober

Die Luft ist kühl, und wenn die Sonne gegen 11 Uhr über den Kamm klettert, lässt sie das Gestein glutrot erstrahlen.

Der perfekte Ort: Serpentinen bei Tisdrine

Die steilen Serpentinen aus dem Dadès-Tal hinauf ins Dorf Tisdrine zählen zu den spektakulärsten Straßen in Marokko, der Aussichtspunkt vom Café-Restaurant Timzzillite in die tiefe Schlucht ist einfach grandios (knapp 30 km nördlich von Boumalne Dadès an der R704).

Viele Kehren winden sich vom Tal zum Bergdorf Tisdrine hinauf, wo man mit einem Traumblick in die Schlucht belohnt wird.

DAS AUGE DER SAHARA 3

GUELB ER-RICHAT, MAURETANIEN

Die auch Richat-Struktur genannte Formation in der mauretanischen Sahara ist selbst aus dem Weltall zu sehen. Wie ein Riesenauge starren die umeinander gelagerten, konzentrischen Gesteinsringe mit einem maximalen Durchmesser von 45 km in den Wüstenhimmel. Wie ist diese eigenartige Formation entstanden? Die Erklärungsversuche reichen von einem Meteoriteneinschlag über eine ins Gestein eingedrungene, erstarrte und später erodierte Magmablase (sogenannte Ringintrusion) bis zum Landeplatz für Außerirdische. Sowohl für die Vulkanismus- wie auch für die Meteoritentheorie haben Forscher Belege gefunden. Nähert man sich dem »Auge« auf dem Landweg, deuten nur die erstaunliche Kreisstruktur und die Vielfalt an Gesteinen auf die Besonderheit dieses Phänomens hin.

Auf dem Satellitenbild erinnert die Richat-Struktur an ein Auge oder einen Muschelgang.

Der perfekte Ort: Ouadane

Von der Wüstenstadt Ouadane sind es 25 km Piste nach Nordosten zum Guelb er-Richat und weitere 15 km in dessen Zentrum. Von den Gesteinsringen bietet sich ein eindrucksvoller Blick auf den Mittelpunkt des »Auges«.

Ruinen der Festung Ouadane, die im 12. Jh. von einer hohen Mauer umgeben war

Februar

Kühle Temperaturen schaffen klare Sicht. Sandstürme sind nicht vor April zu erwarten.

Nächtliches Schauspiel: Vulkan Erta Ale im Feuerschein von Lava und Licht der Milchstraße

4 VULKAN IN BLAU

ERTA ALE/DALLOL-DEPRESSION, ÄTHIOPIEN

Nur wenige Vulkane weltweit schmücken sich mit blau-fluoreszierender Lava – einer davon ist der 613 m hohe Erta Ale in Äthiopien. Sein Kegel überragt die wüstenhafte Afar-Depression im Nordosten des Landes. So unscheinbar er wirkt, so spektakulär ist seine Aktivität bei Nacht. Denn dann werden die Flammen sichtbar, mit denen die den hydrothermischen Spalten entsteigenden Schwefelgase und -staub verbrennen. Der Vulkan und seine Umgebung sehen aus, als fließe blaue Lava an den Flanken hinunter. Bei Tag zeichnet die Dallol genannte Landschaft ein ebenso farbenmächtiges Bild: In zahllosen natürlich geformten Hydrothermalbecken schaffen heiße, mit verschiedenen Mineralien gesättigte Quellen eine Palette von Giftgrün über Blutrot bis Gold.

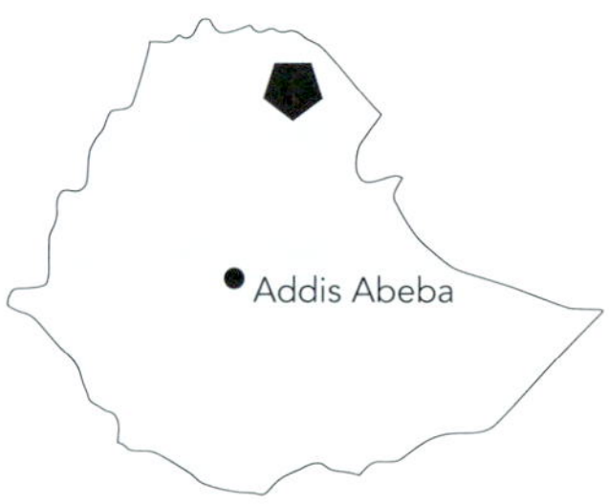

Der perfekte Ort: Mekele

Dallol und Erta Ale besucht man im Rahmen einer geführten Tour, die meist mit einem Flug von Addis Abeba nach Mekele beginnt. Von dort sind es ca. 120 km nach Nordosten zu den hydrothermalen Feldern von Dallol und zum Erta Ale.

Dezember

Dallol ist einer der heißesten Flecken der Erde; beste Bedingungen für einen Besuch bietet der kälteste Monat Dezember.

Anliegen der »Earth As Art«-Satellitenbilder (im Bild die Dallol-Depression) ist es, die Schönheit unseres Planeten aus einer anderen Perspektive zu reflektieren.

Ein Riss geht durch die Landschaft Kenias: im Rift Valley, dort wo Afrikanische und Arabische Platte aufeinandertreffen.

WO DIE WELT AUSEINANDERBRACH (5)

RIFT VALLEY, KENIA

Auf einer Strecke von rund 6000 km zieht sich der Große Afrikanische Grabenbruch als Zeugnis des Auseinanderdriftens der Kontinente vom Süden Syriens bis Nordmozambik. Dieser Prozess zwischen der Afrikanischen und der Arabischen Platte begann vor 50 Mio. Jahren – augenfällige Landmarke ist etwa das Rote Meer – und setzt sich bis heute fort. Im nordwestlichen Kenia bildet der Grabenbruch eine markante Schichtstufe zwischen Hoch- und Tiefland. Dieser Felsabbruch, auch Escarpment genannt, schafft eine archaische Landschaft mit nahezu senkrechten Felswänden, über die, wie beim Elgeyo Escarpment, Wasserfälle stürzen. Bis zu 1800 m hoch erhebt sich diese Felsbarriere über das idyllische Kerio Valley.

Der perfekte Ort: Kolol Viewpoint

20 km südlich der Stadt Iten, die bekannt ist für ihre Weltklasseläufer, erlaubt der Kolol Viewpoint einen schwindelig machenden Blick auf die 150 m tief über das Escarpment stürzenden Wasser der Torok Falls.

Mai

Das Ende der Regenzeit beschert den Torok Falls die höchste Wassermenge und Besuchern klare Luft.

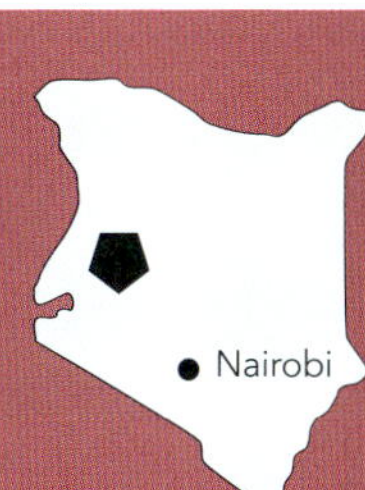

6 GÖTTERBERG IM PARADIES

KILIMANJARO, TANSANIA

Nicht erst seit Henry Kings Verfilmung von Ernest Hemingways Klassiker »Schnee am Kilimanjaro« von 1952 ist der mit 5895 m höchste Berg Tansanias und Afrikas eine Ikone der Afrika-Sehnsucht. Bereits in der Antike spekulierte der griechische Geograf Ptolemäus darüber, ob es so nahe am Äquator tatsächlich einen mit Schnee bedeckten Berg geben könnte – die einheimischen Swahili nennen ihn nicht umsonst »kilima njaro« (Weißer Berg). 1848 wurde diese Vermutung durch den deutschen Forschungsreisenden Johannes Rebmann bestätigt. Von den damals noch vorhandenen Eiskappen ist inzwischen ein Großteil abgeschmolzen; die Fläche des Gletschers beträgt nur noch 1,85 km², ein Bruchteil der ursprünglichen Ausdehnung.

Wie viele Berge entlang des Großen Afrikanischen Grabenbruchs ist auch der Kilimanjaro ein Vulkan. Der höchste seiner drei Gipfel, Kibo, brach zuletzt um 1700 aus, zeigt aber bis heute Zeichen vulkanischer Aktivität. Die durch die Höhe bedingten, unterschiedlichen Klimazonen am Berg spiegeln sich in der Vegetation. Bis etwa 3500 m Höhe erstreckt sich tropischer Regenwald, gespeist von häufig aufziehenden Wolken und Nebel. Akazien, Baumheide, Orchideen, Zedern und Riesenlobelien bilden unter diesen Bedingungen einen tiefgrünen und üppig-grünen Gürtel. Darauf folgt spärlicher Bewuchs mit zähem Gras und Buschwerk bis unterhalb des Gipfels. Zahlreich sind die Bewohner der Urwälder: vom zierlichen Buschbock bis zum Leoparden, von verschiedenen Affenarten bis hin zu Elefanten in den tiefer gelegenen Bereichen.
Die Erstbesteigung durch Hans Meyer und Ludwig Purtscheller gelang erst 1889. Das Gebiet des heutigen Tansania war damals, 1885 bis 1918, Kolonie des Deutschen Reiches und der von Meyer in Kaiser-Wilhelm-Spitze umgetaufte Kibo damit Deutschlands höchstes Gebirgsmassiv. Trekkingtouren auf den Schneeberg gelten nur wegen der Höhenanpassung als schwierig. Sie dauern fünf bis sieben Tage und werden meist von einheimischen Trägern begleitet.

Januar

Der Ansturm der Weihnachtsferien ist vorbei, die klare Luft der Trockenzeit lässt den Berg deutlich über der Ebene hervortreten. Tagsüber hüllt sich der Gipfel oft in Wolken, aber der frühe Morgen erlaubt beste Sicht.

Der Anblick des in Wolken gehüllten Götterbergs entlockt dem König der Tiere nur ein Gähnen.

Majestäten unter sich: Elefantenherde vor der Kulisse des Kilimanjaro

Der perfekte Ort: Amboseli Nationalpark

Das klassische Motiv des Berges mit Zebra- oder Elefantenherden und den dekorativen Schirmakazien im Vordergrund bietet der kenianische Amboseli-Nationalpark. Er liegt dem Schneeberg am nächsten und garantiert dank seines Wildreichtums fast zu jeder Tageszeit perfekte Szenerien.

7 WALD DER SCHARFEN MESSER

TSINGY DE BEMARAHA NATIONAL PARK, MADAGASKAR

Juni

Am Ende der Regenzeit entfaltet die Natur eine tropische Fülle bei kühlen Temperaturen.

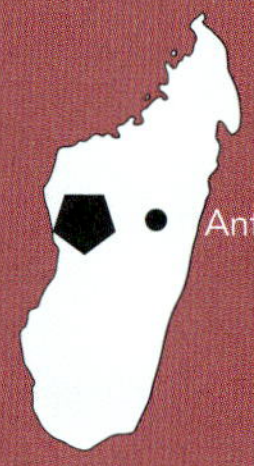

Die Kräfte der Erosion glänzen mit so mancher Extravaganz, mit Felsbögen, Riesenmurmeln und … einem Wald aus Messerspitzen, daher auch Forest of Knives genannt. Diesen formten Wasser, Wind und Erdbewegungen in den letzten 200 Mio. Jahren in Madagaskar. Tsingys nennen die Madegassen die so entstandenen Gebilde, die aus der Luft betrachtet wie eine Armee steinerner Speerspitzen anmuten. Tsingy, »wo man nicht barfuß gehen kann«, bereitet Menschen Schwierigkeiten, deshalb erleichtern schwindelig machende Hängebrücken und eiserne Leitern die Begehung. Die endemischen Sifaka-Lemuren hingegen bewegen sich behände von Spitze zu Spitze springend durch den steinernen Wald. Bereits 1927 wurde dieses ungewöhnliche Erosionsphänomen unter Naturschutz gestellt; seit 1990 zählt der Nationalpark Tsingy de Bemaraha zum UNESCO-Weltnaturerbe.

Der perfekte Ort: First Viewpoint

Touren auf den Routen Little Tsingy oder Grand Tsingy führen über Kletterpassagen und Hängebrücken zu Aussichtspunkten und sind nur mit Führer erlaubt, die Kletterausrüstung wird gestellt. Vom First Viewpoint fantastischer 360-Grad-Panoramablick.

Beim Anblick der spitzen Zacken wird klar, warum diese abweisende Gesteinsformation sich »Wald der scharfen Messer« nennt.

DER VERBORGENE CANYON

FISH RIVER CANYON, NAMIBIA (8)

Irgendwo in diesem kargen Land verbirgt sich die zweitgrößte Schlucht der Welt, doch ist sie erst am Aussichtspunkt zu sehen. Zwischen 350 und 450 m fallen die Felsen ab zum Grund des 161 km langen, mäandernden Canyons. Die aufeinanderfolgenden Erdperioden spiegeln sich in den unterschiedlichen Farben der übereinandergelegten Gesteinsschichten. Als silbernes Band plätschert der Fish River durch das geologische Wunder, das durch Hebungen der Ebene und die Erosionskraft des Flusses entstanden ist.

Atemberaubend: der Blick in den Fish River Canyon und das 160 km lange Flussbett

Der perfekte Ort: Aussichtspunkt bei Hobas

Von Keetmanshoop fährt man auf guter Straße nach Süden bis zum Zeltplatz Hobas (150 km), von dort sind es dann rund 11 km Piste nach Westen bis zum Aussichtspunkt.

Juli

Erträgliche Temperaturen; bestes Fotolicht fällt am späten Vormittag in die Schlucht.

TOM BOURKES GLÜCK (9)

BOURKE'S LUCK POTHOLES, BLYDE RIVER CANYON, MPUMALANGA, SÜDAFRIKA

Wo der Treu River in den Blyde mündet, am Beginn des majestätischen Blyde River Canyon, schaffen die Strömungsverhältnisse Wirbel, in denen mitgeführte Steine und Sand seit Tausenden von Jahren ihr Werk der Erosion verrichten. Das Ergebnis sind Strudellöcher, »potholes«, im Flussbett, die dank des mehrfarbigen Sandsteins je nach Lichteinfall und Wasserstand aussehen, als hätte ein Künstler sie marmoriert. Stege und Brücke führen zu den Gumpen.

Mai

Der Herbstmonat hat den Vorteil spärlicher Vegetation, die sonst den ungehinderten Blick verstellt.

Der perfekte Ort: Motlatse Canyon Bourke's Luck Potholes Bridge

Der Blick von oben enthüllt die skulpturhafte Schönheit der Strudellöcher: bester Blick von der Fußgängerbrücke über den »potholes«.

Die Gumpen im Flussbett sind nach dem Goldsucher Tom Bourke benannt, der hier um 1870 auf Gold stieß.

Rosa Zeiten: Oft sieht man den See vor lauter Flamingos nicht, so dicht bevölkern sie den Lake Nakuru im gleichnamigen Nationalpark in Kenia.

FAUNA

10

SEE MIT ROSA TUPFEN

LAKE NAKURU, KENIA

Juni

Juli/August ist Hauptsaison, deshalb bietet der Juni eine gute Alternative: viele Vögel, wenig Besucher.

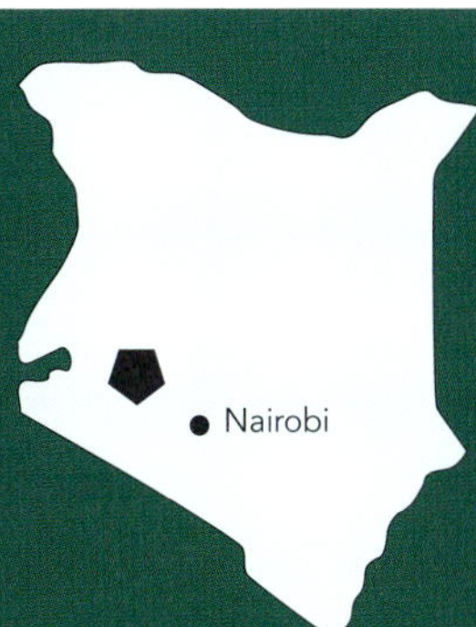

Zur Hochsaison bevölkern 1,5 Mio. Flamingos den Lake Nakuru im Nordwesten Kenias. Dann sieht der See aus, als habe der Impressionist Monet nicht wie üblich Blau, sondern Rosa den Vorzug gegeben für dieses getupfte Gemälde. Der nur 4 m tiefe Sodasee besitzt weder Zu- noch Abfluss. In den Sommermonaten trocknet er nahezu aus und bietet deshalb kaum Nahrung, doch nach den Regenfällen im Winter versammeln sich hier Heerscharen von Zwerg- und Rosaflamingos, um sich an Spirulina-Algen und Kleinkrebsen satt zu fressen. Wie grazile Ballerinas in rosa Tutus spiegeln sich die eleganten Vögel im flachen Wasser. Neben den eleganten Stelzenvögeln tummeln sich viele weitere Tierarten im Lake Nakuru National Park, darunter Löwen, Flusspferde und Nashörner.

Der perfekte Ort: Baboon Cliff

An diesem erhöhten Aussichtspunkt liegt der See Besuchern mit all seiner Schönheit und den großen Flamingoschwärmen zu Füßen. Ziemlich lästig sind allerdings die namensgebenden »Baboons«, die Paviane. Auf der Suche nach Nahrung kennen sie weder Scheu noch Hemmungen. Wer frühmorgens kommt, hat vielleicht das Glück, dass die gierigen Affen noch nicht wach sind.

11 KLETTERER MIT GESCHMACK

STRASSE ESSAOUIRA-MARRAKECH, MAROKKO

Beim ersten Mal hält man es für eine Fata Morgana, doch schon nach wenigen Kilometern wird klar: Da klettern tatsächlich Ziegen in den Bäumen. Die zaghafteren halten sich an die unteren Äste, mutige Paarhufer schaffen es ganz hinauf in die weit ausladenden Kronen, wo das Grün besonders zart ist und die Früchte noch aromatischer. Das Objekt der Ziegen-Begierde sind Arganbäume: Diese in Nordafrika, vor allem aber in Marokkos Souss-Ebene endemische Art – eine der ältesten Baumarten weltweit – liefert den hier lebenden Berbern seit Jahrhunderten kostbares Öl, und die Ziegen betätigen sich dabei als unfreiwillige Erntehelfer. Sie knabbern das Fruchtfleisch ab und überlassen den Menschen den ölhaltigen Kern, aus dem die Berberfrauen neben Öl auch Seife, pflegende Hautcremes und Shampoo herstellen.

Juni

Die Bäume tragen Früchte, und die Ziegen kennen kein Halten mehr. Am besten am frühen Vormittag.

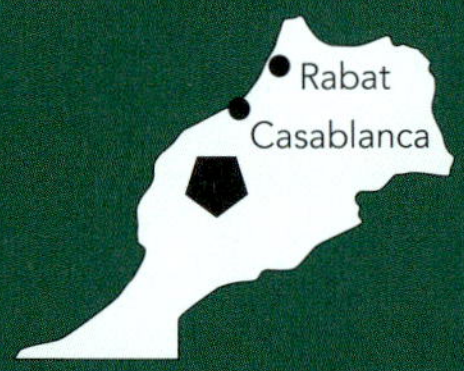

Der perfekte Ort: Straße von Essaouira nach Marrakech

Besonders im Übergangsgebiet zwischen aridem Küsten-Hinterland und der fruchtbaren Souss-Ebene sind Arganbäume.

Ziegen, die auf Bäume klettern, sind ein ungewohnter Anblick. Nicht in Marokko, wo die Blätter der Arganbäume gar so köstlich munden.

Zugvögeln dient der mit Laichkräutern üppig bestückte Ichkeul-See im Herbst als Rastplatz und Futterstelle.

WO ZUGVÖGEL RASTEN (12)

LAC ICHKEUL, TUNESIEN

Im Sommer wirkt der Salzwassersee Lac Ichkeul im gleichnamigen Nationalpark wie ausgestorben, doch wenn in den Herbst- und Wintermonaten bis zu 300 000 Wasservögel aus Europa hier eine Rast einlegen oder gar am See überwintern, erlebt die Natur ein erstaunliches Erwachen. Über 180 verschiedene Vogelarten werden auf und um das Wasser gesichtet, darunter Purpurhühner, Wildgänse, Störche und die seltenen Marmelenten (Marmaronetta angustirostris). Als Nahrung dienen vielen Wasservögeln die im See üppig gedeihenden Laichkräuter. Der Nationalpark zählt wegen der Vielfalt und seiner Bedeutung für den Vogelzug zum UNESCO-Weltnaturerbe und steht auch auf der Ramsar-Liste geschützter Feuchtgebiete.

Die Marmelente, eine seltene Entenart, die bevorzugt in Sümpfen lebt und in Europa so gut wie gar nicht vorkommt

Februar

Im Winter versammeln sich große Vogelschwärme am See. Eindrucksvoll vor allem zum Sonnenuntergang.

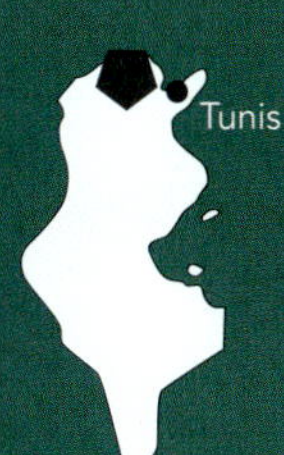

Der perfekte Ort: Musée Ecologique

Am kleinen, meist geschlossenen Museum auf der Landzunge am Südufer des Lac Ichkeul blickt man von der Anhöhe über den See und die Vogelschwärme. Wichtig ist ein guter Fernstecher.

13 ELEFANTEN IN STRANDLAUNE

PARC NATIONAL DE LOANGO, GABUN

Loango gilt als eines der letzten unberührten Naturparadiese Afrikas und als ein Ort, an dem das Wild eigenwillige Verhaltensweisen an den Tag legt. Das Naturschutzgebiet besteht aus dichtem Primärwald, den Flüsse und Lagunen durchströmen, sowie Traumstränden am Atlantik. Eben die haben es den Waldelefanten von Loango besonders angetan. Wie in der TV-Serie »Baywatch« patrouillieren die Dickhäuter über den blendend weißen Sandsaum, gegen den die Wellen anrollen. In diesen tummeln sich übrigens gerne Flusspferde – das Surfen scheint ihnen gut zu gefallen. Manchmal leisten auch Flachlandgorillas den Elefanten Gesellschaft. Dann ist das ungewöhnliche Strandtrio komplett.

Januar

Im Winter wird die Nahrung rar. Früchte finden die Tiere dann entlang der Uferwälder am Strand.

Der perfekte Ort: Loango Lodge

Wildbeobachtungsfahrten durch den dichten Urwald und an den weißen Atlantikstrand organisiert die an der Iguela Lagoon gelegene Lodge mit Geländefahrzeugen und Booten (Buchung über reservations@africas-eden.com, Anfahrt per Boot von Port-Gentil).

Dickhäuter bei einem ausgiebigen Bad im Loango-Nationalpark an der Atlantikküste im Südwesten Gabuns

SIESTA AUF DEM BAUM (14)

QUEEN ELIZABETH NATIONAL PARK, UGANDA

Was die Löwen des Queen Elizabeth National Park dazu bewegt, ihre Siesta lieber auf dem Ast eines Baumes zu halten als unter einer Schirmakazie oder malerisch auf einen Felsen drapiert, können Verhaltensforscher nicht beantworten. Tatsache ist, dass Löwen, die nicht berühmt sind für ihre Kletterkünste, hier die beschwerliche Partie hinauf zu einem stabilen und ausladenden Ast der Ruhe in dessen Schatten vorziehen. Besonders viel Spaß macht es natürlich den Jungen und Halbstarken.

Ein Löwe, der faul im Geäst wie in einer Hängematte baumelt? Ein seltener Anblick.

Der perfekte Ort: Ishasha-Sektor

Game Drives von der Ihamba Lodge führen in den Ishasha-Teil im Südwesten des Nationalparks, wo die meisten »Baumlöwen« beobachtet werden können.

August

In der Trockenzeit tragen die Bäume wenig Grün; die Löwen sind gut zu erkennen.

IMMER DEN GNUS NACH (15)

MASAI MARA, KENIA – SERENGETI, TANSANIA

Bis zu 2 Mio. Tiere, Gnus aber auch Zebras, ziehen zwischen dem kenianischen Masai Mara und der tansanischen Serengeti hin und her. Je nachdem, wie Regenfälle und Futterangebot ausfallen, legen die Herden bis zu 3000 km im Jahr zurück. Das spektakulärste Ereignis dieser Wanderung vollzieht sich bei der Überquerung des Flusses Mara. Die im Wasser lauernden Krokodile müssen nur noch das Maul aufsperren, um in der drängenden Masse der Gnus eines der schwächeren Tiere zu schnappen.

September

Nach der Hochsaison in Juli/August mit vielen Touristen wird es im September ruhiger.

Der perfekte Ort: am Fluss Mara

Ort und Zeitpunkt können nur erfahrene Wildhüter voraussagen. Von den Lodges in den beiden Nationalparks werden Game Drives zum »Wildebeest River Crossing« organisiert.

Ist man das schwächste Glied einer Herde, wird man leicht zur Beute.

16 GORILLAS IM NEBEL

VOLCANOES NATIONAL PARK, RUANDA

Zunächst ist es nur ein Rascheln, dann eine Art leises Grunzen, und schließlich zeichnen sich dunkle, stämmige Schatten zwischen Bäumen und Bambus ab. Auf die Begegnung mit einer Berggorilla-Sippe im Nebelwald der Virunga-Vulkane kann man sich nicht vorbereiten, egal, wie viel man darüber gehört hat. Die sanften Riesen sind plötzlich ganz real, die Jungen tollen, die Erwachsenen lausen sich gegenseitig, und mit Glück ist auch der Chef, ein massiger Silberrücken, dabei. Beinahe hätten Wilderei und der Bürgerkrieg in Ruanda den letzten Berggorillas den Garaus gemacht. Heute schätzt man ihre Zahl im Volcanoes National Park auf etwa 500. Bei geführten Touren kommt man den Tieren ganz nahe. Der erfahrene Guide sorgt dafür, dass sich die Tiere nicht gestört fühlen.

Juli

Die kühlste Jahreszeit eignet sich am besten für die anstrengende Wanderung durch den Regenwald.

Der perfekte Ort: Nationalparkzentrum, Kinigi

Rund zweieinhalb Stunden Fahrtzeit von Kigali nach Nordwesten liegt das Nationalparkzentrum, von wo aus die Trekkingtouren um 8 Uhr morgens starten. Pro Tag werden nur 80 Permits vergeben (www.volcanoesnationalparkrwanda.com).

Wer denkt beim Anblick dieser Berggorillas nicht unwillkürlich an Diane Fosseys berührendes Buch »Gorillas im Nebel«.

Flusspferde, wie hier im Chobe River, verbringen die meiste Zeit des Tages im Wasser.

Mai

In der Trockenzeit ist der Chobe eine wichtige Wasserquelle; der späte Nachmittag gilt als ideale Zeit.

Der perfekte Ort: Chobe Safari Lodge

Die direkt am Chobe gelegene Terrasse bietet den besten Blick auf das Treiben. Gelegentlich kommen auch Herden vom gegenüberliegenden namibischen Ufer über den Fluss.

Im Chobe-Nationalpark gibt es viele Aussichtspunkte, wo Elefantenherden auf ihrem Weg zur Wasserstelle vorbeikommen.

ELEFANTEN-WELLNESS (17)

CHOBE NATIONAL PARK, BOTSWANA

Der Chobe-Nationalpark gilt mit einem Bestand von etwa 130 000 Elefanten als das Schutzgebiet mit der größten Elefantenkonzentration in Afrika. Begegnungen mit den grauen Riesen sind alleine schon bei der Durchfahrt auf der Hauptstraße garantiert. Eine besonders lebhafte Szenerie entfaltet sich, wenn die Herden an den Chobe-Fluss kommen, um zu trinken und zu baden. Planschende Babys, aufmerksam sichernde Mutterkühe, übermütige Halbwüchsige und ausgewachsene Bullen genießen das kühlende Wasser und wälzen sich im Uferschlamm. Sowohl vom Ufer als auch vom Boot aus lassen sich die Elefanten beobachten. Gestört fühlen sie sich nur, wenn man ihnen und vor allem den Jungen zu nahekommt.

Der Himmel verdunkelt sich schlagartig, wenn ein Riesenschwarm Palmenflughunde zu einem Ausflug aufbricht.

PALMENFLUGHUNDE IM ANFLUG (18)

KASANKA NATIONAL PARK, SAMBIA

Was passiert, wenn 10 Mio. Palmenflughunde gleichzeitig zu einem Wanderflug starten? Zwar sind die Tierchen nicht groß – ihre Rumpflänge inklusive Kopf beträgt höchstens 20 cm –, doch die Spannweite ist mit einem Dreiviertelmeter durchaus imposant, und die Masse macht's: Der Himmel wird schwarz, wenn sie auffliegen. Ab Oktober verlassen die in der Demokratischen Republik Kongo lebenden Flughunde ihre Heimat und treffen rechtzeitig zu den ersten Regenfällen in Zambia ein. In den Mushitu genannten Sumpfwäldern entlang des Musola-Flusses sind gerade Früchte und Beeren wie etwa wilde Mispeln herangereift, die die wichtigste Nahrungsquelle der Tiere darstellen. Man schätzt, dass sie in den drei Monaten ihres Besuchs in Kasanka etwa 350 000 t Früchte fressen. Das hört sich nach Kahlschlag an, hat aber einen großen ökologischen Nutzen, denn Flughunde transportieren und verteilen die Samen ihrer Nahrung über weite Entfernungen und sorgen damit für die Verbreitung der Pflanzen.

Auch wenn Fledermäuse nicht zu positiv besetzten Tierarten wie Elefanten oder Gorillas zählen, ist der Eindruck der in der Abenddämmerung startenden bzw. in der Morgendämmerung heimkehrenden Flughunde alleine wegen der ungeheuren Menge sehr imposant. Tatsächlich handelt es sich bei der Kasanka Bat Migration um die größte Wanderung von Säugetieren weltweit – zum Vergleich: Zur Gnu-Wanderung von Kenia nach Tansania sind nur etwa 2 Mio. Tiere unterwegs. Tagsüber ziehen sich die Flughunde übrigens in die Sumpfwälder zurück, wo die Bäume dann dicht an dicht mit den schlafenden Tierchen besetzt sind. Mitte Dezember kehren sie heim in ihre angestammten Gebiete im Kongo.

Neben Flughunden besitzt der Kasanka National Park eine große Vogel- und Amphibienvielfalt. Zu den seltenen Säugetieren zählt die scheue Sitatunga, eine an den sumpfigen Lebensraum angepasste Antilopenart.

November

Höhepunkt der Bat Migration: Sichtungen der Flughunde am frühen Morgen und Abend sind garantiert.

Der perfekte Ort: Bat Forest

Hochsitze und Unterstände im Bat Forest genannten Bereich des Kasanka-Nationalparks erlauben den Blick auf die wie dunkle Wolken über dem Wald kreisenden Palmenflughunde. Von den Lodges im Nationalpark sind die Beobachtungsposten zu Fuß zu erreichen.

Morgen- und Abenddämmerung sind die ideale Zeit, um die nachtaktiven Palmenflughunde zu erspähen.

Man könnte wirklich meinen, dass sich die stämmigen Baobabs wie eine Armee gleich in Bewegung setzen und losmarschieren.

FLORA

19

DIE ALLEE DER ENTS

AVENUE OF THE BAOBABS, MADAGASKAR

Oktober

Am Beginn der Regenzeit tragen die Baobabs gelbe Blüten – bei Sonnenuntergang ein tolles Motiv.

Fantasy-Autor Tolkien muss die knorrigen, bizarr geformten und uralten Affenbrotbäume vor Augen gehabt haben, als er in seinem Epos »Der Herr der Ringe« die Ents erfand. Diese »Baumwächter« beschreibt er genau so, wie die bis zu 800 Jahre alten Baobabs entlang der Avenue of the Baobabs genannten Straße bei der Stadt Morondova aussehen. Jeden Augenblick könnten sich die Baumriesen, die der Subspezies Adansonia grandidieri angehören, in Bewegung setzen und einen geheimnisvollen Tanz oder auch einen Kampf beginnen. »Mütter der Wälder« nennen die Madegassen die Affenbrotbäume, die mitnichten als Allee gewachsen, sondern von einem abgeholzten Wald übrig geblieben sind. 7 km nordwestlich stehen zwei ineinander verschlungene, das »Liebespaar«.

Der perfekte Ort: Straße von Morondova nach Belo Tsiribihina

18 km nordöstlich der Stadt Morondova säumen 20 bis 25 rund 30 m hohe Baobabs auf etwa 250 m Länge die unbefestigte Straße RN 8. Nach Regenfällen ist die Piste nur mit einem geländegängigen Fahrzeug befahrbar. Noch kostet der Besuch keinen Eintritt, aber Kinder betteln um Geschenke.

20 EIN KORB VOLLER PALMEN

LA CORBEILLE, NEFTA, TUNESIEN

Die pastellfarbenen Altstadthäuser der Wüstenoase Nefta kleben geradezu am Rand eines steilen, 40 m tiefen Felsabfalls, an dessen Fuß die Kronen dicht beieinanderstehender Dattelpalmen ein grünes Dach bilden. La Corbeille, der Korb, nennen die Einheimischen dieses eigenwillige Naturphänomen, in dessen Schatten sich die Frauen zum Wäschewaschen und die Kinder zum Baden treffen. Denn für die ungewöhnliche Fruchtbarkeit mitten in der Sahara sorgten bis zum Beginn der 1980er-Jahre mehr als 150 Quellen: Sie entsprangen und wässerten die Corbeille, wurden dann zu einem Wasserlauf vereint und in die großen Palmengärten weitergeleitet. Da heute viele Quellen versiegt sind, pumpt man fossiles Grundwasser in das Wasserbecken der Corbeille.

Oktober

Kühlere Temperaturen machen den Aufenthalt erträglich, die Dattelernte beginnt.

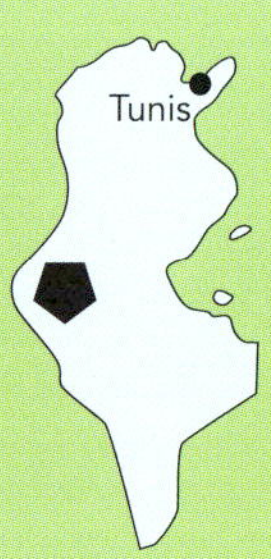

Der perfekte Ort: Wasserbecken in der Corbeille

Am späten Nachmittag, wenn die Temperaturen kühler werden, erwacht das Leben. Vögel zwitschern, und das Plätschern des Wassers untermalt die friedliche Szenerie. Oft kommen Kinder zum Baden ans Wasser, oder Frauen waschen die Wäsche.

Der üppige Dattelpalmenhain vor den Toren der Wüstenoase Nefta hat ihr zum Namen »La Corbeille« (Korb) verholfen.

WALD DER SUKKULENTEN (21)

LAKE NAKURU, KENIA

Kandelaber-Euphorbien sind eigentlich Einzelgänger. Die elegante Gestalt dieser Wolfsmilchgewächse mit ihren symmetrisch gen Himmel strebenden Ästen kommt am besten zur Geltung, wenn sie alleine stehen. Am kenianischen Lake Nakuru hat eine Laune der Natur diese Eigenart durchkreuzt und die Euphorbien zu einem Wäldchen gruppiert. Angeblich handelt es sich bei dem Euphorbien-Bewuchs östlich des Sees um den größten Wald dieser Art in Afrika.

Kandelaber-Euphorbien können eine Höhe von bis zu 10 m erreichen.

Der perfekte Ort: Nationalparkstraße zwischen Lion Hill und Lake Nakuru Lodge

Auf der Hauptstraße nach Osten erreicht man rund 10 km vom Main Gate östlich des Sees den Euphorbienwald.

November

Besonders dekorativ wirken die Kandelaber-Euphorbien zur Blüte im November.

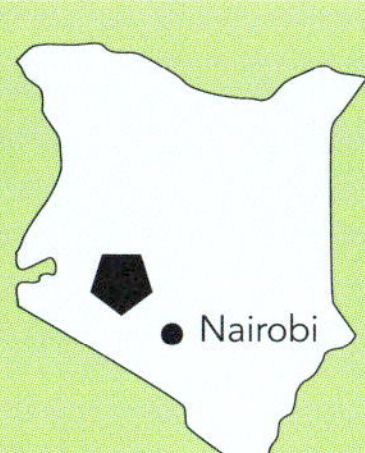

UNTER PFLANZENRIESEN (22)

MOUNT KENYA, KENIA

Lobelien und Senezien bilden an den Hängen des Mount Kenya in Höhen von 3300 bis 4600 m einen erstaunlichen Riesenwuchs aus. Wanderer fühlen sich in dieser Landschaft in einen Zauberwald versetzt, vor allem, wenn Nebelschwaden die Riesenpflanzen noch unheimlicher erscheinen lassen. Durch die große Höhe und die konstant niedrigen Temperaturen ist eine normale Befruchtung der Blüten durch Insekten nicht möglich; diese Aufgabe übernehmen am Mount Kenya Vögel.

März

In der Trockenzeit gelten die besten Wanderbedingungen. Das Fotolicht ist am Morgen ideal.

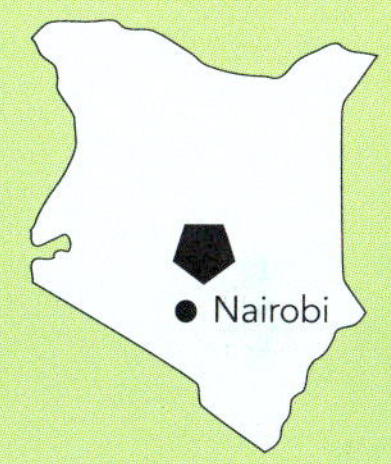

Der perfekte Ort: Mount Kenya, Shipton's Camp

Die Zone des Riesenwuchses erreicht man mit einer geführten Tour am dritten Wandertag nach Start am Sirimon Gate an der Berghütte Shipton's Camp (4240 m).

Blick ins Innenleben einer Riesen-Senezie, die am Mount Kenya meterhoch wächst

23 SCHÖNE IM ABENDLICHT

KÖCHERBAUMWALD, KEETMANSHOOP, NAMIBIA

Wie die kenianischen Euphorbien sind auch die namibischen Aloen Einzelgänger, wahrscheinlich aus demselben Grund – nichts ist so dekorativ wie ein Köcherbaum auf einer felsigen Anhöhe der Namib-Wüste. Der Baum, dessen rissige Rinde aussieht, als leide er unter einer seltsamen Krankheit, bildet eine so absolut symmetrische und wie ein Kelch geformte Krone aus, dass man geneigt ist, sie für ein Kunstwerk zu halten. Die Ureinwohner des südlichen Afrika, die San, nutzten die hohlen Äste als Köcher für ihre Pfeile, daher der Name. Unweit von Keetmanshoop bilden 250 Köcherbäume einen Wald, dessen Silhouetten in der untergehenden Sonne wie Scherenschnitte aufscheinen – fantastisch!

Juni

Im Herbst setzen die Köcherbäume gelbe Blüten auf. Bestes Motiv bei Sonnenuntergang.

Der perfekte Ort: Keetmanshoop, Quiver Tree Forest

Der Köcherbaumwald befindet sich 20 km nordöstlich von Keetmanshoop an der B4; Eintritt am Quivertree Restcamp.

Der Köcherbaumwald, dessen Äste sich vor dem Nachthimmel wie Scherenschnitte ausnehmen, ist seit 1955 ein Schutzgebiet.

WENN DIE WÜSTE BLÜHT (24)

NAMAQUALAND NATIONAL PARK, SÜDAFRIKA

Namaqualand, der nordwestliche Teil Südafrikas, zählt zu den aridesten Regionen des Landes. Trostlos karge Ebenen durchfährt man auf der Reise durch diese Einöde, bis, ja bis Winterregen die Natur verzaubert. Riesige Flächen überziehen sich dann über Nacht mit den orangefarbenen Köpfchen der Namaqualand Daisies. Die Samen der Buschringelblumen harren in der staubtrockenen Erde aus, um für diese kurze Blüte, die nur wenige Wochen dauert, erweckt zu werden. Manchmal weiden Antilopen und Bergzebras auf den bunten Blumenwiesen. In den kleinen Ort Kamieskroon strömen während der Wildblumenblüte Mitte August bis Mitte Oktober Besucherscharen, um die einmalige Blumenpracht zu erleben.

Es ist wie ein Wunder, wenn sich nach der Regenzeit die karge Natur Namaqualands fast schlagartig in eine Wildblumenwiese verwandelt.

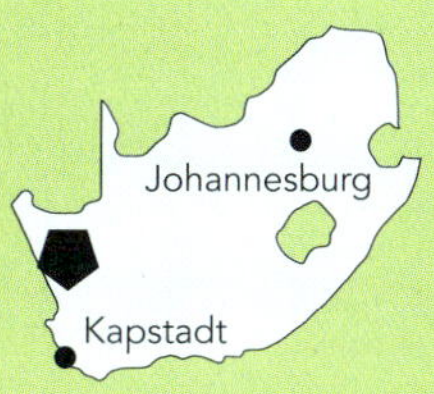

August

Je nach Regen beginnt die Blüte Mitte August. Beste Uhrzeit vormittags ab 10.30 Uhr, wenn sich die Blüten öffnen.

Der perfekte Ort: Roof of Africa

Die Skilpad Wildflower Reserve 22 km westlich von Kamieskroon ist ein Blütengarant. Vom Aussichtspunkt Roof of Africa auf einem Granitbuckel hat man grandiose Sicht über das Blütenmeer.

Blüte der Gazania, auch unter dem Namen »Mittagsgold« bekannt

Eingehüllt in eine Dunstglocke wie in ein Tischtuch: So erlebt man Kapstadts Tafelberg häufig an Sommertagen.

WETTER & ASTRONOMIE

25

KAPSTADTS TISCHTUCH

TAFELBERG, KAPSTADT, SÜDAFRIKA

November

Der Sommer ist eine Quasigarantie für das »Tischtuch«. Meist baut es sich morgens auf.

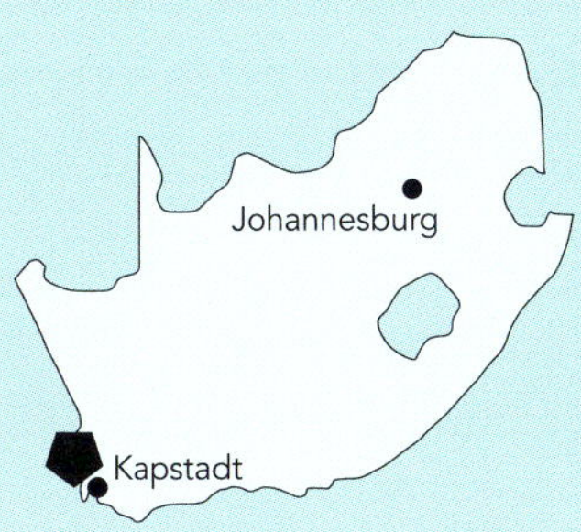

Ob nun wirklich der Teufel und ein Pirat namens Van Hunks um die Wette rauchen und damit schuld sind an der Wolkenkappe auf dem Tafelberg? Tatsache ist, dass dieses Wetterphänomen bevorzugt an besonders schönen, klaren Sommertagen aufzieht und den dann zahlreichen Besuchern auf dem Tafelberg die Sicht verhagelt. Allerdings ist es nicht der Teufel, sondern ein von Südost wehender, warmfeuchter Wind, der die Wolken herbeizaubert. Er trifft auf dem Berg auf kalte Luftschichten, die Feuchtigkeit kondensiert, und über das Tafelbergplateau legt sich ein »tablecloth«, ein Tischtuch, das wie Sahne an den Hängen herunterrinnt. Dort trifft es wieder auf warme Luft und löst sich auf. Auf dem Plateau hingegen herrscht dichter Nebel.

Der perfekte Ort: Terrasse des MOCAA

Die Terrasse auf dem Dach des Kunstmuseums liegt geradezu perfekt dem Tafelberg gegenüber. Umgeben von Skulpturen und Installationen zeitgenössischer afrikanischer Künstler blickt man auf das magische Fließen der Wolken.

Museum of Contemporary African Art, V&A Waterfront, https://zeitzmocaa.museum, tgl. 10–18 Uhr

26 TRÜGERISCHES WÜSTENBILD

CHOTT EL-DJERID, TUNESIEN

Unzählige Geschichten kreisen um die Trugbilder, die Wüstenreisende in die Irre locken, ihnen Seen vorgaukeln, wo Steinwüste ist, Oasen vorspiegeln, wo kein Grashalm sprießt. Wie entsteht eine solche Fata Morgana? Verschieden warme Luftschichten lenken Licht unterschiedlich ab und gaukeln Strukturen vor, sagt die Wissenschaft. Am einfachsten testet man das auf der Fahrt über den tunesischen Salzsee Chott el-Djerid, auf dem die Licht- und Temperaturverhältnisse durch die Salzkruste besonders extrem sind. Nach nur wenigen Kilometern tauchen sie auf, in der Ferne schimmernde dunkle Konturen, die leicht als Karawane oder gar Oase zu deuten wären, davor silbrig glitzerndes »Wasser«. Nichts ist echt.

Alles auf Salz gebaut: Schon Karl May ließ seine Helden am Chott el-Djerid Abenteuer bestehen.

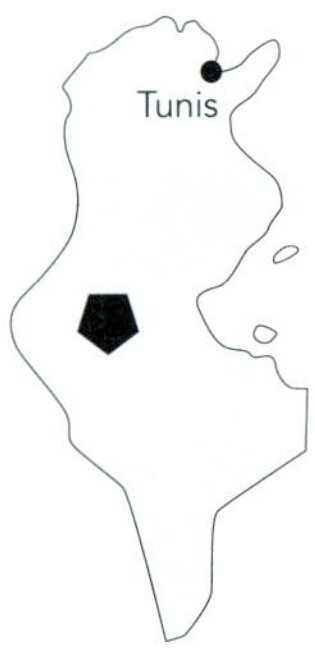

Der perfekte Ort: Dammstraße über den Chott el-Djerid

Rund 20 km nach dem Beginn der Dammstraße (von Osten kommend) und noch vor dem großen Parkplatz mit Verkaufsständen in der Mitte des Damms hält man an, um das Phänomen ungestört zu beobachten.

Juni

Je heißer, desto besser. Vor allem um die Mittagszeit bauen sich Luftspiegelungen auf.

Sandrosen: Kaum zu glauben, aber in der tunesischen Salzwüste gibt es Exemplare, die bis zu 6 t wiegen.

Das geheimnisvolle Volk der Dogon: Tür zu einer Moschee in einem Dogon-Dorf in Mali

DAS RÄTSEL DES SIRIUS 27

DOGONLAND, MALI

Sirius, dem hellsten Stern im Bild des Hundes, weisen die Dogon, ein sehr traditionell lebendes Volk in Mali, eine zentrale Rolle in ihrem Glauben zu. Er besitze, so wird überliefert, einen Begleiter, der klein und zugleich unendlich schwer sei. Dieser Po tolo sei das Urei des Lebens. Ein verblüffender Mythos, denn den Begleiter, Sirius B genannt, gibt es wirklich, nur ist er mit bloßem Auge nicht sichtbar. Entdeckt wurde der Weiße Zwerg Mitte des 19. Jh., da kannten ihn die Dogon angeblich längst, übrigens auch seine ungefähre Umlaufbahn. Die Wissenschaft ist uneins: Haben Europäer den Dogon von Sirius B erzählt, oder ist das Wissen über ihn originär? Eine Antwort müssen wir schuldig bleiben.

Der perfekte Ort: Campement Hotel Sangha

Die einfache Unterkunft befindet sich auf dem Hochplateau von Bandiagara mit zahlreichen Dogon-Dörfern: Auf der Terrasse entfaltet der Abendhimmel mit Sirius seinen strahlenden Glanz.

Mai

Der Große Hund mit Sirius steht schon abends am Himmel und ist die ganze Nacht zu sehen.

28 STERNE ÜBER DEM BUSCH

KHOMAS-HOCHLAND, NAMIBIA

Viel besungen, viel beschrieben und legendenumrankt leuchtet das Kreuz des Südens am Nachthimmel der Südhalbkugel als Wegweiser für Piraten, Entdecker und Seefahrer. Das Sehnsuchtsziel junger und betagterer Träumer ist aber nicht das einzige Sternbild, das das südliche Firmament schmückt. Unendlich viele Himmelkörper blinken im Dunkel und formen sich zu bekannten und nie gedachten Konstellationen. Rein- und Trockenheit der Atmosphäre, die Höhenlage von Khomas und die Menschenleere des Landes sind das Triumvirat, das für beste Beobachtungsbedingungen sorgt. Dass dann beim südlichen Wendekreis – dem des Steinbocks – das Zentrum der Milchstraße fast lotrecht über dem Betrachter steht (und so dem Licht von der Galaxis den kürzesten Weg durch die Atmosphäre zu den Erdlingen bietet), ist ein weiterer Grund für einen längeren nächtlichen Besuch des Himmels. Fehlt dann nur noch das Werkzeug. Selbst ein Feldstecher sorgt bereits für ungeahnte Eindrücke und holt das nur faustgroße Kreuz des Südens mit seinen beiden Zeigersternen vom Himmel und in Panoramastellung vor die Augen, wie auch die acht Sterne, die den Zentaur bilden, oder die eindrucksvolle Sternenkette, die sich zum Skorpion verbindet. Mit bloßem Auge sind etwa 2000 Fixsterne zu erkennen, mit dem Fernglas schon fast 40 000. Doch was erst, wenn man durch eine professionelle Optik blickt? Die die Milchstraße begleitenden Zwerggalaxien – die beiden Magellanschen Wolken – werden bei der Deep Sky-Beobachtung zu Riesen. 88 Sternbilder sind heute festgelegt, die des Nordhimmels hatte Ptolemäus im Jahr 150 katalogisiert. Das »älteste« Sternbild des Südhimmels geht auf 1589 zurück. Es ist – wen wundert's – das Kreuz des Südens. Wen die fremden Himmelskörper stutzen lassen, den könnten die vertrauten Sterne des Nordhimmels besänftigen, die unter anderem als Herkules, Leier und Großer Wagen ebenso über die Südhalbkugel ziehen – allerdings kopfüber, was ja auch nicht unbedingt beruhigt.

April bis Oktober

Die klare und trockene Luft des namibischen Nachthimmels, die Höhe des Plateaus und das fehlende Streulicht bieten den ganzen Südwinter beste Voraussetzungen – am eindrücklichsten natürlich bei Neumond.

Blick auf den funkelnden südlichen Nachthimmel mit Kreuz des Südens, Milchstraße und Carinanebel

Die Namib-Wüste kann sich rühmen, die älteste Wüste der Welt zu sein. Nach ihr wurde der Staat Namibia benannt.

Der perfekte Ort: Astrofarm Kiripotib

Zwei Autostunden südöstlich von Windhoek begeistert die Gästefarm Astronomieamateure mit insgesamt zwölf professionellen Montierungen. Highlight ist das 24-Zoll ICS-Dobson für ferne planetarische Nebel und Galaxien – www.astro-namibia.com.

Unterwasserfreuden am Roten Meer:
Da begegnet man Rochen, Rotfeuer- und Kugelfischen, Muränen, Delfinen, Schildkröten, Korallen, Seeanemonen …

MEERE

29

WUNDERWELT DES OZEANS

SINAI-HALBINSEL, ÄGYPTEN

August

Im Sommer ist die Vielfalt unter Wasser besonders bunt und eindrucksvoll.

Wo es unter Wasser am faszinierendsten ist, darüber können Taucher heftig streiten. Unbestritten aber ist, dass das Tauchgebiet vor der Südspitze der Sinai-Halbinsel seinesgleichen sucht. Die 750 m in die Tiefe stürzende Steilwand Shark Reef bietet riesigen Schwärmen von Makrelen, Schnappern, Barrakudas, Fledermaus- und Einhornfischen eine dramatische Kulisse. Dazwischen gleiten elegante Schwarzspitzenhaie. In etwa 14 m Tiefe markieren Gorgonien und neugierige Schildkröten den Übergang zum benachbarten Yolanda Reef, das seinen Namen einem 1980 gesunkenen Dampfer verdankt. Er war nachts auf das Riff aufgelaufen. Ein verwunschener Korallengarten in allen Farben des Regenbogens und bewohnt von den ungewöhnlichsten Lebewesen tut sich auf – Tausendundeine Nacht unter Wasser.

Der perfekte Ort: Südspitze der Sinai-Halbinsel / Ras Mohammed

Obwohl die beiden Riffe ziemlich ufernah liegen, werden sie vom Boot betaucht. Da die Riffe Teil des Ras Mohammed-Nationalparks sind, ist Tauchen nur mit Guide erlaubt. Tauchveranstalter finden sich im 40 km nordöstlich gelegenen Sharm el-Sheikh. Vorsicht vor den teils heftigen Strömungen!

30 WENN DAS MEER ZERSTÖRT

STRAND VON LEGZIRA, SIDI IFNI, MAROKKO

Sie galten als Wahrzeichen des Sandstrandes nördlich des südmarokkanischen Sidi Ifni: die beiden sich weit in den Atlantik wölbenden Felstore von Legzira. Die vom Meer aus rötlichem Sandstein herausgearbeiteten Bögen waren eine Touristenattraktion. Und dann stürzte einer ein. Die Kräfte der Erosion machen vor einem Naturwunder, das sie selbst geschaffen haben, nicht plötzlich Halt – sie arbeiten weiter. So tat es auch der gegen die immer schmaler werdende Basis des südlicheren Felsentores krachende Atlantik, bis dieser 2016 in sich zusammenbrach. Tor Nummer Zwei steht noch in seiner ganzen Schönheit und Majestät. Bei Ebbe wird sogar noch ein dritter Bogen weiter draußen sichtbar.

Juli

Im Sommer ist es in Südmarokko sehr heiß, der Atlantik erreicht dann Badetemperatur.

Der perfekte Ort: Strand von Legzira

Vom Parkplatz beim Dorf Legzira ist es ein zehnminütiger Strandspaziergang zum Felsentor, das man bei Ebbe durchschreiten kann. Bei starker Brandung Vorsicht vor Steinschlag! Der dritte Bogen weiter draußen im Meer ist nicht zugänglich.

Filigranes Strandgut: Meeresmuschel am Strand von Legzira, dahinter der von der Erosion geschaffene Sandsteinbogen

WENN DAS MEER KOCHT 31

SARDINE RUN, WILD COAST, SÜDAFRIKA

Nicht jedes Jahr herrschen die richtigen Bedingungen für die Wanderung von Millionen von Sardinen aus den kalten Gewässern um die Kaphalbinsel nach Osten in wärmere Gefilde entlang der Wild Coast und bis hinauf in die Tropen-Unterwasserwelt von Mozambik. Grundvoraussetzung ist eine kalte Strömung entlang der Küste von Kwa-Zulu-Natal, die höchstens 19 °C messen darf. Dann machen sich immens große Fisch-Schulen auf den Weg, denen Haie, Wale, Delfine und Seevögel folgen. Die Schwärme halten sich dicht unterhalb der Wasseroberfläche und nahe der Küste auf. Mit einer Länge von bis zu 7 km, einer Breite von 1,5 km und 30 m Tiefe sind die Schwärme sogar noch aus dem Flugzeug zu sehen.

»Sardine Run«: Nur in riesigen Schwärmen haben die Sardinen eine Überlebenschance.

Wenn die Sardinenschwärme in wärmere Laichgebiete ziehen, dann machen sich auch ihre Fressfeinde auf den Weg.

Der perfekte Ort: Port St. Johns

Das touristische Zentrum der Wild Coast avanciert während des Sardine Run zum Mekka von Schnorchlern und Tauchern. Auf Booten geht's in Richtung der Schwärme, daneben sind Begegnungen mit Walen und Delfinen garantiert.

Juli

Den genauen Zeitpunkt bestimmen die Sardinen; Juli gilt als sicherer Monat.

32

WALE SATT VOR HERMANUS

HERMANUS, SÜDAFRIKA

Der Walrufer gibt das Zeichen: Wenn der dunkle Ton seines Kelphorns an der Küste des Städtchens Hermanus erklingt, befinden sich Wale in der Walker Bay südöstlich von Kapstadt. Bis zu 150 Südkaper (Südliche Glattwale) schwimmen dann an einem Tag in der weiten Bucht, um sich hier zu paaren und ihre Kälber zu gebären. Ein rund 8000 km langer Weg von antarktischen Gewässern bis zur Südspitze Afrikas liegt hinter ihnen. Wo genau gerade Wale zu sehen sind, ob westlich oder östlich des Ortes, gibt der Walrufer mit einer besonderen Tonfolge an, die jeder Einheimische versteht. Eindrucksvoll ist eine Boots- oder gar eine Kajaktour, bei der man den sanften Riesen sehr nahekommt.

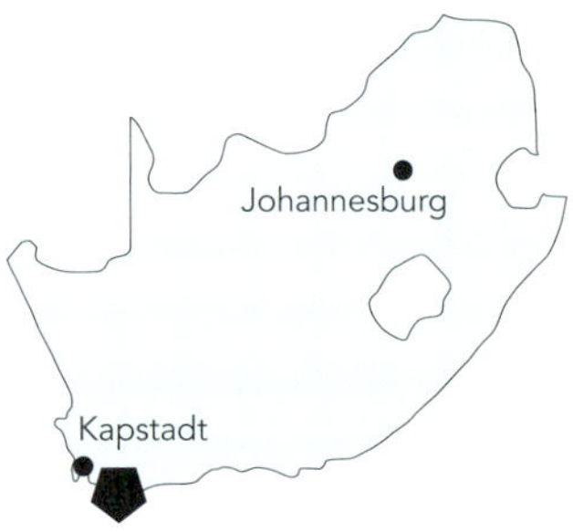

November

Vor Beginn der südafrikanischen Sommerferien ist es in Hermanus noch relativ ruhig.

Der Südkaper aus der Familie der Glattwale wird bis zu 18 m lang und an die 80 t schwer.

Der perfekte Ort: Cliff Path, Hermanus

Vom für die Walbeobachtung ausgebauten Uferweg, dem Cliff Path, sind die gigantischen Meeressäuger bequem zu sichten. Er verläuft zwischen neuem Hafen und Grotto Beach auf einer Länge von 11 km auf den Klippen am Meer entlang.

Es ist ein wackeliges Vergnügen, die 192 m lange Hängebrücke über den Storms River zu überqueren; es gibt jedoch ein stabiles Geländer.

FLUSS UND MEER VEREINT

GARDEN ROUTE NATIONAL PARK, TSITSIKAMMA SECTION, SÜDAFRIKA 33

Früher war Tsitsikamma ein eigenständiger Nationalpark, heute bildet dieses einzigartige Naturschutzgebiet, das sich über 80 km Küste und auf 5,5 km Breite in das davorliegende Meer erstreckt, einen Teil des großen Garden Route National Park. Dort, wo sich der Storms River in den Indischen Ozean ergießt, befindet sich sicherlich der faszinierendste Abschnitt: Dichte urwaldartige Vegetation mit uralten Yellowwood-Bäumen säumt die Küste, und in den Gewässern davor sind in der Walsaison Buckelwale zu beobachten. Bewohner des marinen Schutzgebietes wie der Dageraad, eine endemische Meerbrassenart, sind hier vor Überfischung sicher.

Der perfekte Ort: Hängebrücke über den Storms River, Tsitsikamma Section

Eine kurze Wanderung führt vom Nationalparkeingang zu der schwindelerregenden Brücke, unter der sich Süß- und Salzwasser mischen. Sowohl der Blick aufs Meer wie auf die Urwaldvegetation begeistert.

Juni

In der Trockenzeit ist das Wetter an der regenreichen Küste am beständigsten.

Die Gischt der Victoria-Wasserfälle ist so gewaltig, dass sie dabei einen permanenten Regenbogen erzeugt. Beinahe überirdisch ist dieser Anblick bei Mondlicht.

FLÜSSE, SEEN, WASSERFÄLLE

34

DER MOND-REGENBOGEN

VICTORIAFÄLLE, ZIMBABWE

April

Zur Zeit des höchsten Wasserstands ist die Gischt hoch genug für die Lichtbrechung.

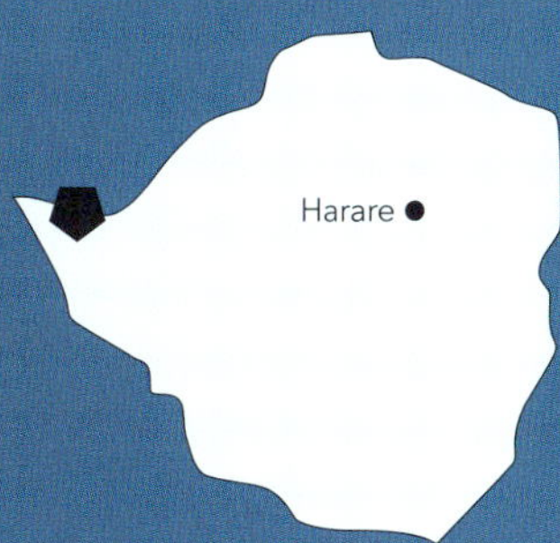

»Donnernder Rauch« nennen die Einheimischen die spektakulären Fälle des Sambesi, denn die Gischt über den 1708 m breiten und 110 m tiefen Fall kann bis zu 300 m hoch ansteigen. Bei Sonnenschein baut sich deshalb fast immer ein breiter, strahlender Regenbogen über dem UNESCO-Naturerbe auf. Dass diese Lichtbrechung auch bei Mondlicht stattfindet, ist kaum bekannt und auch kaum zu sehen, weil die Lichtverschmutzung an den meisten potenziellen Orten wie etwa den Niagarafällen zu stark ist. An den Victoriafällen hingegen ist der Himmel dunkel, das Licht des Mondes ungestört. Dann baut sich der zarte, silbrige Streifen des Mond-Regenbogens auf – ein verzaubernder Augenblick und der ideale Zeitpunkt für die Frage aller Fragen!

Der perfekte Ort: Victoria Falls, Zimbabwe, Viewpoint Nr. 12

Am besten ist der Mond-Regenbogen von der Zimbabwe-Seite der Fälle zu erkennen. Auf dem ausgeschilderten Rundweg entlang und gegenüber den Fällen bietet der Aussichtspunkt Nummer zwölf die beste Perspektive. Zu sehen ist der Regenbogen drei, vier Tage um Vollmond, und das kurz nach Einbruch der Dunkelheit.

35

WO OSIRIS' HERZ RUHT

1. NILKATARAKT, ASSUAN, ÄGYPTEN

Der Nil wird in Ägypten seit Menschengedenken als Fruchtbarkeitsspender verehrt. Seine Fluten sorgten für das Wohlergehen der Pharaonenreiche und bringen heute noch, wenn auch stark reduziert, fruchtbaren Schlamm auf die Felder der Bauern. Vom unterägyptischen Assuan bis zur Mündung ins Mittelmeer fließt er als träger Strom durch die Wüste, doch davor stellt sich ihm südlich von Assuan eine Felsbarriere in den Weg: der erste Katarakt. Hier hat der nordwärts strebende Fluss auch Inseln zu umschiffen, eine davon ist Philae, wo die Göttin Isis das Herz ihres zerstückelten Gatten Osiris fand. Die Landschaft mit ihren dunklen Felsufern, den palmenbestandenen Inseln und dem gurgelnden Strom besitzt einen besonderen, magischen Reiz.

April

Die Ufervegetation ist üppig, das Wasser steht hoch und gurgelt über die Basaltfelsen.

Der perfekte Ort: Old Cataract Hotel, Assuan

Auf der Terrasse des altehrwürdigen Hauses genoss bereits Agatha Christie den Blick auf Fluss, Inseln und Katarakt. Durch den Bau des Assuan-Staudamms schäumt der Fluss nicht mehr ganz so spektakulär, aber das Panorama ist traumhaft.

Ein wenig in die Jahre gekommen, doch der Ausblick von der Terrasse des Old Cataract Hotels auf den Nil ist zeitlos schön.

Eine Grünalge, die ein rötliches Pigment produziert, verleiht dem Retba-Salzsee seine rosarote Farbe.

Januar

In der Trockenzeit steigt die Algenkonzentration, und das Rot wird deutlicher sichtbar.

Der perfekte Ort: Bonaba Café, Nordufer

Das charmante Café auf einer Halbinsel ist der ideale Ort, um den rosafarbenen See zu beobachten und dabei einen »thé à la menthe« zu genießen. Sogar Liegestühle werden vermietet.

Übrigens: Der Lac Rose war früher das Endziel der berühmten Rallye Paris–Dakar.

EIN SEE GANZ IN ROSÉ 36

LAC REBTA, SENEGAL

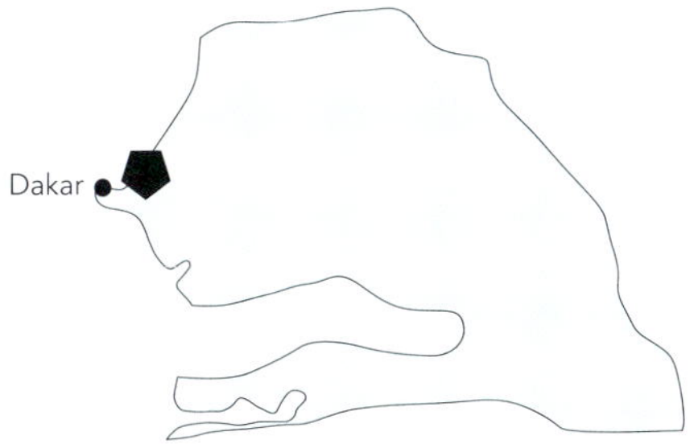

Der ovale, knapp einen Kilometer landeinwärts vom Atlantik gelegene Salzsee nördlich der senegalesischen Hauptstadt Dakar ist fast rundum von Sanddünen eingefasst. Seinen Beinamen Lac Rose, rosafarbener See, verdankt er der Grünalgenart Dunaliella salina, die Gewässer bei massenhaftem Vorkommen rötlich färbt. Die Algen produzieren dabei in stark salzhaltiger Umgebung das Pigment ß-Karotin. Mit einem Salzgehalt von 380 g/l erreicht der Lac Rebta Werte, die jenen des Toten Meers ähneln. Das auf dem Grund abgelagerte Salz wird von den Anrainern unter Extrembedingungen abgebaut. Die Männer stehen dabei bis zur Brust im Wasser. Um die Haut zu schützen, reiben sie den Körper mit Karité-Butter ein.

37 WO GROSSER RAUCH DONNERT

TISISSAT-FÄLLE DES BLAUEN NIL, ÄTHIOPIEN

Als der Jesuitenmissionar Pedro Paez 1613 vom Tana-See nilaufwärts vordrang, sah er als (wahrscheinlich) erster Weißer jene Fälle, die die Einheimischen »Großer Rauch« nannten. Nicht die Höhe – mit 37 bis 45 m sind die Fälle nicht gerade imposant – sondern die schiere Breite der Abbruchkante macht die besondere Faszination der Fälle aus. Wenn der Blaue Nil nach den Regenfällen im Hochland viel Wasser führt, stürzt er auf einer Breite von 400 m in die Tiefe. Leider hält heute ein Kraftwerk einen Teil des Wassers zurück, sodass die Fälle in der Trockenzeit nur noch einem Rinnsal gleichen. Nach den großen Regen finden sie aber zur alten Schönheit zurück.

September

Nach der Regenzeit bei höchstem Wasserstand sind die Fälle überaus eindrucksvoll.

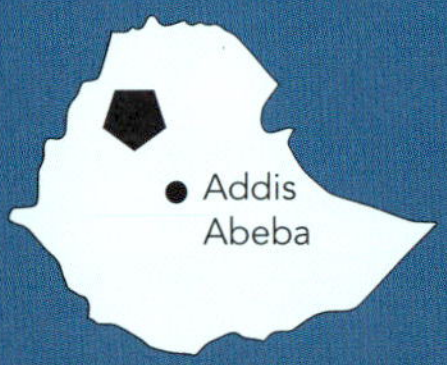

Der perfekte Ort: Main Viewpoint

Der Haupt-Aussichtspunkt befindet sich gegenüber den Fällen. Man erreicht ihn in einer etwa halbstündigen Wanderung von Tis Abay auf der Eastern Route über eine portugiesische Brücke aus dem 17. Jh. und einen steilen Anstieg (früh losgehen!).

Während der Regenzeit schwellen die Tisissat-Wasserfälle auf eine Breite von 400 m an – ein donnerndes Spektakel.

ROTER GRUSS INS WELTALL

LAKE NATRON, TANSANIA 38

Sogar die Besatzung der »ISS« sieht den Lake Natron regelmäßig an den Raumschifffenstern vorüberziehen. An seiner roten Farbe ist er leicht zu identifizieren. Milliarden von Cyanobakterien sind für die Rotfärbung verantwortlich. Je höher der Salzgehalt des Sees, je höher die Temperaturen, die bis zu 60 °C betragen können, desto wohler fühlen sich die Cyanobakterien und setzen in einem pflanzenähnlichen Prozess der Photosynthese rote Farbpigmente frei.

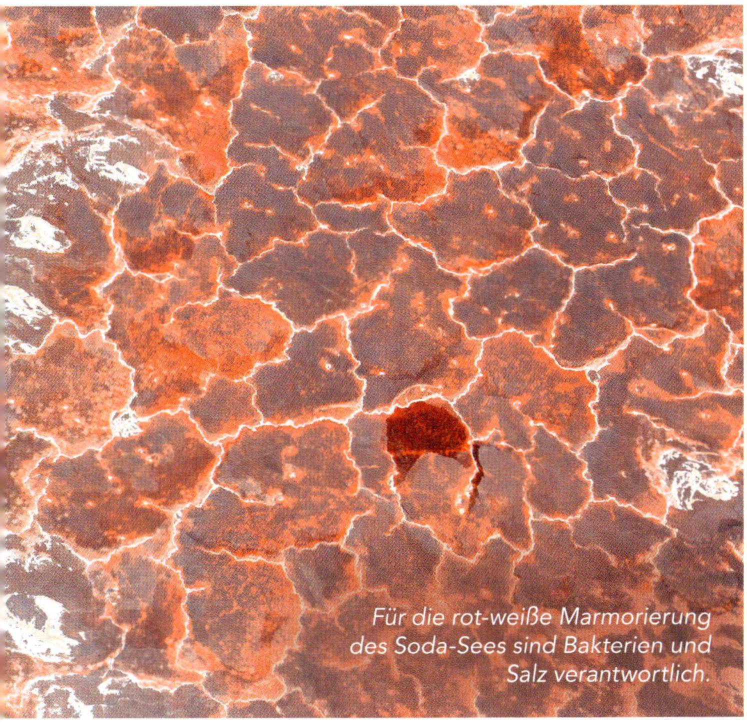

Für die rot-weiße Marmorierung des Soda-Sees sind Bakterien und Salz verantwortlich.

Der perfekte Ort: Lake Natron Camp

Das Öko-Zeltcamp an der Südspitze empfängt Gäste mit einer Lounge, von der aus sie einen herrlichen Blick auf den See und die umliegenden Vulkane genießen.

Juli

In der Senke des Großen Afrikanischen Grabenbruchs ist es um diese Zeit am kühlsten.

WASSERFALL IN DER WÜSTE

AUGRABIES FALLS, SÜDAFRIKA 39

Wie sich die Namen gleichen! Die San, früher unter dem Namen »Buschmänner« bekannt, nennen die größten Wasserfälle ihres kargen Lebensraums »Platz des großen Lärms«, nicht unähnlich den Victoria- und Tisissat-Fällen, die als »Donnernder oder Großer Rauch« bezeichnet werden. Mit 150 m Breite und 75 m Tiefe sind die Augrabies Falls keine große Nummer, als Wasserspender in völlig arider Umgebung aber ein Gottesgeschenk. Und ein sehr attraktives dazu.

Februar

Der Orange River führt dann große Mengen Wasser, die donnernd in die Tiefe stürzen.

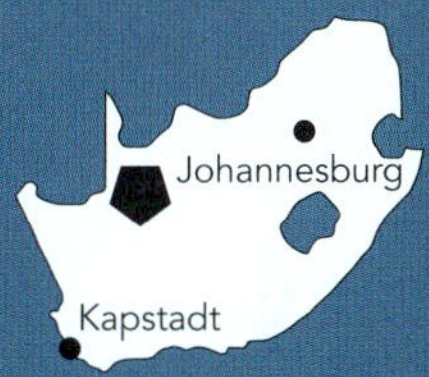

Der perfekte Ort: Main Camp des Augrabies Falls-Nationalparks

Vom Main Camp führen kurze Fußwege zu den sechs in den Fels gebauten Viewing Points mit verschiedenen Perspektiven auf den Wasserfall.

Wanderwege im Nationalpark Augrabies Falls laden zum Erkunden der Landschaft ein.

40 FLUSSPFERDE UND SEEROSEN

OKAVANGO-DELTA, BOTSWANA

Das botswanische Okavango-Delta ist ein ebenso faszinierender wie einzigartiger Naturraum. Aus der Luft betrachtet bildet er eine sich auffächernde grüne Oase in gelbbraunem Wüstensand, die von zahllosen Wasseradern durchzogen ist. Gespeist wird sie von dem im angolanischen Hochland entspringenden Cuando, der nach seinem Weg durch Namibia und das nördliche Botswana auf einer 15 000 km² großen Fläche in der Kalahari verdunstet und versickert. Wenn nach der Regenzeit im angolanischen Hochland die Flut des Cuando im Juni das Delta erreicht, wird die weitgehend ebene, von wenigen Erhebungen strukturierte Landschaft überschwemmt. Aus den Anhöhen werden Inseln und aus der zuvor trockenen Kalahari ein üppig-grünes Paradies.

Der in Botswana Okavango genannte Fluss ernährt so riesige Herden von Zebras, Gnus, Büffeln, Antilopen und Elefanten, denen Löwen, Leoparden, Geparde und andere Jäger folgen. Viele Tiere wie beispielsweise Elefanten wandern mit der Flut in das Delta ein und ziehen sich nach dessen Austrocknung wieder an die ständig Wasser führenden Läufe der Flüsse Chobe und Cuando zurück. In den Wasserkanälen leben Krokodile und Flusspferde zwischen Teppichen vielfarbiger Seerosen. Eisvögel jagen über den Wasserläufen, Sattelstörche stolzieren durchs hohe Gras, und hoch über dem Paradies kreisen Fischadler auf der Suche nach Beute.
Mit den traditionellen Einbäumen, den »Mokoros«, gehen die Bewohner des Deltas auf Fischfang oder fahren Touristen durch das verwirrende Labyrinth aus Kanälen, Inseln und Papyrussümpfen. Siedlungsspuren am Rande des Deltas führen bis ins 3. Jh. v. Chr. zurück. Feste Niederlassungen haben die Urbewohner der Kalahari hier aber wohl nicht unterhalten, sondern sich nur zeitlich begrenzt zu Jagd oder Fischfang am Okavango niedergelassen. Wahrscheinlich waren sie die Vorfahren der heutigen San, die nach wie vor am Delta leben.

März

Am Ende der Regenzeit explodiert das Delta in Grün; viele Tiere bekommen Nachwuchs.

Binnendelta des Okavango: von Sümpfen und Wasserläufen durchzogen

Für einen Hippopotamus im Okavango-Delta ist der Fluss die schönste »Spielwiese«.

Der perfekte Ort: Vumbura Plains

Von der im Herzen des Deltas gelegenen Luxus-Lodge haben Gäste von der Terrasse des Hauptgebäudes einen herrlichen Blick aufs Wasser und das Wild, das zum Trinken kommt. Beim Flug zur Lodge bietet sich die Gelegenheit, die Landschaft aus der Luft zu bewundern.

Vom Hubschrauber bietet sich ein unbeschreiblicher Blick auf die Dünen Deadvlei und Sossusvlei in der Namib-Wüste.

WÜSTE

41

DIE SCHÖNEN DER WÜSTE

NAMIB-WÜSTE, NAMIBIA

März

Die besonders klare Luft und mit Glück auch Wasser im Vlei schaffen beste Fotomotive.

Namibias geradezu magische Landschaften sind legendär, aber die Dünen rund um das Sossusvlei bilden eine Kategorie für sich. Mit 225 m sind es die höchsten Sterndünen der Welt. Diese besondere Form der Dünen, die aus der Luft tatsächlich einem Stern, manche sagen auch einer Krake, ähneln, entsteht, wenn Winde aus verschiedenen Himmelsrichtungen Sand anwehen. Das ist selten und hier im südlichen Teil der Namib-Wüste der Fall. Eine weitere Besonderheit ist das Vlei, so nennt man in Namibia Seen, in denen nur wenige Wochen Wasser steht. Der Tsauchab, ein Fluss, der nur periodisch Wasser führt, versickert vor der Dünenbarriere im Sand. In guten Regenjahren bildet sich dann ein See und damit eine wichtige Wasserstelle für das Wild. Fällt das Vlei trocken, bietet seine Salz-/Tonschicht dem Wild eine wertvolle Mineralienlecke.

Der perfekte Ort: Sossusvlei

Vom Zugangstor des Namib-Skelettküsten-Nationalparks sind es dem Trockenflussbett des Tsauchab folgend rund 60 km bis zum Parkplatz und weitere 4 km zu Fuß bis zum Sossusvlei. Ob man die Dünen um das Vlei von unten betrachtet oder auf den Kamm hinaufklettert – das sich bietende Bild ist grandios, besonders zum Sonnenaufgang.

(42) PALMEN AUS DEM TRICHTER

BEI EL OUED, ALGERIEN

Beim ersten Mal ist der Anblick verwirrend: Fährt man auf die westalgerische Oase El Oued zu, scheinen deren Palmen keine oder nur stummelkurze Stämme zu besitzen. Vom Graubraun der Wüste heben sich die Wedel ab wie struppige Büsche. In kleinen Gruppen setzen sie grüne Tupfer in den Sand. Des Rätsels Lösung entpuppt sich beim Näherkommen als ungewöhnliche Art des Pflanzens: Jede Palmengruppe wächst in einem tiefen, offensichtlich von Menschenhand gegrabenen und instandgehaltenen Trichter, den die Bewohner dieser Gegend »Ghout« nennen. Das Grundwasser ist hier so oberflächennah, dass die Palmen es ohne Bewässerungshilfe eigenständig mit den Wurzeln erreichen, wenn sie denn am Grund der zwischen 100 und 200 m langen und bis zu 5 m tiefen Trichter gepflanzt werden. Den Menschen bleibt nur, das Versanden der Trichter zu verhindern.

April

Der Frühling bringt klare Luft. In dieser Zeit werden junge Palmen gepflanzt.

Der perfekte Ort: Ourmes

Besonders viele Trichter finden sich 9 km westlich von El Oued und der Hauptstraße N48 rund um das Städtchen Ourmes und dort vor allem östlich der Siedlung.

Für gewöhnlich ragen Palmen stolz in die Höhe, nahe der Oase El Oued werden sie in Trichtern gepflanzt und haben beinahe Zwergenwuchs.

DURCH ENDLOSE SANDMEERE (43)

SANDDÜNEN DES ERG CHEBBI, MAROKKO

Im Gegensatz zu der Vorstellung, die Sahara sei ein riesiges Meer aus Dünen, bedeckt Sand nur einen kleinen Teil der größten Wüste der Erde. Dünengebiete werden in Nordafrika »Erg« genannt, eines der kleineren, der Erg Chebbi südlich der Oasenstadt Merzouga, ist Marokkos große Touristenattraktion. Mit einer Länge von 28 km und einer Breite von bis zu 7 km ist dieses Dünenmeer, das seine Farbe je nach Lichteinfall ändert, durchaus in der Lage, seinen Besuchern das Gefühl völliger Wüsteneinsamkeit zu vermitteln.

Schon bald hat der Wind die Spuren auf den Sanddünen des Erg Chebbi wieder verweht.

Der perfekte Ort: Merzouga

Die Kleinstadt am Rande der bis zu 150 m hohen Dünen bietet mit ihren Cafés zu jeder Tageszeit herrliche Ausblicke auf das wechselnde Farbenspiel des Sandes.

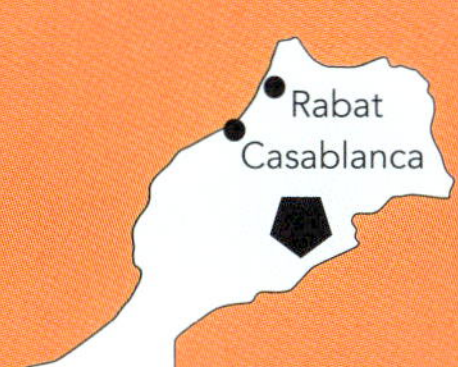

März

Erträglich milde Temperaturen und klare Luft zeichnen den Frühlingsmonat aus.

WO EINST FLÜSSE FLOSSEN

OUED AMAIS, TASSILI N'AJJER, ALGERIEN (44)

Knapp 100 km sind es von der südalgerischen Oasenstadt Djanet nach Südosten ins Herz der Felslandschaft des Oued Amais und zu einem bis zu 100 m hohen, steilen Felsabfall des Tassili n'Ajjer. Dieses Sandsteinplateau ist zerfurcht von Tälern und Schluchten, die in feuchteren Perioden Flüsse gegraben haben – zahllose Felsbilder sind Zeugnisse dafür, dass hier Menschen und Wildtiere lebten. Heute bildet die Erosion bizarre Felsskulpturen, die in dieser einsamen Gegend Fantasiegestalten vorgaukeln.

Dezember

Die kalte Jahreszeit reinigt die Luft von Staub; nachts kann es sehr kalt werden.

Der perfekte Ort: Oued Amais

Etwa 100 km auf der N3 von Djanet nach Südosten in Richtung Libyen erreicht man das Kerngebiet des Oued Amais mit Felsabbruch und Erosionsskulpturen.

Ausgeblichener Kamelschädel im Tassili n'Ajjer-Nationalpark in der Sahara

45 WASSERAUGEN DER WÜSTE

LACS D'OUNIANGA, ENNEDI, TSCHAD

Auch so kann Wüste aussehen: Mitten in der Einöde des Ennedi im Nordosten der Republik Tschad bildet eine Kette von 18 Seen eine Oase, die man unwillkürlich für eine Fata Morgana halten muss. Denn das Hochplateau des Ennedi zählt zu den besonders ariden Regionen der Sahara, in denen mit 2 mm im Jahr so gut wie keine Niederschläge vorkommen. Das war nicht immer so: Bis etwa 1500 v. Chr. war die Sahara in großen Teilen fruchtbares Savannenland, das Elefanten, Giraffen, Löwen und Antilopen durchstreiften – Felsbilder, die an den Wänden und unter Überhängen des Ennedi gefunden wurden, erzählen davon. Und ein seltsames Relikt: In einem »Guelta«, wie permanente Wasserbecken in Felslandschaften heißen, leben Krokodile, Nachkommen von Echsen, die hier in besseren Zeiten die Flüsse bevölkerten.

Als ein weiteres eigenwilliges Relikt könnte man auch die 18 Lacs d'Ounianga ansehen. Sind sie übrig geblieben, als die Sahara austrocknete? Die Annahme liegt nahe, findet man in der Region doch Spuren eines weitaus größeren Seensystems, das, wie die heutigen Seen, unterirdisch miteinander verbunden war und durch Quellen gespeist wurde. Die Frischwasserquellen sprudeln bis heute und erneuern regelmäßig auch das Wasser der Ounianga-Seen. Diese teilen sich in zwei Gruppen, Ounianga Kebir und Ounianga Serir, deren Ökosystem völlig unterschiedlich ist: Während die Kebir-Seen unter Einfluss der extremen Hitze und dadurch hervorgerufenen Verdunstung immer wieder versalzen, bleibt der Salzgehalt bei der Serir-Gruppe weitgehend niedrig. Den Grund sieht die Wissenschaft in deren dichtem Schilfbewuchs, der das Wasser vor der Verdunstung schützt, während die Kebir-Seen bis zu 6000 mm im Jahr verlieren. Da aber stetig Frischwasser nachsickert, weisen auch die Kebir-Seen die meiste Zeit frisches, kaum salines Wasser auf, sodass darin verschiedene Barscharten leben können. Dieser Prozess ist einmalig für die Wüsten der Erde; die Lacs d'Ounianga zählen zum UNESCO-Weltnaturerbe.

Dezember

Das Ennedi-Plateau zählt zu den heißesten und unwirtlichsten Regionen der Sahara. Die Temperaturen sind nur in den kühlen Wintermonaten erträglich. Allerdings kann es nachts Frost geben.

Das Ennedi-Plateau, drittgrößter Felsbogen der Erde und UNESCO-Weltnaturerbe

Der perfekte Ort: Lac Yoa

Mit seinem Gürtel aus Palmen und eingerahmt von Sanddünen bietet der Yoa-See ein besonders anschauliches Beispiel für die Seengruppe. Reisen in das Gebiet sind nur mit Gruppen möglich, wie sie etwa Bedu Expeditionen organisiert (www.bedu.de).

Ein wichtiger Lebensraum für Flora und Fauna: die Seenlandschaft von Ounianga; im Bild der Yoa-See – der größte, tiefste und zugleich wasserreichste unter den 16 Gewässern

Die gefürchtete Skelettküste im Norden Namibias: Für Schiffbrüchige bedeutete die menschenfeindliche Sandwüste fast immer den sicheren Tod.

LOST PLACES

46

DIE KÜSTE DER SKELETTE

NAMIB-SKELETTKÜSTEN-NATIONALPARK, NAMIBIA

Januar

Nach Ende der südafrikanischen Sommerferien ebbt der Andrang auf das Schutzgebiet ab.

Unter Seeleuten war sie gefürchteter als die Umschiffung des Kaps der Guten Hoffnung. Denn wenn ein Schiff an der Küste Nordnamibias im hier so häufig auftretenden Nebel strandete, gab es keine Hoffnung mehr. Das Toben des Atlantiks hatte man überlebt; vor der Lebensfeindlichkeit der Namib-Wüste aber gab es keine Rettung. Hohe, parallel zur Küste verlaufende Sanddünen versperrten den Weg landeinwärts. Nicht nur, dass der Wüstenstreifen völlig wasserlos war, er war auch von wilden Tieren bevölkert: Wüstenlöwen und Hyänen mussten sich nicht einmal besonders anstrengen, um sich die an Land gestrandeten Opfer zu holen. So war der Name geboren: Skelettküste.

Heute steht der Abschnitt zwischen Terrace Bay und der Grenze zu Angola, an dem Hunderte Schiffswracks im Sand verrotten, unter strengem Naturschutz.

Der perfekte Ort: Flugsafari

Der Zugang zum Skeleton Coast-Abschnitt des Nationalparks ist streng reglementiert und nur Reisegruppen mit Sondergenehmigung vorbehalten. Den besten Überblick über Küste und Schiffswracks bietet eine Flugsafari, zum Beispiel mit Skeleton Coast Safaris. Dieser Veranstalter hat auch Geländewagen-Safaris an die Skelettküste im Programm.

REGISTER

EUROPA

ASIEN

AUSTRALIEN/OZEANIEN

NORDAMERIKA

MITTELAMERIKA

SÜDAMERIKA

ANTARKTIS

AFRIKA

NP = Nationalpark

DIE AUTOR:INNEN

Der Fotojournalist **Don Fuchs** lebt seit 1995 in Sydney, Australien. Er arbeitet für große australische Zeitschriften wie das »Australian Geographic Magazin« und das »Outback Magazin« sowie internationale Titel. Er ist Autor/Fotograf mehrerer Bücher mit dem Thema Australien, die in deutschen und australischen Verlagen erschienen sind.

Ralf Johnen ist halb Rheinländer und halb Niederländer. Der gelernte Tageszeitungsjournalist ist ein profunder Kenner Nordamerikas. Vor allem die USA faszinieren ihn, weil die grandiose Natur, die Energie und Kreativität der Menschen und die unvollkommene Gesellschaft ein Gesamtbild ergeben, das großartig und befremdlich zugleich ist. Sein Reiseblog www.boardingcompleted.me wurde bei der ITB 2020 zum viertbesten des deutschen Sprachraums gewählt.

Die Autorin **Andrea Lammert** ist spezialisiert auf Deutschland und Europa und verbringt ihre Reisen am liebsten in der Natur, ob beim Birdwatching oder beim Wattwandern. Nachhaltigkeit ist für sie ein besonders wichtiges Thema wie Mystik und Spiritualität. Auf ihrem Blog www.indigo-blau.de zeigt sie das Spektrum ihrer Reiseerfahrungen.

Martina Miethig ist ein bisschen neidisch auf Humboldt und seine Südamerikareise, noch ganz ohne Massen und Selfie-Manie. Die ausgebildete Journalistin reist auch schon länger um die Welt, mit langjähriger Liebe zu Südostasien und ihrer zweiten Heimat Kuba, wo die Berlinerin eingeheiratet hat. Journalistische Ausbeute: Insider-Reportagen und viele Bücher über Land & (ihre) Leute. GeckoStories.com

Martin H. Petrich arbeitet seit über 20 Jahren als Reisejournalist und Studienreiseleiter im asiatischen Raum. Und ist nicht nur fasziniert von seiner Wahlheimat Myanmar, sondern auch von den anderen Ländern der Region: seien es die Karstlandschaften Vietnams, die Inselwelt der Philippinen oder die Himalayagipfel Bhutans. Persönliches Highlight des Südbadeners ist das Hochland Sri Lankas.

Die Ethnologin **Daniela Schetar** und ihr Mann unternahmen ihre erste Afrikareise 1978 mit einem uralten Landrover, der in der nigrischen Tenere-Wüste seinen Geist aufgab. Viele Touren und Fahrzeuge später verloren sie ihren ebenfalls sehr alten Mercedes G im namibischen Kaokoveld. Die Liebe zu Afrika blieb davon unberührt; regelmäßig sind die beiden Reisejournalisten auf diesem wunderbaren Kontinent unterwegs.

Bildnachweis

Titel: Tumpak-Sewu-Wasserfall, Indonesien, Foto: **Getty Images** (Chantip Ditcharoen)

Alamy Stock Photo: J. Warburton-Lee Photography/A. Grover 120; X. Xafont/VWPics 246; J. Schuler 260; S. Lecocq 261; M. Schuyl 265.1 – **AWL Images:** M. Rellini 2.1, 22.2; J. Sweeney 94; N. Farrin 116; ClickAlps 118; M. Falzone 170/171; RWI Fine Art Photography 224; M. Bottigelli 324; W. Gray 325.2; J. Warburton-Lee Photography Ltd/C. Kober 335.2 – **DEEPOL by plainpicture:** M. Sulzer 197; 200; 203.1; A. Hester 204; C. Davidson 207.2 – **Diego Aguilar o unsplash:** 279.1 – **Emsland Tourismus GmbH:** B. van den Ham – **Getty Images:** B. McGinley Photography 3.1, 179.2; R. L Latson 6, 185; Moment/S. Condrea 16/17; Moment/D. Dähncke 28.2; Photodisc/M. Hill 30; Moment/V. Jacinto 34.1; 500px/M. Donev 44.1; DigitalVision/P. Souders 48; DigitalVision/Arctic-Images 52.1; EyeEm/G. Solomon 53; 500px Prime/D. Jures 55.1; Moment/Merche Portu 56; 500px/M. Koitmäe 61.1; Corbis Documentary/Atlantide Phototravel 62.2; Moment/Created by drcooke 63; EyeEm/O. Spata 64; Moment/M. Roman 72; P. Adams 74/75, 352; Feng Wei Photography 82; Moment/DoctorEgg 84; Moment 86; The Image Bank/J. Warwick 89.1; Moment/S. Majumder 90; Moment/R. Thalhammre 114; Westend61 119; Boy_Anupong 122; Moment/MOAimage 127.1; Posnov 158, 168.1, U4; imageBROKER: N. Probst 160; H. Leue 161; M. E. Harris 164; L. Davilla 165; Moment 177Lingxiao Xie 181.1; Universal Images Group 188; Romona Robbins Photography 191.2; Stone: E. Freeman 226; J. Pacas 232; O. Blaise 243.2; A. Hounslea 248; iStockphoto 249.1, 249.2, 286/287; Image Source 254; P. M. Bianchi 256; guenterguni 258; House Light Gallery – S. House Photography 268; C. Pinillo Salas 269; The Image Bank/J. Dickman 272; C. N. Will/EyeEm 282; Maria_Janus 283; B. Zyla 284; D. Merron Photography 293; J. Haglund 300; Moment/R. Moiola 304.1; The Image Bank 305; EyeEm: C. Offenberg 308; F. von Poser 319; Moment Open: D. Zupanic photo 328.1; A. Narchuk 332; EyeEm 348; EyeEm/Lacheheb Younes Houcem Eddine 349.1 – **HUBER Images:** T. Mackie 4/5; M. Bortoli 20; R. Gerth 28.1; S. Lubenow 50; M. Rellini 136; G. Cipriani 266; J. Flint 307 – **imago:** blickwinkel 228/229 – **imago images:** Nature Picture Library 27; Design Pics 163.2; Kyodo News 183; imagebroker 318; VWPics 322; D. Delimont 323,2; Shotshop 342 – **laif:** O. Oberholzer 2.2, 150; Martin/Le Figaro Magazine 89.2; R. Camilo 115.2; Cavan Images/D. Hanson 199.1; Martin/Le Figaro Magazine 262; S. Cordier/hemis.fr 275.1; Brusini A./hemis 290.1 – **Look:** Design Pics 7, 186, 208, 210; Siering, Martin 144; D. Fuchs 146, 155; age footstock 149.1; Minden Pictures 169; Aurorafoto 216, 252; ClickAlps 280; Chichester, P. 294 – **mauritius images:** Hemis.fr 26; M. Gospodarek 38; Alamy/AllOver images 44.2; nature picture library 52.2; Westend61 71.2; Alamy/G. Nagy 96.2; R. Mogado/Alamy 125; Cavan Images 132/133; H. Mahr 138.1, 138.2; Novarc Images 156; Alamy/CulturalEyes – AusSoc2 163.1; Alamy/Brent Taylor Productions 176.1; Alaska Stock 189; Alamy/Dinodia Photos 191.1; D. Delimont 194.2; Alamy/B.A.E. Inc. 219.2; Alamy/All Canada Photos 220; Alamy/F. Bach 227.1; Alamy/Z. Holmes 243.1; Minden Pictures 274; hemis.fr Aerial Ambassadors 278; B. Kickner 302; TommoT/Alamy 303.1; AA World Travel Library/Alamy 313.1; ClickAlps 313.2; Alamy/M. Poplawski 323.1; P. Ludwig 331; nature picture library 335.1; Alamy: M. Eveleigh 338; Alamy: M. Abreu 340; age footstock 351 – **picture alliance:** WILDLIFE/S. Muller 149.2; REUTERS 241.1; Minden Pictures 295; imageBROKER 303.2; UGSG/Cover Images 304.2; 330; robertharding 350 – **plainpicture:** DEEPOL 66; Nordic Life/T. Rakke 69; M. Dorner 70; AWL/M. Falzone 104; Design Pics/O'Neil Castro 110; Design Pics/Y. Marcoux 180 – **Ralf Johnen:** 190 – **Shutterstock.com:** sirtravelalot 3.2, 290.2; P. Eing 23; T. Arhelger 24; Pixeljoy 25; proslgn 29; M. Prochazkacz 32; Dmytro_D 33.1; Sopotnicki 34.2; S. Vasut 36; E. Fabisuk 37.1; N. Denisov 37.2; MNStudio 40; R. Zwerver 41.1; EyesTravelling 42; N. Mare 43.1; J. Percy 46; E. Kondratova 49.1; J. Piironen 49.2; M. Biso 54; murbansky 55.2; dreakrawi 58; A. Armyagov 59; J. Ottoson 60; A. Kornev 62.1; V. Jirka 68; trabantos 71.1; kid315 78; Ras267prod 80; PS515 85.1; K. Chaisin 85.2; P. COMO 91.1; Santibhavank P 92; beibaoke 95; kunmingzijin 96.1; T. Barik 97; Rigamondis 98; Fer Gregory 100; Guitar photographer 101; tororo reaction 102; Michaelsmart 103.1; Delbars 103.2; R. Whitcombe 106; J. Jones Jr 107; Noppasin Wongchum 108; Day2505 109.1; R. M. Nunes 109.2; G. Mesquita 112; vvvita 113; A. Newman 115.1; Katiekk 121; M. Knitl 124; K. Phung 127.2, 202; C. Shende 128; akimov K. 130; T. B. Trevisan 131.1; Kolinchev A. 131.2; O. Kashubin 139; Blue Planet Studio 140; The_Molostock 141; Pav-Pro Photography Ltd 142; Rawpixel.com 143; Damsea 145.1; S. Beloglazov 145.2; puyalroyo 148; R. Mackenzie 152; G. Brave 153; Boyloso 154; ChameleonsEye 162; D. Mammoser 166; kkkLC 168.2; K. Keifer 174; FloridaStock 176.2; H. Beugelink 178; M. Carni 179.1; E. Verin 181.2; J. Mallouk 182.1; prochasson f. 182.2; Maridav 184; D. Swena 192; A. Waller 194.1; T. Akehurst 195; M. Froyda 196; kan_khampanya 198; JNix 199.2; A. Loyo 203.2; T. Dotsenko 206; V. Petrov 207.1; BGSmith 211; L. Kozhevnikova 212; Trphotos 213; J. L. Zahn 214; G. Andrushko 215.1; Fotoluminate LLC 215.2; D. Meek 218; Nagel Photography 219.1; J. Hanebutt 222; L. Strandholm 223; Mia2you 227.2; monopaez 234; Isabellaphotography 235; Aberu.Go 236; N. Huebl 237.1, 270; S. Dannhauer 237.2; Noradoa 238; M. Nolan 240; C. Penichet 241.2; WUT.ANUNAI 242; O. Prosicky 250; J. Franco 257.1; Aerial Ambassadors 257.2; cotosa 264; Gudkov A. 265.2, 315.2; M. Rehak 275.2; abriendomundo 276; SL-Photography 279.2; polarman 291; S. Crimmin 292; A. Petrus 296/297, U4; V. Burdiak 306; H. Ruiz Villar 309.1; N. Hrovat 309.2; A. Om 310; S. Bernsmann 312; Shutterranger 314; Wildnerdpix 315.1; M. A. McDonald 316; kavram 317.1; J. Lugge 317.2; M_Vorobyev 320; M. Peche 325.1; R. Shomer 326; KarSol 328.2; t. kittelty 329; M. Kryuchina 334; Quality Master 336; Bildagentur Zoonar GmbH 337; Anton_Ivanov 341.1; evenfh 341.2, 345; JordiStock 343.1; Great Stock 343.2; Benjamin B 344; B. Marty 346; imageBROKER.com 349.2 – **stock.adobe.com:** J. C. Munoz 22.1; Vagn 33.2; dpVUE.images 35; EyesTravelling 41.2; banepetkovic 43.2; vickeys 61.2; Lukas 81; lihana 83; vladislav333222 88; Sourabh 91.2; driendl 126; sunsinger 273

IMPRESSUM

Alle Angaben in diesem Reisebuch sind gewissenhaft geprüft. Für ihre Vollständigkeit und Richtigkeit kann der Verlag jedoch keine Haftung übernehmen. Aus Gründen der besseren Lesbarkeit wird in diesem Buch bei Personenbezeichnungen das generische Maskulinum verwendet. Es gilt gleichermaßen für alle Geschlechter.

HOLIDAY ist eine eingetragene Marke
der GANSKE VERLAGSGRUPPE.
2. Auflage 2020
ISBN 978-3-8342-3187-1

GRÄFE UND UNZER

Ein Unternehmen der
GANSKE VERLAGSGRUPPE

Verlagsleitung Reise: Philip Laubach
Autoren: Don Fuchs, Ralf Johnen, Andrea Lammert, Martina Miethig, Martin H. Petrich, Daniela Schetar
Redaktion und Projektmanagement: Rosemarie Elsner
Verlagsredaktion: Nadia Terbrack
Lektorat: Ulla Thomsen
Satz: kreativsatz, Nadine Thiel
Bildredaktion: Marie Danner, Nora Goth, Dr. Nafsika Mylona
Produktion: Gloria Schlayer
Umschlaggestaltung & Layout: Independent Medien Design, München, Horst Moser (Artdirection)
Illustration/Kartografie: Martin Waller, Arndt Knieper
Repro: medienprinzen GmbH, München
Druck: Firmengruppe APPL, Wemding
Bindung: Conzella, Pfarrkirchen

PEFC
PEFC/04-32-0928

Dieses Buch ist auf PEFC-zertifiziertem Papier aus nachhaltiger Waldwirtschaft gedruckt.

Liebe Leserinnen und Leser,

hat Ihnen unser Buch gefallen? Falls ja, freuen wir uns, wenn Sie es weiterempfehlen. Wenn Sie außerdem Kritik, Anmerkungen oder Korrekturen haben, freuen wir uns über Ihre Nachricht.

GRÄFE UND UNZER Verlag
Grillparzerstraße 12
81675 München
www.graefe-und-unzer.de

Ihre HOLIDAY-Redaktion